「VRならでは」の体験を作る

Unity+VR ゲーム開発ガイド

渋谷宣亮 Nobuaki Shibuya
中地功貴 Kohki Nakaji

技術評論社

■ **サンプルデータ**

本書制作するVRコンテンツについては、サンプルデータを提供しています。以下のURLからダウンロードをおこなってください。

https://github.com/nkjzm/VRLearningBook

なお、サンプルデータをご自身のUnityで活用する方法については、46ページで解説しています。

筆者まえがき　渋谷 宣亮

2016年に世間に騒がれたVR元年や2020年のコロナ禍に伴ったメタバース旋風、あるいはそれらよりももっと前の時代から、VRは様々な人々から関心を抱かれています。巨大資本のテクノロジー企業が大金を注ぐことで、日進月歩で技術革新も起きることも珍しくありません。2016年よりも前とその後で一番異なるのは、VRというものがフィクションの中にのみ存在する技術ではなく、10万円未満で誰でも機材を揃えて試せるようになったことでしょう。ただ、VRに限った話ではありませんが、一般市民にも手に届く価格になったからといって爆発的に普及し始めるのかというと、そういうわけでもありません。

筆者が本書を執筆したきっかけは、本書を担当してくださった編集の方に「技術書籍はVRのゲーム・コンテンツ開発に焦点を置いたものが少なすぎる」と嘆いたことでした。2016年以降のVRや技術書籍にも流行り廃りがあり、日本においてはVRChatを始めとしたメタバースとその利用者の生態についての文化人類学的な記録のアーカイブや周辺技術の解説が多数派で、VRの技術そのものや、VRのデバイス、それに向けたコンテンツ開発というものは小数派なのです。かつて2016年から2018年のVR元年直後にVRコンテンツ開発についての書籍がいくつか出てはいましたが、2025年現在におけるVRの技術と乖離しているため、今から参考にするのは様々な面で厳しいところがあります。

そこで、筆者は編集者の方と一緒に、強力な共同執筆者の方を招いて「初学者のためのVRゲーム開発の本」を書くことにしました。この本は「UnityでVRゲームを開発する本」です。VR開発にまつわる知見はネットに散在していますが、「ちょっと開発をしてみたい」という初学者が自力で解決をしながら調べていくのは難しそうです。本書は以下の3つを指針としました。

- 基本操作の部分はある程度圧縮している
- 作るコンテンツは「VRゲーム」に絞る
- 「VRならではの部分(＝モーションとの同期など)」を活かしたコンテンツを実現させる方法を、初学者向けに解説する

※ VRはVRヘッドセットを被って行う体験のみを指す言葉ではないですが、本書では分かりやすさのためにVRゲーム ≒ VRヘッドセットを被って遊ぶゲームとしています

本書を通して学んだ成果としては、「VRのエンジニアとして現場で働いている／本

気で働きたい」というよりは、「ちょっと興味がある人に、思いのほか本格的に作らせる」というぐらいのイメージです。それでも、VRゲームやVRコンテンツの開発に興味がある初心者や未経験者にとっての最初の一歩になれるはずです。

筆者まえがき　中地 功貴

2015年に私が初めて触れたVR作品はジェットコースターでした。室内で椅子に座っているはずなのに浮遊感を感じ、単なる一人称視点の映像とは全く異なる体験だったことを今でも覚えています。

のちに、この時に感じた“浮遊感”は、「ベクション」や「クロスモーダル」といった知覚現象によって説明できることを知りました。日本バーチャルリアリティ学会によるとVirtual Realityは「人工現実感」と訳され、その名の通り人間の感覚を人工的に生起させる技術を意味しています。VRゲームを作る上で“人工的に感覚を生み出す技術”であることを意識することは非常に重要で、プレイヤーにわざわざVRヘッドセットを被ってまで遊びたいと思ってもらえるかどうかのポイントになります（※一般的な名称はVRHMD(VR Head Mounted Display)ですが、本書では市場で広く使われている「VRヘッドセット」と呼称します）。

現在普及しているVRヘッドセットは「ハンドコントローラー」がセットになった状態で販売されていることがほとんどですが、数年前までは当たり前ではありませんでした。以前は操作デバイスとしてキーボードやゲームパッドなどを使うことが多かったのですが、2015年頃から一般消費者向けのハンドコントローラーデバイスが登場しはじめ、その過程でハンドコントローラー自体の入力キーのパターンも収束していきます。その他の技術的な進歩でケーブルレス化も進み、現在VRヘッドセットは機種が違っても一定の雛形が整い、一旦の最終形態と呼べる状態まで進化しきったと思います。

こうした状況はVRゲームを開発したい人にとっては非常に喜ばしいはずです。ゲームエンジンや入門書によって開発のハードルは下がり、VRヘッドセットとハンドコントローラーの組み合わせに向けて作ることで多くの人に遊んでもらえる状態になりました。ただしその一方で、「VRゲームであること」をほとんど意識することなく開発ができてしまう状態になってしまったと言えるかもしれません。

繰り返しになりますが、本来のVRは人工的に感覚を作り出す技術のことです。VRヘッドセットとハンドコントローラーを使うことで3D空間上に飛び込んだような感覚は簡単に実現できますが、これは現在のVRゲームの最低限の水準です。ここからプレイヤーに遊んでもらうゲーム体験については開発者自身が一つずつ作っていく必要があります。VR体験の背景にある考え方や実装方法を知っておくことは、プレイヤーに素晴らしいゲーム体験を届けるための強力な武器となります。また、こうした考え方を知っておくことで色々な応用が効くため、もし今後VRデバイスが大きく変化したとしても陳腐化することはありません。

本書は、単なる初心者向けの入門書に留まらない「VRならでは」のゲームを作るためのノウハウを各所に詰め込んで執筆しました。一般的な入門書同様に手を動かしながら進めてもらうパートも多くありますが、その際にはぜひどんな考え方に基づいているのかを意識しながら進めていただけるとより理解が深まるかと思います。開発の初歩の一歩先まで踏み込んだ内容になっているので、ぜひ大いに活用いただけますと幸いです。

本書の前提

本書はタイトル通り、Unity XR Interaction Toolkitを用いてMeta Quest向けのVRゲームを開発します。詳細は後の章でも解説しますが、本書の購入を検討している方や開発環境をこれから用意する方に必要な情報は以下の通りです。

⦿VRデバイスはMeta Quest

VRデバイスはMeta以外の様々なメーカーからも出ていますが、本書はMeta Questを前提に解説します。VRの共通規格「OpenXR」が普及してメーカーの垣根を越えてデバイスの機能も共通化されたものの、技術書で複数デバイスへの対応をすべて併記することは現実的ではなく、VRデバイスの最大手がMetaであるためです。

⦿ゲームエンジンはUnity、プラグインにUnity XR Interaction Toolkit

本書はゲームエンジンにUnityを、UnityでのVRゲーム開発環境としてプラグイン"Unity XR Interaction Toolkit"を採用します。ゲームエンジンにUnityを採用しているのは、UnityがVRゲームの開発環境においてポピュラーな手段であることと、ゲーム開発の初心者にとって有用な情報がもっとも豊富なゲームエンジンであるためです。仮に本書の内容を実践中にトラブルに見舞われたとしても、既知の情報やノウハウをもってして解決できるはずだからです。また、使用したUnityのバージョンは6

(6000)です。本書のサンプルもUnity 6で動作するようになっています。

本書がUnity公式のプラグイン“Unity XR Interaction Toolkit”を導入しているのは、汎用性によるものです。本書はMeta Questでの動作を想定したVRゲームを作りますが、Meta Quest以外のVRデバイスでも使われるUnityXRTKを使えば、コントローラの機能性が共通している他のVRデバイスでの実装でも、参考になる部分があるかと思います。

⦿開発機材はWindowsのゲーミングPCを前提とする

Meta QuestでのVRゲームの開発はWindowsとmacOSで可能ですが、本書ではWindowsでの開発を前提に解説します。ゲーム開発でもっとも重要なのはイテレーション(実際にゲームをプレイして、不具合やゲームプレイを検証する速度)であり、Unityで開発しているVRゲームをビルドせずにエディター上からその場でプレイできるのは2025年時点ではWindowsのみだからです。平面のPC/Mac上でもVRの環境を再現するシミュレータも利用できますが、平面でのシミュレータはVRでの実機確認の代わりにはなりません。

⦿推奨：Unityとプログラミングの学習経験

本書ではおもに紙幅の都合から、UnityおよびプログラミングC#についての基本説明は最低限に留めています。Unityを今まで触ったことのない人がいきなりVRゲームを作るのは、学習ハードルが過剰に高くなってしまうため、Unity自体が初めての方は、先にVRではない何らかのチュートリアルを触っておくことをおすすめします。時期によってチュートリアルの種類は異なりますが、おそらくは玉転がしやブロック崩しといったシンプルなミニゲームの作り方が一日もかからず学べるはずです。

またプログラミング未経験者の方は、Unity学習とは別に、軽くでよいので言語自体の書き方を学んでおくことをオススメします。Unityの使い方とプログラミングは基本的に別物だからです。世の中には様々なプログラミング言語が存在しますが、基本となる要素は共通しており、幸いC#はかなり初心者向けの言語であるといえます。また、C#はMicrosoftが開発しているプログラミング言語なので、Unity以外の様々な分野で利用されており、今後プログラミングを仕事にしたいという方にもオススメです。

本書ではChapter3で、Unityの基本操作と、C#プログラミングのおすすめの学習方法を紹介しています。

CHAPTER 1

VRゲーム開発の前提を知ろう ～VRとUnity

この章では、VRの特徴と、VRゲーム開発シーンの現況を紹介します。そもそもVRとはなんなのか、今よく利用されているVRの機材やユースケースはなにか、VRとゲームの親和性が高いのはなぜなのか、などを知り、VRゲーム開発ならではの難しさも事前におさえたうえで、開発を始めましょう。

CHAPTER 1-1 VR(バーチャルリアリティ)とは

1-1-1 VRにかかせない2つの魅力

はじめに、本書における"VR(Virtual Reality)"が何を指すのかを説明します。本書におけるVRとは、Meta Quest(図1_1)やPlayStation VR2といったVR専用デバイスで体験できる、以下の3つの特徴を持つもののことです。

- 頭に取り付けたヘッドセットによって、目や頭の動きに追従する3DCGの映像を鑑賞できる
- ユーザーが両手に持ったコントローラ、ないし両手の動きを入力端末として扱う
- 仮想空間の中で、肉体的な実感を伴う行動ができる

これによってユーザーは、自分が仮想の空間に実際に存在しているかのように感じることができます。

図1_1 Meta Quest3

https://www.meta.com/jp/quest/quest-3/

VRの魅力といえば、真っ先に挙がるのが「没入感・臨場感」です。ユーザーは視界をまるごと3DCGで覆いつくすことで、現実では到底行くことが叶わない宇宙空間やフィクションの世界を訪れることができます。目の前に現れる何かしらのキャラクターやアバターはまるで現実の人間と同等、あるいはそれ以上の存在感を放ちます。

そして、VRに欠かせないもうひとつの魅力が「人間の現実の身振り手振りが、そのままコンピュータに反映される」、つまりコンピュータ(デジタル)なのにもかかわらず、アナログ(連続的)なインタラクティブ性を持っている点です。この身振り手振りは、カメラによって検知されています。VRヘッドセットの前面についたカメラはユーザーの周囲の空間を認識し、相対的にユーザーの座標と頭の向きを検知します。また、前面のカメラからユーザーが両手に握ったコントローラの位置座標を検知し、これをVRで腕と手として動かせます。ほか空間の検知方法は機種により差異があり、部屋に外部センサーを設置してVRヘッドセットとコントローラを検知するタイプもあります。

これによりVRコンテンツのプレイヤーは、時には開発者の想定にもとらわれない、自由な動きでインタラクションができます。たとえば、他のプレイヤーに身振り手振りで挨拶したり、あえて床に這いつくばったり寝っ転がったり、空間に配置されているコップを手にとって自由な角度からしげしげと眺めたり投げ捨てたりできます。目の前に映る光景や物体が実在するかのように振る舞い、体を動かしてインタラクションできることが、VRコンテンツには不可欠です。

こうしたVRならではの特徴を特に生かしているコンテンツについては、Chapter13で詳細に解説しています。興味のある方は、先に読んでみてください。

「人間の現実の身振り手振りが、そのままコンピュータに反映される」という性質は、ユーザーが開発者の制限にとらわれず自由にふるまえるだけに開発がとても大変であり、UIやノウハウがまだまだ発展途上です。さらにVRデバイスはハードウェアの都合とソフトウェアの仕様と実装ミスによりVR酔いが生じる場合があり、一般的なコンピュータと比べユーザーの身体や健康を害する危険も高まります。

これらの課題を目の前にしてもなお、VRは挑戦しがいのあるプラットフォームだと筆者は考えています。発展途上ゆえに未知の領域を自分で開拓できる可能性が十分にあり、自分以外の人々が何かしらを発明していく場面をリアルタイムで見届けて居合わせることができます。本書があなたにとってVRの世界に足を踏み入れて開拓を始める一助になれれば、筆者としても本望です。

なお、スマートフォンでよくある360度動画や立体視動画の「VR映像(パノラマ映像)」はインタラクションの要素がないため、本書籍の解説からは対象外となります。また、VRデバイスには付属しない第三者による周辺機器(足をトラッキングする装置など)を用いたコンテンツ開発なども、本書では解説しません。

1-1-2 VR機器とプラットフォームごとの特徴

そんなVRデバイスにおいて、今デファクトスタンダードになっているのがMeta Questです。ここでは、Meta Questを含むVRデバイスの種類と利用用途についていくつか紹介します。今存在するMeta Questよりも前にどういったVRデバイスが存在し、Meta QuestがVRのデファクトスタンダードとして普及するに至ったかの経緯を知ることで、Meta Questの利点と欠点を俯瞰的に評価できるようになるはずです。

まず、VRデバイスで一番大きい区分である「スタンドアロン型」と「ケーブル接続型」の解説に入りましょう。

スタンドアロン型

「スタンドアロン型」はMeta QuestシリーズやPICOシリーズのように「VRヘッドセットそれ単体で動作するVRデバイス」のことです。VRをよく知らない人は「VRとはゲーム機やPCに接続されて動くもの」という思い込みや勘違いがよくあります。そのため、VR初心者にVRを体験してもらうときには、「このVRデバイスはそれ単体で自立している（スタンドアロン）」という説明を度々行うことになります。

スタンドアロン型のメリットは、取り回しに優れることです。VRデバイスを起動する手間が少ないことで、自分でプレイするときも人にプレイさせるときも苦労しにくいです。自分がVRで何を見ているのか伝えたり、相手がVRで何を見ているのかを知ったりすることに苦労する面はありますが、それでもミラーリングなど解決策は用意されています。

また、昔はVRデバイスのメーカーが直接作ったコントローラ以外を入力端末として用いることができないため「入力端末の自由度が低い」という問題がありましたが、現在はサードパーティ（デバイスを作っている会社とは関係のない組織）が開発したモーショントラッカーなどをスタンドアロン型のVRデバイスに接続して用いることも可能です。

スタンドアロン型のデメリットは、ケーブル接続型に比べると性能が低いことです。ハイエンドなPCに接続して使うときと比べると、ビジュアルやパフォーマンスの安定性はそれなりに低下します。逆にいえば、それを受け入れられれば目立ったデメリットはないといってもよいでしょう。スタンドアロン型の性能はVRデバイス発売時期のハイエンドなスマートフォン相当か、それよりもやや劣るものだと考えてもらってかまいません。

スタンドアロン型VRデバイスのSoC（CPUやGPUなどパーツがまとめられたチップ）は2025年時点だとQualcomm社が「Snapdragon XR」シリーズを開発、製作しています。「Snapdragon XR」シリーズの新作は大抵まっさきにMeta Questに採用され、他のVRデバイスの開発メーカーも大抵は同じSoCを採用します。そのため、Meta Quest以外のスタンドアロン型VRデバイスを購入しても性能はほとんど変わりませんが、同じSoCを採用していてもOSに微妙な差異や機種ごとの癖は存在しています。このため、Meta Quest以外の機種でのトラブルに遭遇してもMeta Questのノウハウがそのまま活用できるとは限らないのです。

ケーブル接続型

「ケーブル接続型」とは、VRデバイス以外の母艦となるコンピュータに接続が必要なVRデバイスのことです。ゲーミングPCのほか、PlayStationなど家庭用ゲーム機への接続が必要となります（図1_2）。

図1_2 PS VR初代

https://www.playstation.com/ja-jp/ps-vr/

ケーブル接続型のメリットは、性能が高いことと安定することです。むろん、性能はゲーミングPCに依存するのですが、十分な環境を用意できればグラフィックスの品質は高くパフォーマンスも安定しやすいです。スタンドアロン型のVRデバイスも有線ないし無線でPCに接続できるのですが、ハードウェアやケーブルの調子によって接続しやすいときもあれば接続しにくいときもあって、いちVRヘビーユーザーとしてイライラするときが少なくありません。しかし、ケーブル接続型のVRデバイスであれば（キチンとセッティングが完了しているならば）安定して動かすことができます。

ケーブル接続型のデメリットは、取り回しが悪く、セッティングが面倒くさいことです。VRヘッドセットを被ったプレイヤーがくるくる回転しているうちに外部コンピュータに接続したケーブルが伸びきってプレイヤーを不意に引っ張ってしまったり、プレイヤーが足にひっかけて転んでしまう危険性もあります。また、特に一部メーカーのVRデバイスはPCにVRデバイスを認識するための外部センサーが必要で、種類によっては三脚を用意して外部センサーを自立させたり部屋の天井に取り付けたりする必要がありました。2020年を過ぎると外部センサーへの接続が不要なケーブル接続型のVRデバイスも出てきましたが、それらのほとんどはMeta Questに需要を持ってかれてしまい、ほとんど普及しませんでした。

VRデバイスの今後の主流はスタンドアロン型

「無線接続かつPCへの接続が必須なVRデバイス」も出なくはなかったのですが、あまり普及しませんでした。理由としては、その代表格であるHTC VIVE Proを無線化する周辺機器が日本では技適の都合で販売されなかったこと、スタンドアロン型であるMeta QuestでもPCへの接続を無線LAN経由で利用可能になったこと、無線接続のVRデバイスを作ろうとするとバッテリーと制御用コンピュータを内蔵せざるをえず、結果的にできあがるものがスタンドアロン型のVRデバイスと同じになってしまうことがあります。

2016年から始まったVR元年からの数年は、むしろVRデバイスといえばケーブル接続型が主流でしたが、2020年にOculus Quest 2(現Meta Quest 2)が発売されてからはスタンドアロン型が主流となりました。スタンドアロン型のVRデバイスも大抵はPCへ接続してPC専用のVRコンテンツを利用することが可能であるため、最初からPC接続が前提の「ケーブル接続型」VRデバイスはニッチになりつつあります。

以上の理由により、今後もケーブル接続型のVRデバイスは減少する一方で、スタンドアロン型のVRデバイスを中心としつつサードパーティの外付けVRモーショントラッカーなどが一部の人に利用される、というスタイルが主流になるものだと筆者は推測しています。

以上の理由から、本書ではMeta Questの利用を前提として解説を進めています。

COLUMN 商業施設などでのVRデバイス

余談として、現在主流のVRデバイスはほとんどが一般家庭(いわゆる消費者向け)での利用を想定していますが、一般家庭以外にも研究施設や商業施設で使われることもあります。企業によっては「VRデバイスの利用時にMetaアカウントが必要」ということが不都合となる場合もあり、その際にMeta社以外のVRデバイス、PICOやVIVE FOCUSなどを用いているケースを筆者は見たことがあります。

また、一部の商業施設のVRゲームでは、バックパックの形をしたVR専用の特殊なゲーミングPCを利用者に背負わせ、背中にあるゲーミングPCから利用者がかぶるケーブル接続型VRデバイスの距離を間に合わせていた例があります。中には「ケーブル接続型VRデバイスを天井から吊らして利用者にかぶせる」というケースもあったそうです。とはいえ、2020年から始まったコロナ禍によって感染対策のために商業施設向けのVRは激減しました。今後も施設向けよりも一般家庭向けのVRが主流だろうと、筆者は予想しています。

CHAPTER 1

2 VR開発に適したゲームエンジンを考えよう

ここからは、VR開発において使われるおもなゲームエンジンを軽く紹介します。本書はゲームエンジンにUnityを採用していますが、VRゲーム開発に使えるゲームエンジンはUnity以外にも存在します。

1-2-1 VR開発で使われるゲームエンジン

VRゲームを作る際は「ゲームエンジン」と呼ばれるソフトウェアを利用します。ゲームエンジンはスマートフォンやPC、家庭用ゲーム機にいたるまでのあらゆるビデオゲームを作るときに用いる総合開発環境ソフトウェアのことで、近年では3DCG映像を用いた動画や映画の撮影などゲームに限らず「リアルタイムに3DCGを動かしたり操作に反応したりする必要がある用途」でも用いられることが多いです。ゲーム会社によっては独自のゲームエンジンを独占的に所有している場合がありますが、一般ユーザーでも利用できるゲームエンジンの二大巨頭がUnity Technologies社の“Unity”（図1_3）と、Epic Games社の“Unreal Engine”（図1_4）です。

図1_3 Unity公式サイトトップページ

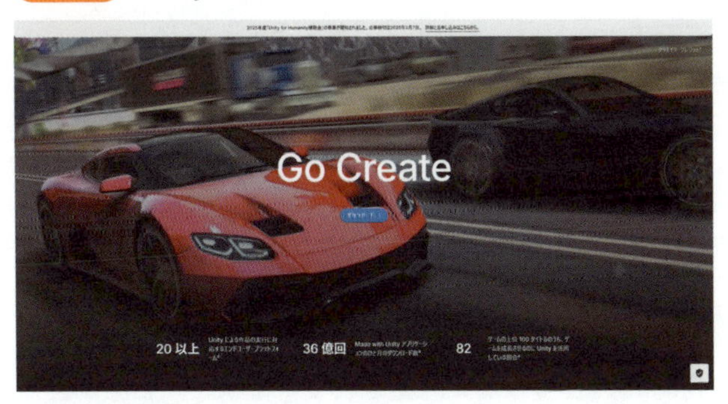

https://unity.com/ja

図1_4 Unreal Engine公式サイトトップページ

https://www.unrealengine.com/ja

一般的に、UnityとUnreal Engineには以下のような傾向があります。あくまでゲーム開発における一般論としての傾向なので、すべてのケースがこれに当てはまるわけではありません。

【Unity】

- C#でプログラミングをする
- 一番普及しているゲームエンジンなので、初学者向けの教材や情報が多い
- スマートフォン向けのゲームやインディーゲームでの使用が多い
- 家庭用ゲーム機のゲーム開発で大企業が用いることはほとんどない

【Unreal Engine】

- C++もしくは独自のビジュアルスクリプト「Blueprint」でプログラミングをする
- リッチで先進的なビジュアル・見た目を実現しやすい
- 日本だとスマートフォン向けのゲームで用いられることはめったにない
- 家庭用ゲーム機向けのゲーム開発で大企業がよく用いる

1-2-2 VR開発ではUnityがおすすめ

ゲームエンジンは他にも存在しますが、Meta公式のMeta Quest開発者向けドキュメントでもUnityとUnreal Engineの二種類のみが解説されていますし、実際のところVRゲームはほとんどUnityかUnreal Engineのどちらかで開発されています。大企業が自社エンジンでVRゲームを開発するケースはごく小数です。Meta Questを開発しているMeta社自身のスタジオもほとんどのVRゲームをUnityとUnreal Engineのいずれかで開発しているといえば、この二者択一である状況が腑に落ちるでしょう。どちらも条件付きで、無料での利用が可能です。

そのうえで、本書ではUnityを採用しています。理由としてはUnreal EngineはUnityと比べ、初学者向けの情報が充実していることと、Unityには公式で用意したVRゲーム向けのフレームワーク「Unity XR Interaction Toolkit」が存在しており、初学者でも学びやすいことの2つがあります。

さらにいえば、本書執筆時点の2025年現在ではUnreal Engineを用いたVRゲーム開発は難易度が高いです。Unreal Engine 5はVRゲーム向けの機能があまり充実しておらず、最適化されていないことが主な原因です。Unreal Engine 5は据え置き型ゲーム機のPlayStationやXbox、ゲーミングPCといったハイエンドな環境向けのリッチなビジュアルを作るための機能に強みを持ちます。しかし、それらはVRでの利用が公式で想定されていません。それらの機能をVRで使えるように工夫しても、けっきょくMeta Questのような非ハイエンドの環境では、まともな恩恵を受けた絵作りを実現することができません。

こうした現状を受け、MetaはMeta Quest向けの開発に特化したUnreal Engine 5のフォーク（本家に対する分家）を用意しました。しかし、このMeta版Unreal Engine 5を利用すると、今度はMeta以外のVRデバイスやプラットフォームでの販売を想定したVRゲーム開発ができなくなってしまいます。筆者はVRゲームの開発には様々な手段があることが望ましいと考えているので、将来的にはUnreal Engine 5がMeta QuestおよびVRゲーム向けに最適化されることを期待しているのですが、残念ながら本書執筆時点ではUnreal Engine 5でのVRゲーム開発の難易度は不必要に高くなってしまっています。

1-2-3 Unityの学習はメタバースにも応用できる

Unityを学ぶにあたっての副次的効果として「メタバース」の活用もうまくなることがあります。日本で普及しているもののうちVRに対応したメタバース（VRChat、cluster、Rec Room）はUnityで作られているため、UnityでのVRゲーム開発の学習が、そのままメタバースのワールド制作の役に立つことは珍しくありません。

また、VRゲームを作るための手段として、「メタバースのワールド作成機能を使ってゲームを作る」ことは十分に考えられます。VR対応で普及しているメタバースはほとんど基本無料であり、PCからスマートフォン、VRに家庭用ゲーム機まで対応しているものも少なくないので、多くの人に触れられやすいのは事実です。そして、それらのワールドにゲーム性を組み込んだものも多くあり、筆者は実際、インディーゲームの展示会でVRChatやRobloxで作ったワールドを自主制作ゲームとして展示しているケースを何度か見かけたことがあります。

ただし、メタバースでのゲーム開発はいくつかのデメリットが伴います。一番大きいのは、ほとんどのメタバースは装飾やコスチュームなどには金銭のやり取りが発生しやすい一方、ワールド制作者やゲーム開発者には利益が発生しにくいことです。要は「自分のゲームを作って売る」ということが著しくやりづらいのです。また、メタバースのワールドはオフラインの環境でプレイできません(オフライン出力が可能なメタバースもありますが、ほぼ例外です)。さらに、メタバースのシステムアップデートによって自分の作ったワールドが突然動かなくなることもあります。メタバースにおけるゲーム制作はメタバースのインフラに乗じて手軽に作成、共有しやすい一方で、メタバースのコンテンツの作り手の裁量は通常のゲーム開発と比べて低い傾向にあることは、覚えておきましょう。

以上Unityの優位性を述べてきましたが、人によって最適な環境は様々ですし、どのエンジンでゲーム開発やVRゲーム開発を始めるのかというのは、実は本質的な問題ではありません。大事なのはゲーム開発を始めることと、学習を続けられることです。本書ではUnityを用いますが、興味があればぜひ、その他のゲームエンジンでの開発に挑戦してみてください。

Godot Engineの将来性

なお、2025年以降はGodot Engineを用いたVRゲーム開発が普及する可能性があります。Godot EngineはGodot財団によって運営されるオープンソースのゲームエンジンで、誰でも無料で使うことができます(図1_5)。2024年9月からはMeta Horizon StoreでGodot Engineそのものが配信され、PCに繋げずともMeta Quest上でGodot Engineを直接利用してVRゲームをその場で開発、即プレイできるなど意欲的な試みが行われています。

図1_5 Godot Engine公式サイトトップページ

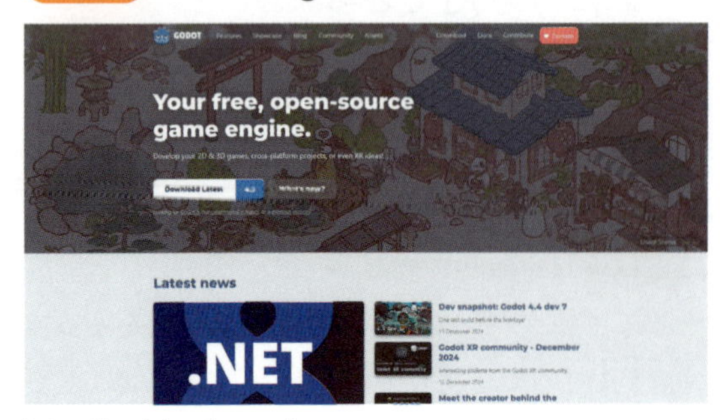

https://godotengine.org/

しかし、Godot Engineを用いたインディーゲームの開発やPC向け・家庭用ゲーム機向けの移植は2025年時点である程度普及しているのに対して、Godot Engineを用いたMeta Quest向けVRゲームは(Meta Quest以外のプラットフォームを含めて)ほとんどリリースされていません。Godot Engineの日本語の情報も充実していないため初学者にとっては現状まだ導入しやすい環境とは言えませんが、将来的にはVRゲーム開発における有望な手段となる可能性は十分にあります。

CHAPTER 1 3 VRゲーム開発の難しい点、特異な点

本書を手に取っている方の中には、VRではない、通常のゲームを作られた経験を持っている方もいるかもしれません。そんな方に向けて、VRならではの注意点を説明します。一般的な3DCGを用いたゲームとVRゲームは同じツールで作られるため、根本が共通している部分が多数ある一方、実はかなり異なる慣習や技術的差異があります。

1-3-1 VRは「解像度」「フレームレート」の要求が高い

解像度とフレームレートの話題は本書でも何度か出てくるので、軽く意味を把握しておきましょう。フレームレートとは、一秒あたりに画面に表示されるコマの数のことで、この数が多ければ多いほど映像が滑らかに見えます。一般的なテレビでは最大60FPSまでをサポートしていますが、PC向けのハイエンドなモニターでは120FPSや144FPS、240FPSから600FPSといったものまで幅があります。解像度は、映像のピクセルの数のことで、フルHD(720p)、フルHD(1080p)、WQHD(1440p)、4K(2160p)といったようにモニター側の解像度の規格に準じたものが多いです。

平面のゲームにおいては、フレームレートと解像度はある程度の妥協が許されます。PlayStation 5やXbox Series Xといった2020年から発売されている据置型の家庭用ゲーム機では、フレームレートか解像度のどちらか、あるいは両方を犠牲にしています。

しかし、VRでは「絵作りのために解像度とフレームレートを妥協する」ことができません。VRでフレームレートを下げるとVR酔い、つまり視覚情報と身体動作が一致していないことが理由で起こる、乗り物酔いのようなものを誘発します。解像度も、Metaなどのプラットフォーマーが「ディスプレイの解像度の85%以上を維持しなければならない」など、基準を明確に設けています。プラットフォーマーが定めた基準よりも解像度を低くしたところで、ボヤけから生じる不快感にさいなまれるはずです。

1-3-2 平面ディスプレイに向けた技術を流用できないことがある

一般的に、VRではないゲーム開発において立体視への対応はめったに行われません。そのため、過去に非VR向けプロジェクトで作ったテクスチャやマテリアル、シェーダー

といった資産が流用できないことが頻発します。無理に流用しても、とあるテクスチャが右目でだけ見えて左目だけ見えなかったり、シェーダーがVR非対応なために使うことができない(Unity上でエラーになる)といったことがよく起こります。

そのため、過去の資産を活用したいならば一部のものをVR用に作り直すために技術的検証を行ったり、差し換えのためまったく新しい素材を用意しなければならないこともあるかもしれません。特にUnity Asset Storeなどゲーム開発者向けのアセット販売サービスで購入したものがVRに対応していなかったとしても、恨み言は言わないようにしましょう。逆にVRに対応していることをアピールしているアセットも少なくないので、流用できた場合はアセットの製作者に感謝しましょう。

また、平面ゲームで使われる演出テクニックも、VRでは適用しづらいものが多くあります。たとえばプレイヤーキャラクターが敵キャラクターを攻撃したときに画面を一瞬だけ一時停止することでタメや手ごたえを感じさせるテクニック「ヒットストップ」をVRで実装すると、プレイヤーにVR酔いを引き起こす原因になります。

1-3-3 プレイヤーの身体と環境はVRの世界に影響を与える

VRゲームはプレイヤー自身の身体(頭と両腕)に基づいてプレイするわけですから、プレイヤーおのおのの体格によって体験が左右されます。よって、個々の体格を考慮したゲーム設計も求められることがあります。分かりやすいものだと、身長が高い人と低い人のどちらがプレイしても問題がないように作らなければいけません。いくらかのVRゲームはプレイヤーの身長を入力することでVRゲームの世界のスケールそのものを変えることができますが、そこまではしない場合も「自分とは違う体格のプレイヤーがこのVRゲームをプレイしたらどうなるだろうか?」という懸念をつねに持ち続けましょう。

環境差についても同様です。筆者は過去に関わったVRゲームで

「開発環境のイスと試遊会のイスの形状が異なったため、試遊会のプレイヤーが想定通りの挙動ができなかった」
(試遊会のイスは膝が斜め上方向に向くものだったのだが、それを想定していなかった結果、VR世界上に設置していたボタンが膝の高さに干渉した)」

というトラブルに見舞われたことがあります。VRのインタラクションは現実の環境からも干渉を受けることを忘れてはいけません。

加えて、VRゲームはプレイヤーの動きを制限できないことにも注意が必要です。たとえば、プレイヤーの目の前に壁があるとします。普通のゲームなら、その壁に当たり判定を付与することで「プレイヤーが壁にぶつかったらそれ以上先に進むことはできない」と

することができますが、VRだとできません。VRゲームの世界に壁があったとしても現実空間に壁がなければ、プレイヤーはVR世界の壁を突き抜けることができます(そして同様の手順でVR世界の床や天井を突き抜けることができます)。筆者の経験上は、プレイヤーがこうしたコリジョンの突き抜けを行ったときはプレイヤーに対して「セーフティエリアに戻ってください」などの警告を表示して、その間はゲームを一時停止することが多い印象です。

1-3-4 開発者はプレイヤーのカメラを動かせないし、動かしてはいけない

ビデオゲームは映像を用いたメディアであり、大なり小なりゲーム会社はドラマや映画のカメラワークを参考にして映像表現を磨き上げてきました。しかし、VRゲームではそういった「ドラマや映画のようなカメラワーク」は使えないものと考えるべきです。なぜなら、VRにおけるカメラとはVRヘッドセットを装着したプレイヤーの視界そのものであり、開発者はプレイヤーに無断でプレイヤーの視界たるカメラをいじってはいけないからです。VR世界の中に監視カメラのモニターやプロジェクターを入れてそこでカメラワークを駆使した映像を見せることもできなくはないですが、VRの世界にわざわざ居るのに平面の映像で情報を伝えるのは、VR感に乏しい印象を与えます。

ただ、既存の表現の中に参考になるものはもちろんあります。30年も前から一人称視点で作られてきたFPSゲームの「一人称でストーリーを伝えるノウハウ」を取り入れてみたり、観衆の視点が一定にならない演劇やマジックなど、リアルタイムなエンターテインメントのノウハウを調べたりするとよいでしょう。

1-3-5 プレイヤーはVRの世界でも、現実のように干渉できることを期待をする

VRゲームの作り手が忘れがちなこととして、プレイヤーはVRに過度な期待、具体的にいうと、「現実の様に自由自在に振る舞えるもの」を求める傾向にあります。これはVRに限った話ではありませんが、特にVRではこの現象が発生します。

たとえば、プレイヤーがVR世界を移動したりオブジェクトに干渉したりできないよう縛り付けた状態で、ストーリーを説明するためにプレイヤーの目の前でキャラクターがスピーチを10秒以上も続けようものなら、プレイヤーは耐えがたい苦痛を味わうことになります(これが30秒も続いてしまえば、プレイヤーは暇を持て余して眠ってしまうことでしょう)。プレイヤーが移動もできずオブジェクトに干渉することもできない時間というのは、つまりプレイヤーにとって楽しい要素が発生しない時間です。

また、プレイヤーは「VR世界の中にあるものにはすべて干渉できる」と認識しています。普通のビデオゲームで机の上にマグカップが置いてあり、プレイヤーがそれにインタラクションできなかったとしても誰も気に留めません。しかし、VRではプレイヤーは机の上にマグカップが置いてあるのを見つけたら、間違いなく手に取ろうとします。たとえ開発者が「このマグカップはゲームプレイに関係がないからプレイヤーが触ったり手に取ったりすることのできない、ただの背景の置物だ」と考えていたとしても、プレイヤーにとっては「マグカップというのは手に取って触ることができるものだ」という期待を持っているため、触ったり手に取ろうとして反応がなかったりするとプレイヤーは非常に落胆してしまいます。

これはビデオゲームだと「プレイヤーの操作に関係のあるものと関係がないものを区別させやすい」のに対して、VRだと「VR世界のうち何がプレイヤーの操作に関係があって関係がないのか、プレイヤーの視点では区別がつきにくい」ことが要因の1つです。VRゲームを作るときはプレイヤーに何をさせたいのか、そのためにVRの世界に配置すべきオブジェクトは何か、逆に何を配置すべきでないか、これらを考えてVRの世界を設計することでプレイヤーに「このVRゲームでは、自分のやりたいと思ったことがちゃんとできる」と思わせて信用を勝ち取る必要があります。

以上5点を念頭におきつつ、VRゲーム開発を進めていきましょう。

CHAPTER 2

開発環境を整備しよう

Meta Questを使ったVRゲーム開発において一番複雑な作業は、開発環境の導入かもしれません。Meta QuestとUnityでそれぞれやることがありますが、ひとつずつ乗り越えていきましょう。

CHAPTER 2-1 開発機材を導入しよう

VRゲームを作るにあたっては、様々な機材やアカウントが必要になります。本書が想定するVR開発用機材は、以下の通りです。

- VRデバイス：Meta Quest本体
- 開発用PC：WindowsのゲーミングPC（もしくはハイエンドなワークステーション）
- その他機器：Meta Quest Link有線ケーブル

2-1-1 必要なもの（1）Meta Quest本体

当然ながらVRゲームを作るにはVRデバイスを持っていないことには始まりません。本書では、扱うVRデバイスはMeta Questシリーズを前提として説明していきます。他のVRデバイスを利用する場合の手順は詳しく紹介しませんが、極端にマイナーなデバイスでなければおおむね同じように進められると思います。ただしPC接続やビルドの方法は異なる場合があるため、各自で調べた上で読み替えてみてください。

本書で紹介する開発環境は、OpenXRという規格に対応したデバイスを対象としています。下記にOpenXRに対応しているデバイスの例を示しますが、これらはあくまで、執筆時点で販売されているものとなります。例に含まれていない場合であっても、ご自身でOpenXRに対応したデバイスかどうかインターネット検索することをおすすめします。

- Meta Questシリーズ（2、Pro、3、3S）
- SteamVR対応デバイス（Valve Indexなど）
- PICO Neo 3 Pro/Pro Eye
- PICO Neo 3 Link
- PICO 4 / PICO 4 Enterprise

本書がVRゲーム開発にMeta Questを使う理由は、グローバルでも日本でも一番普及しているVRデバイスであり（※1、2）、個人でも開発しやすい環境が整っているからです。Meta Questとほとんど同等の機能を有する競合品はいくつかありますが、シェアが低く利用者が少ないデバイスは問題解決をするための情報が手に入りにくいものです。また、比較的安価であることもオススメしやすい理由の1つです。

(※1) 2023年通年 国内AR/VRヘッドセット市場規模を発表
https://www.idc.com/getdoc.jsp?containerId=prJPJ52005924
(※2) AR/VR Headset Market Forecast to Decline 8.3% in 2023 But Remains on Track to Rebound in 2024, According to IDC https://www.idc.com/getdoc.jsp?containerId=prUS51574023

開発のために今からMeta Questを買う方の場合、悩みは「どのモデルを買えばいいのか？」ということでしょう。Meta Questシリーズは1〜2年ごとに新しいモデルが出るので、なかなか意を決しづらいのも無理はありません。予算に余裕があれば最新モデルを、そうでなければ少し安いものでいいでしょう。多くの人に遊んでもらうという観点では、その時点でシェアが大きい、もしくは大きくなりそうなデバイスを選定するのもアリです。一般に製品名に"Pro"が入っているモデルは、プロの開発現場でもない限りは無理に買う必要もないかと思います。

2-1-2 必要なもの(2) WindowsのゲーミングPC

Unityを用いたVRゲーム開発はWindowsとmacOSに対応していますが、本書ではWindowsを使うことを強くオススメします。Meta Quest向けにアプリを書き出すことはいずれのOSでも可能なのですが、Windowsの場合はPC上で直接VRを動かせるという強みがあります。開発は試行錯誤の連続なので何度も動作確認を行うことになるのですが、そのために必要な工程が少ないほど早くこのサイクルを回すことができます(図2_1)。

図2_1 VRゲーム開発のサイクル

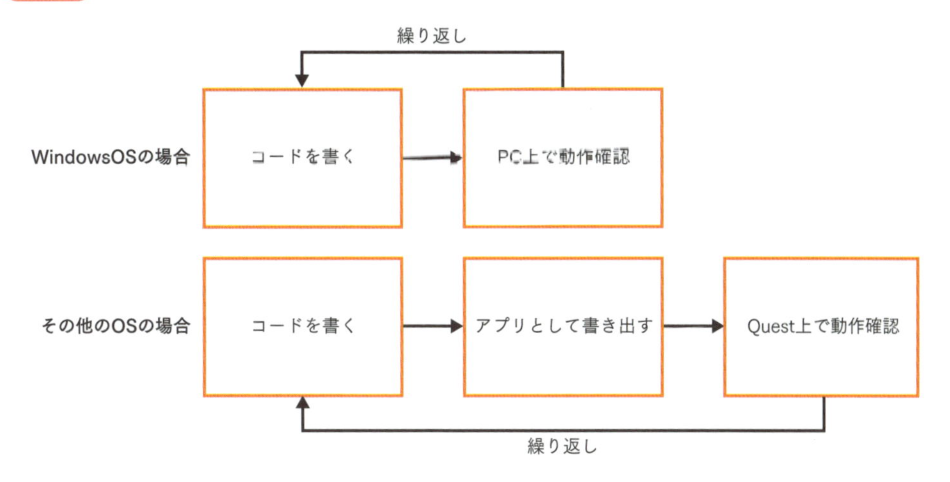

Windows以外での開発ももちろん可能です。VR開発向けのゲーミングPCは高価なので、

すぐには用意できない場合もあると思います。まずは、お手持ちのPCを使って開発できないか試してみるのもよいかもしれません。実際に試してみた上でスペックが不十分だったり、より効率的な開発を実現したい場合は買い換えなどを検討すると良さそうです。ただし、本書ではWindowマシンを前提として説明をするので、PC上でのVR実行など一部他のOSでは対応していない工程が含まれる場合がある点にご注意ください。

もし新たに購入する場合は、Windowsの中でもゲーミングPC(あるいは、それに相当するワークステーション)を推奨します。なお､必要なスペックのゲーミングPCの性能は、あなたがこの本を読んでいる時期の主流VRデバイスに応じて変わってしまいます。基本的にはVRデバイスのディスプレイ解像度が高いほど必要なスペックが上がります。本書の執筆時期時点ではMeta Quest 2がRTX 3060搭載モデル、Meta Quest 3だとRTX 4070Ti搭載モデルが推奨されています。ゲーミングPCの価格は為替の影響が大きいものの、20万円から30万円のものだとVRを動かすにあたって不安が生じることはないでしょう。年数が経つとハードウェアの要求性能は一般的に上がっていくものなので、可能であれば多少スペックに余裕があるものを選ぶと長く使えると思います。

PCの性能について自信がないようであれば、ゲーミングPCに詳しい友人知人に尋ねたり、Metaの公式ガイド(※3)を読んだり、NVIDIAやAMDといったGPUメーカーの公式サイトからVRサポートの可否を確認してください。

※3 Meta Quest Linkを使用するためのWindows PCの要件
https://www.meta.com/ja-jp/help/quest/articles/headsets-and-accessories/oculus-link/requirements-quest-link

2-1-3 必要なもの(3) Meta Quest Link用のケーブル

ケーブルは、Meta QuestをPCに有線接続する際に使用します。QuestをPC接続するためには「Meta Quest Link(旧Oculus Launcher)」というソフトを使用します(後述)。Meta Quest Linkには有線接続と無線接続(Air Link)の2つの方法が用意されています。

無線接続の場合ケーブルは不要ですが、1つのルーターにたくさんのPCが接続していると安定動作が保証されないなど、弱点があります。また、Meta Quest Linkを無線で使うにあたっては、Windows PCを有線LAN接続した上で、Wi-Fi6以上のルーターとMeta Questを5GHz帯の無線でつなぐ必要があるなど、要求される環境も高めです。そのため、有線接続のためのケーブルを別途用意しておくことをオススメします。

ケーブルも、なんでもいいわけではありません。先述のMeta公式セットアップガイドによると5GB以上のスループットに対応したUSB Type-Cケーブルが必要で、Meta公式のLinkケーブルは2025年時点で10,780円します。さすがに高いので、公式へのこだわりがなければ非Meta製のサードパーティーによるケーブルをオススメします。安いものは

2,500円、高いものでも4,000円ほどで、いざ壊れても買い直しやすいです。非公式ケーブルは長さがいろいろありますが、最低でも2.5メートル以上のケーブルを買いましょう。それ未満の長さだとPCとヘッドセットの距離が小さすぎて、ほんの少し歩きまわる余裕さえありません。VRの2メートルは長いようで短いのです。また、Linkケーブルの端子は両端ともType-Cだと安定しますが、PCにUSB Type-Cの差し込み口がなければ片側がType-Aでも問題ありません。

COLUMN Apple Vision Proに対応しない理由

なお本書がApple Vision Proに対応していないのは、Apple Vision Proには本書の前提であるモーションコントローラがないためです。ただMeta QuestとApple Vision Proはどちらもコントローラなしでデバイスを操作する「ハンドトラッキング」という技術に対応し、フリーハンドでインターネットのブラウジングなど簡単な操作を行えます。では、なぜ本書がハンドトラッキングを採用しないかというと、2025年時点のハンドトラッキングはVRに適さないからです。最も大きな制約として、ハンドトラッキングはボタンが存在せず、なんといってもアナログスティックを用いた「移動」と「カメラの回転」ができません(これらはChapter 6で詳細を解説します)。また、ハンドトラッキングはモーションコントローラと比べて入力の遅延が大きく、角度や位置も頻繁にズレる精度の悪さの問題を抱えています。ハンドトラッキングはプレイヤーの入力への応答速度や正確性が最大限求められるビデオゲームに不適切です。ただ、ビデオゲームを目的とせずカジュアルな用途に絞ったXRデバイスはハンドトラッキングのみで十分とはいえます。その意図に沿って作られているのがApple Vision Proであり、そもそもVRゲームをプレイするために設計されていないのです。今後の技術の発展によってハンドトラッキングの精度は向上し、できることも少しずつ増えていくはずです。それでも、スマートフォンが普及した後にもPCのキーボードやマウスが駆逐されなかったように、モーションコントローラはすぐにはなくならないでしょう。

CHAPTER 2

2 ソフトウェアの導入と設定をしよう

続いて、開発に必要なソフトウェアの導入方法と設定について説明していきます。

- Metaアカウントの作成
- Meta Quest Linkの導入とPC接続
- Meta Questの開発者アカウント登録と組織の作成
- Meta Quest Developer Hubのインストールと接続
- Unityアカウントの登録
- Unity Hubのインストール
- Unityのインストール

2-2-1 Metaアカウントを作成しよう

Meta Questを使うにはMetaアカウントが必要です(すでにMeta Questを利用されている方は、新規作成は不要です)。MetaアカウントはFacebookやInstagramとのアカウント連携でも作成可能で、お好みの方法でかまいません。なお、SNSとの連携をすると、そのフレンドとMeta上でも自動で繋がってしまいトラブルが起きるのでは、と懸念される場合もあるかと思います。こちらに関してはMeta Questのプライバシー設定で調整ができるので、過剰に心配する必要はないかと思います。

Windows PCでMeta Questを経由したVRを利用するには、Meta Quest Link(図2_2。旧Oculus Launcher)のインストールが必要です。以下のMeta公式のサイトから、ランチャーをダウンロードできます。

https://www.meta.com/ja-jp/help/quest/pcvr/

図2_2 Meta Quest Linkのアプリ画面

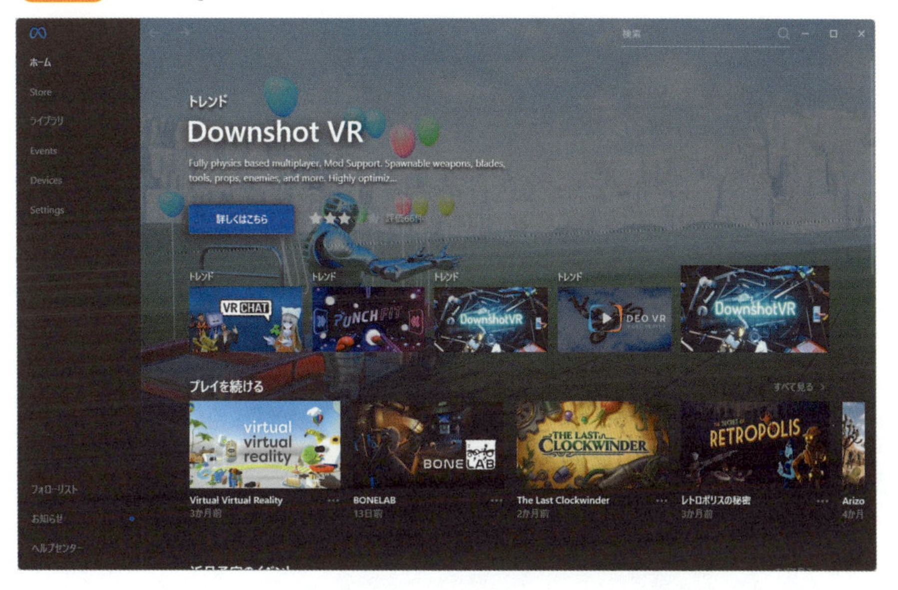

2-2-2 有線接続する場合

インストールが完了したら、実際にMeta QuestをPCと接続してみましょう。Meta Quest公式ドキュメントを参考に説明します。なお、手順が古くなっている場合があるので、最新の手順は公式ドキュメント（Set up Meta Quest Link）を参照してください。

https://www.meta.com/ja-jp/help/quest/articles/headsets-and-accessories/oculus-link/connect-with-air-link

STEP1　ユニバーサルメニューを表示する

まずはインストールしたMeta Quest Linkを起動し、Metaアカウントにログインしておいてください。次に、ヘッドセットを起動してPCに接続します。ヘッドセットを装着し、右コントローラーのMetaボタンを押すと、図2_3のようにユニバーサルメニューが表示されます。

図2_3 ユニバーサルメニュー

STEP2-A　リンクを有効化する

ユニバーサルメニューの左側にある時計に、ポインターを重ねてクリックすると、図2_4の「クイック設定」画面が表示されます。図中赤枠で示した、「リンク」をクリックしてください。

図2_4　クイック設定からリンクを開く

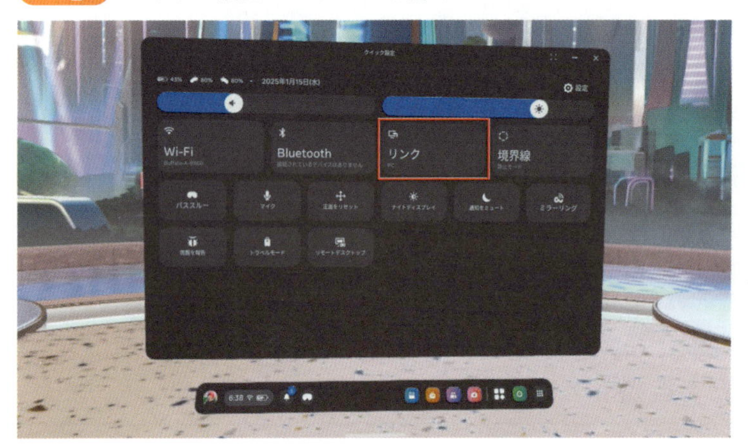

STEP2-B　リンクの表示が無い場合

なおユニバーサルメニューに「リンク」の項目が表示されない場合、Meta Quest Linkが Meta Quest上で有効になっていないかもしれません。右上のボタンから設定を開き、左側のメニューから「リンク」を選択します（図2_5、図2_6）。

図2_5　クイック設定から設定を開く

図2_6 リンクを選択する

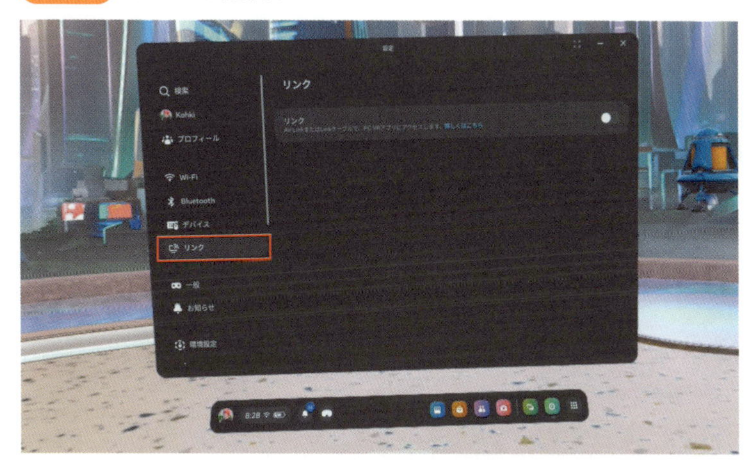

リンクの横にある切り替えボタンを選択して、Meta Quest Linkを有効にします。すると起動ボタンが表示されるので選択してください(図2_7)。

図2_7 起動ボタンを押す

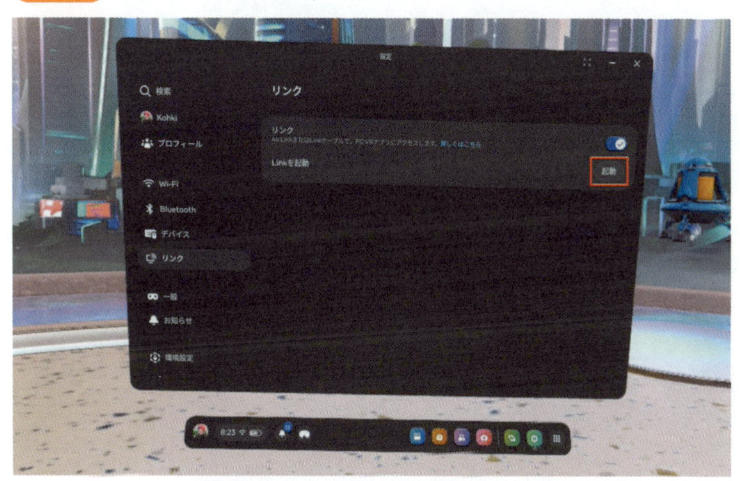

STEP3　PCとMeta Questをリンクする

ヘッドセットを接続しているコンピュータを選択して、「起動」を選択します(図2_8)。画面が切り替わり、少し待って図2_9の画面が見えたら接続成功です。Meta QuestからMetaのPC向けアプリが使えるようになっているはずなので、興味があればぜひ試してみてください。

図2_8 リンクを起動する

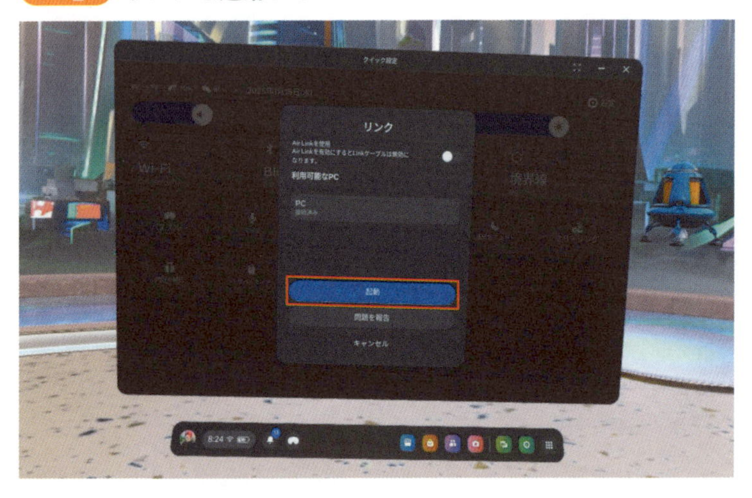

図2_9 成功画面

なお、Meta Quest Linkは正しく設定をしていても、うまく接続ができないことがよくあります。その場合はMeta Quest Linkを起動しなおして再度試してみてください。それでもうまくいかない場合、PCやQuest本体を再起動すると改善することがあります。それでも接続できない場合は、Meta Quest公式のサポートページ（以下）を参照してみてください。

https://www.meta.com/ja-jp/help/quest/

2-2-3 無線接続する場合

続いて、無線接続の場合の手順も紹介しておきます。無線接続をする前に、まずはご自身の環境がAir Linkのベストプラクティスを満たしているか、以下のポイントを確認しましょう。実際にはPCとMeta Questが同じローカルネットワークにさえ接続されていれば最低限は使える場合がありますが、環境によっては接続に失敗したり、通信が安定しない場合があります。無線接続は要求される条件が高いため、状況に応じて有線接続も検討してください。

- イーサネットケーブルを使って、PCをルーターやアクセスポイントに接続している
- 5GHz帯(ACまたはAX)でヘッドセットをWi-Fiに接続している
- ルーターは、ヘッドセットを使用する部屋に、またはヘッドセットとの間に遮蔽物がない位置に、床から1m以上の高さで設置している
- Air Linkのパフォーマンスが最大になるよう、非メッシュのネットワーク設定で使用している

STEP1　Meta Quest Linkを有効にする

まず、「有線接続する場合」を参考にMeta Quest Linkを有効にしてください。

STEP2　「Air Linkを使用」を有効にする

次に「クイック設定」から「リンク」ボタンをクリックし、上部の「Air Linkを使用」を有効にします。すると利用可能なPCのリストに、同じネットワーク上にあるPCが表示されます(図2_10)。表示されない場合はAir Linkのベストプラクティスを再度確認してみてみてください。

図2_10 「Air Linkを使用」を有効化

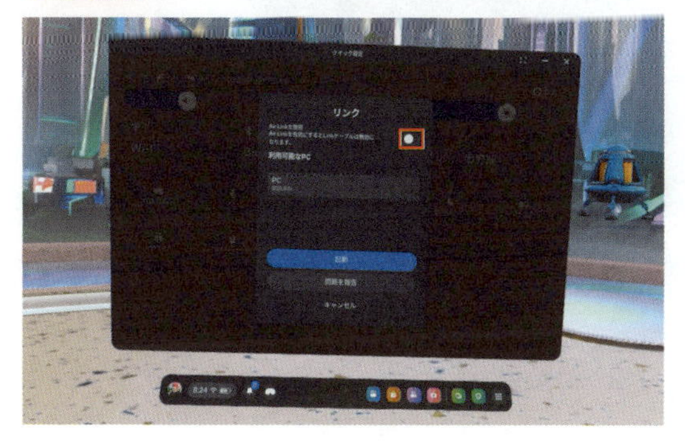

STEP3　ペアリングのコードを確認する

接続したいPCを選んで、ペアリングを選択します（図2_11）。Quest内にペアリングコードが表示される（図2_12）ので、ヘッドセットを取り外し、PCに表示されるコードとヘッドセットに表示されるコードとが一致することを確認してください（図2_13）。

図2_11　ペアリングを選択

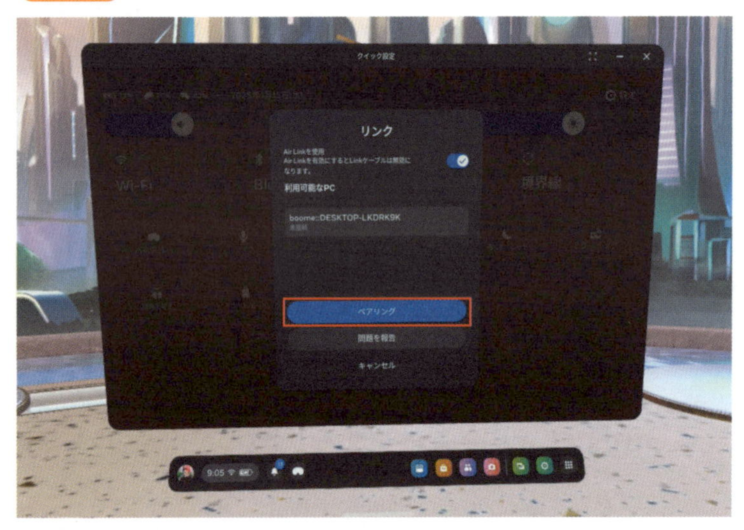

図2_12　Meta Questのコードを確認する

図2_13 PCのコードを確認する

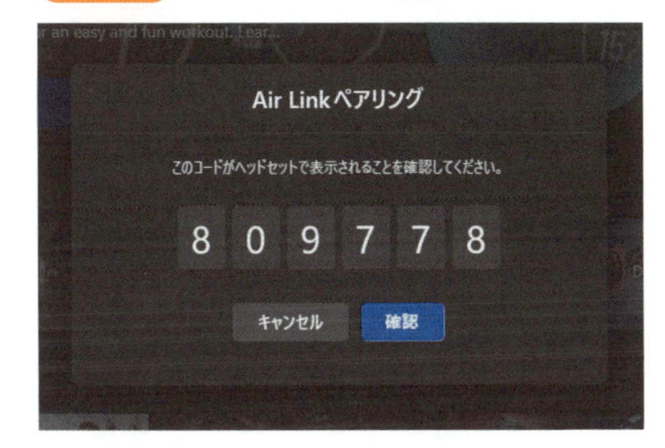

STEP4　ペアリングする

一致していたらデスクトップアプリで「確認」をクリックし、「閉じる」を押して（図2_14）ヘッドセットを再装着します。ペアリングが成功していると、ボタンが「起動」に変わっています（図2_15）。「起動」を選択して有線接続と同じように白い背景の画面が見えたら接続完了です。

図2_14 確認を選択

一度ペアリングした後は、クイック設定パネルから直接Air Linkを起動できるようになります。

図2_15 起動ボタンを押す

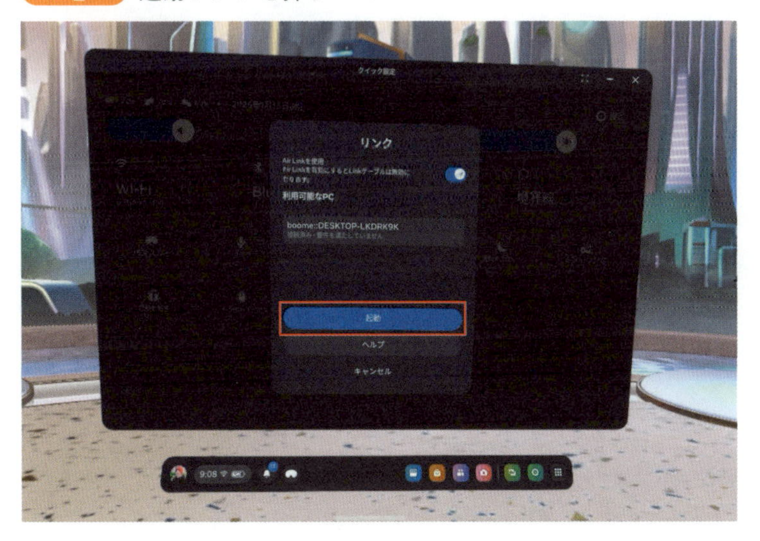

2-2-4 開発者アカウント登録と組織の作成を行おう

開発者アカウントに登録する

Meta Questに自分の作ったゲームをインストールするためには、開発者アカウントというものに登録をする必要があります。開発者アカウントの登録が完了すると「マイアプリ」というページから、自作ゲームのインストールの他、Meta Questのプラットフォーム機能を使ったビルド配信やテストユーザーの追加、アナリティクスの表示など様々なことができるようになります。便利なので早めに登録しておくことをオススメします。

まずは WebブラウザでMeta Quest for Developers（以下）にアクセスし、Questでログインしているアカウントと同じアカウントでログインをします。

https://developers.meta.com/horizon/sign-up/?locale=ja_JP

次にアカウント認証を進めます。本人確認のため、クレジットカードの登録か、電話番号による二段階認証の設定を求められますので、お好きなほうで登録してください。アカウント認証が完了すると、「マイアプリ」に遷移できるようになるはずです。

組織名を登録しよう

続いて「マイアプリ」ページ右上のボタンをクリックし、組織を作成しておきましょう。これは、あなたが開発したゲームをストアに公開する際に使われる名前です。個人であれば個人名やハンドルネーム、サークル名などで問題ありません。画面に従って登録を進めてください（図2_16）。

図2_16 組織名を登録する

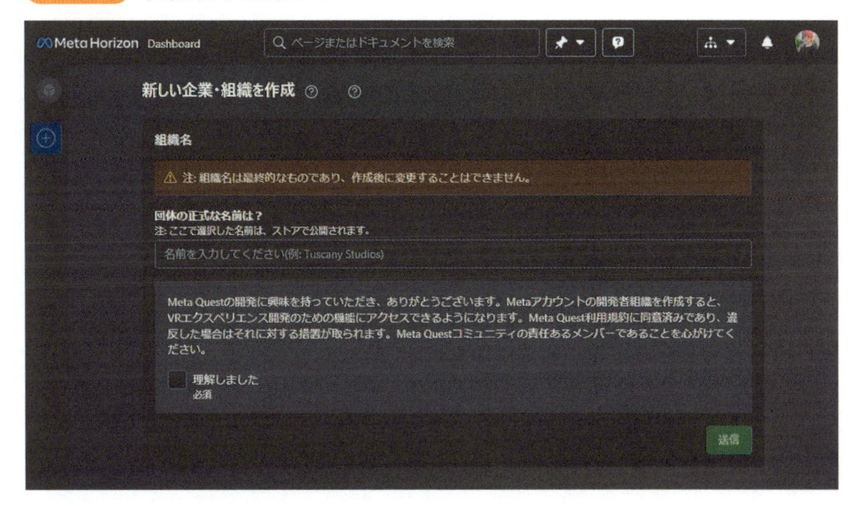

2-2-5 Meta Quest Developer Hubをインストールしよう

Meta Quest Developer Hub(MQDH、日本語の公式サイトでは「Meta Quest開発者ハブ」表記)は、Questを使ったVRゲーム開発をサポートする強力なデスクトップ開発ツールです。以下URLから、ダウンロードが可能です。

https://developers.meta.com/horizon/documentation/unity/ts-odh-getting-started

開発したVRアプリをQuestにインストールする際に必要なので、ぜひインストールしておきましょう。このツールを使わずadbというコマンドラインツールを使用する方法もありますが、Meta Quest Developer HubはGUI上での操作をサポートしていてハードルが低いと思います。

インストールが完了したら、アプリを起動し開発者アカウントでログインしてください。

開発者モードを有効にする

次に、Meta Quest Develover HubとQuestを接続するために、Questの開発者モードを有効にする必要があります。次に解説する手順は「開発者アカウント登録と組織の作成を行おう」が完了していない場合進めることができないので注意してください。

モバイルアプリから有効化する場合は、Meta Questモバイルアプリを開いて、画面下部のメニュー ＞ デバイス ＞ ヘッドセットの選択 ＞ ヘッドセットの設定から、Developer Mode(開発者モード)オプションをオンにします。ヘッドセットから有効化する場合は、ヘッドセットのSettings(設定) ＞ System(システム) ＞ Developer(開発者)に移動してから、USB Connection Dialog(USB接続ダイアログ)オプションをオンにします。

開発者モードを有効にできたら、次にUSB-Cケーブルを使用してヘッドセットをPCに接続し、ヘッドセットを再度装着します。データへのアクセス許可を求めるプロンプトが表示されたら、「許可する」、もしくは「このコンピュータから常に許可」をクリックします（図2_17）。

Meta Quest Developer Hubを開いて、Device Manager（デバイスマネージャ）に移動し、デバイスステータスを確認します（図2_18）。デバイスが接続されアクティブになっていたら成功です。

図2_17 アクセスを許可する

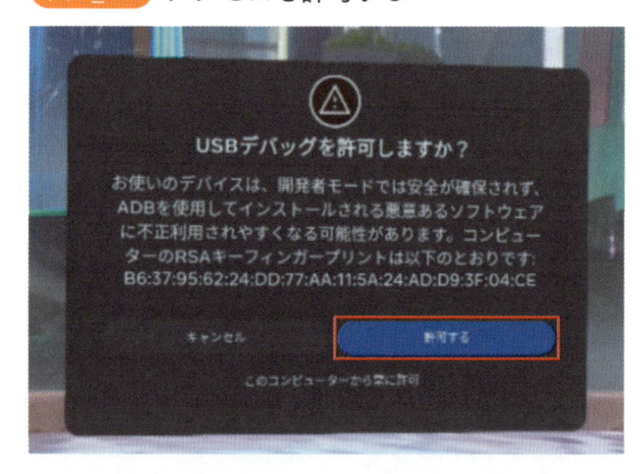

図2_18 Device Managerの画面

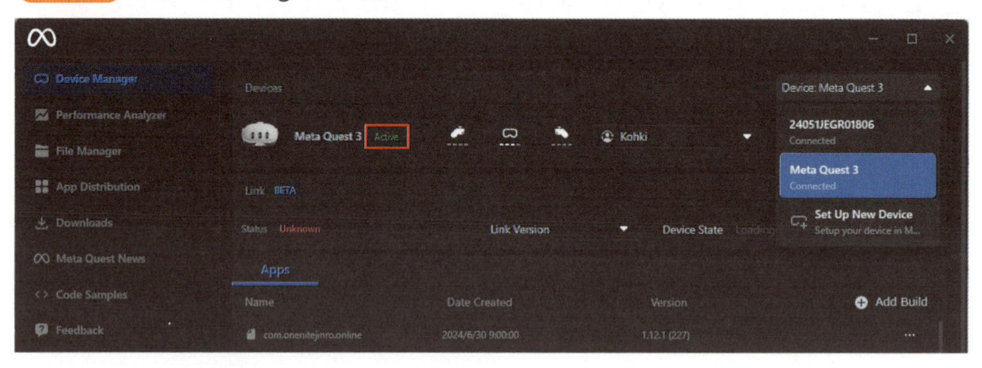

2-2-6 Unityをインストールしよう

開発に使うゲームエンジンである「Unity」を使う準備をしていきましょう。Unityをインストールする方法は2つあるのですが、「Unity Hub」というUnity公式ランチャーを使うことをおすすめします。

まずはUnity HubをUnity公式サイトからダウンロードし、インストールを進めてください。

https://unity.com/unity-hub

Unity アカウントを作成しよう

インストールしたUnity Hubを開くと、Unity IDを用いてのログインを求められると思います。UnityはUnityのアカウントを作成、ログインしていないと利用することができません。「アカウントを作成(Create Account)」をクリックして、新規登録をおこなってください。

自前のメールアドレスを所有していて、かつ何らかのサービスでアカウントを作成したことがあれば、Unityのアカウント作成で困ることもないかと思います。もしアカウントの作成に自信がなければ、保護者あるいはPCに詳しい友人、知り合いに相談してみてください。

Unityのアカウント作成にあたっては、メールアドレスとパスワード以外のほかにも本名や組織名の入力が求められます。学校の授業や組織の研修の一環で取り組んでいる場合は、学校や組織から支給されたメールアドレスと情報を使いましょう。

Unityには無料プラン(Unity StudentとUnity Personal)と有料プラン(Unity ProとUnity Enterprise)があります。Unity Studentはその名の通り、学生を対象にしたプランです。Unity Personal、Unity Pro、Unity Enterpriseは、使える機能に差がありますが、Unity Personalでも一通りのことは実現可能です。ただし、ゲームから得ている年間収益や資金調達が一定額を超える場合は有料プランを使う必要があります。執筆時点では「20万米ドルを超える場合はUnity Proの利用が必須」「2,500万米ドルを超える場合はUnity Enterpriseの利用が必須」と定められていますが、今後変更の可能性もあるため、詳細はUnity公式の利用資格を確認してください。

https://unity.com/ja/pricing

所属する学校や企業が有料プランに登録していることもあるので、もし業務や授業の一環でUnityを使用しようとしている場合は、担当者に確認してみてください。本書では、Unityの無料版(Unity Personal)を使用しています。

2-2-7 Unityのバージョンについて

Unity Hubを使うと、複数のUnityバージョンを管理できるようになり、ゲーム開発においても非常に便利です(図2_19)。Unityには大きく分けて「LTS版(メジャーバージョン)」と「TECHストリーム版(現行開発版)」の2つが存在するのですが、実際のゲーム開発中では、バージョンを変更することがよくあるからです。

図2_19 Unity Hubの画面

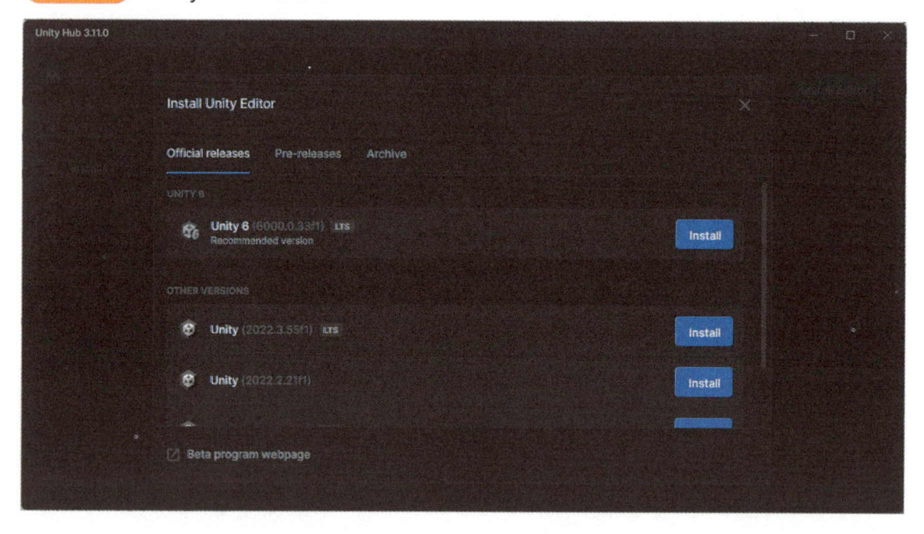

ゲームエンジンはバージョンによって搭載されている機能や挙動が異なることがあります。そのため、一般にUnity使用の書籍で勉強する際に、教本と異なるバージョンのゲームエンジンを使用すると「書籍通りにやったのにエラーが起きる」という事態に陥ってしまいます。そのため、本書の実装をおこなっていく場合は、UnityとUnity XRITのバージョンを揃えることをオススメします。

とはいえ、なるべくUnityのバージョンに依存しない解説を目指しますので、腕に自信がある場合は本書の解説よりも新しいバージョンで本書の内容を再現していただくのもアリです。

Unityのインストール手順

それではUnity Hubを使って、本書で使うUnity 6000.0.17f1をインストールする方法を紹介します。

各LTS版(2023, 6など)の最新版はUnity Hub上からダウンロードできますが、バージョン指定されている場合はブラウザからの操作が必要になります。

下記のページを開き、特定のバージョンを探してみてください。「ハブのインストール」というボタンが表示されていると思うので、クリックして指示に従うとUnity Hubが立ち上がります(図2_20)。

https://unity.com/ja/releases/editor/archive

図2_20 「Unity Hubを開く」をクリックする

必要なモジュールにチェックを入れます。最小限の構成でよければ何もチェックを入れなくても大丈夫です。図2_21、表2_1を参考に、当てはまるものそれぞれにチェックを入れて進めてください。

図2_21 モジュールにチェックを入れる

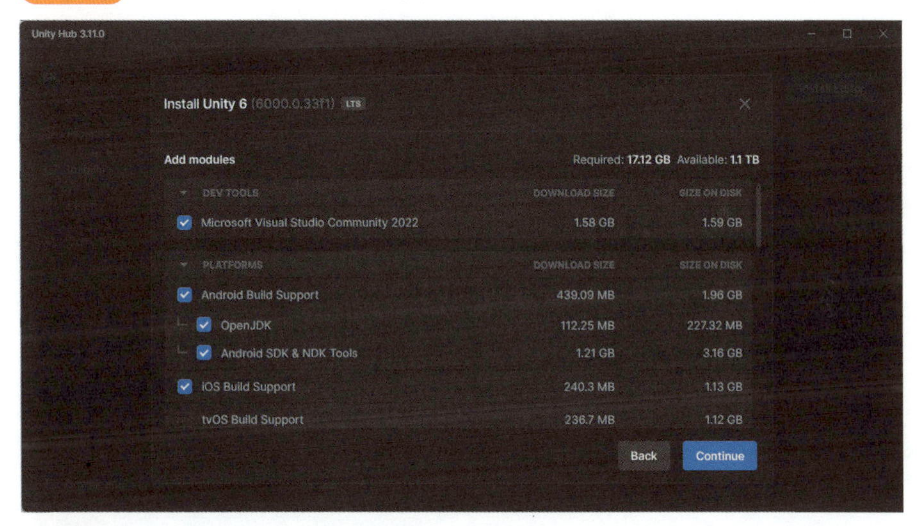

表2_1 必要なモジュール

・Visual Studioを使う場合（後述）	Microsoft Visual Studio Community 2022
・Quest向けにビルドしたい場合	Android Build Support OpenJDK Android SDK & NDK Tooks
PCVR（Rift / Steam）向けにビルドしたい場合	Windows Build Support

インストールの進行状況はUnity Hubの左端に表示されます。完了まで待ちましょう。

2-2-8 IDE（統合開発環境）を導入しよう

Unityでのゲーム開発は、Unityエディターだけでなく統合開発環境、通称IDE（Integrated Development Environment）が必須となります。UnityにおけるIDEはプログラム（コード）を書く・編集する機能とデバッグをする機能を担います。

Unity公式ではIDEとしてVisual Studio、VS Code、Riderの3つを正式にサポートしています。それぞれ以下のような特徴があります。

• Visual Studio

Microsoftが開発するテキストエディター。有料版と無料版があります。

• VS Code

Visual Studioの派生テキストエディター。macOSでUnityを使う場合はVS Codeを採用することが多いです。Visual Studioよりも軽量で、かつ無料です。「Unity Extension 用のVisual Studio Code Debugger」はUnityの正式サポートが終了しているため、デバッガー機能を使用したい場合は注意してください。

• Rider

JetBrains社が開発したテキストエディター。UnityやUnreal Engineといったゲーム開発向けの機能が充実しています。2024年10月にライセンス形態が変更され、非商用目的であれば無料で使えるようになりました。

Unityと IDEを紐づけるための手順については、Chapter3をご覧ください。

CHAPTER 3

Unityの基本操作を確認しよう

この章では、初めてUnityに触れる方や不安な方に向けて、簡単に使い方を説明します。VR開発に関する説明は次の章からになるので、既にUnityを使った経験がある方は読み飛ばしていただいて大丈夫です。

CHAPTER 3 1 プロジェクトの準備をしよう

ここからは、Unity HubとUnity本体がインストール済みである前提で説明をします。インストール手順についてはChapter2で説明しているので、まだの方はそちらを参照してください。

Unityでは、それぞれの開発物を「プロジェクト」という単位で管理します。プロジェクトを新規に作成する方法と、既存のプロジェクトを利用する方法があるのですが、それぞれの方法について順に紹介していきます。

なお、本書では基本的に、用意したサンプルプロジェクトを利用しながら読み進めてもらうことを推奨しています。サンプルプロジェクトを利用する方法は少し先の「すでに作られているプロジェクトを利用しよう」を参照してください。

3-1-1 プロジェクトを新規作成しよう

まずプロジェクトを新規作成する方法を紹介します。Unity Hubを起動して左タブで「Projects」を選ぶと下記のような画面になるので、①の「New Project」をクリックしてください(図3_1)。ここからプロジェクト作成に関する設定を行っていきます。

図3_1 New Projectを選択する

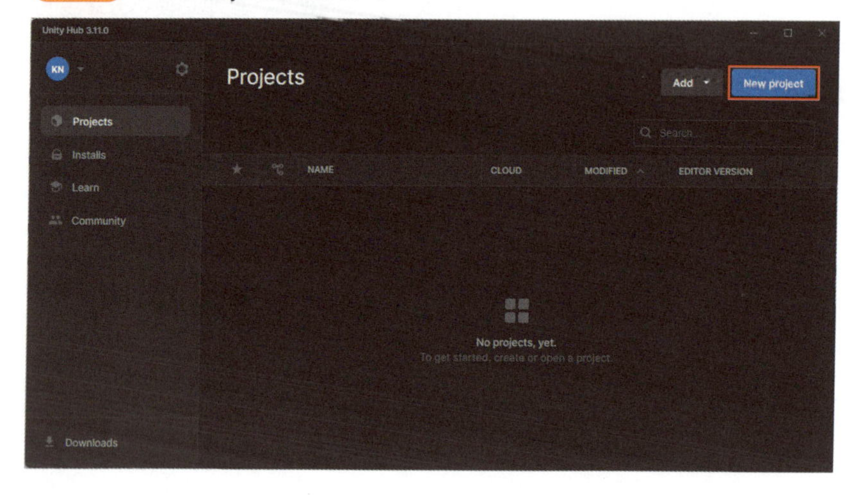

テンプレートから新規プロジェクトを作成しよう

Unityにはプロジェクトを作成するにあたっての雛型、テンプレートが用意されています。本書籍では、「VR」という名前のテンプレートを利用しましょう(図3_2)。まず「Download template」ボタンを押してテンプレートのダウンロードをおこない、それからあらためてテンプレートを選択してください。

図3_2 VRテンプレートを選択する

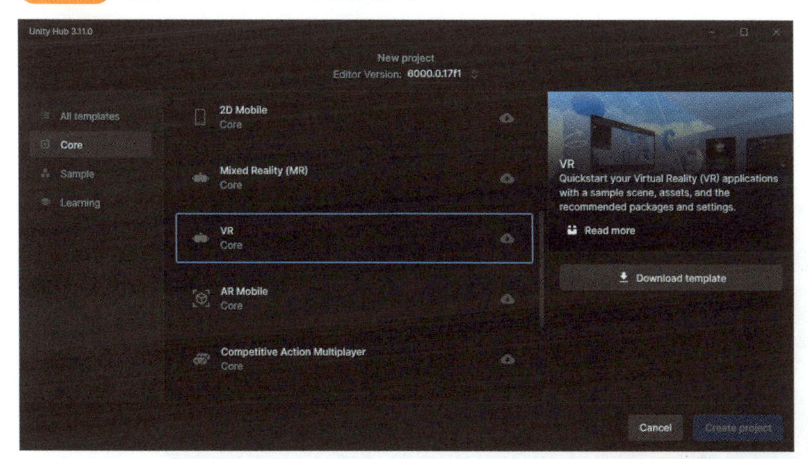

テンプレートを選択すると、いくつかの入力項目が出てきます(図3_3)。Project Nameは名前の通り、これから作るプロジェクトの名前を決めます。Locationはプロジェクトを作るファイルの場所(ディレクトリ)を決めます。Unity Organizationは、プロジェクトの所有組織およびユーザーを決めます。

図3_3 必要事項を入力する

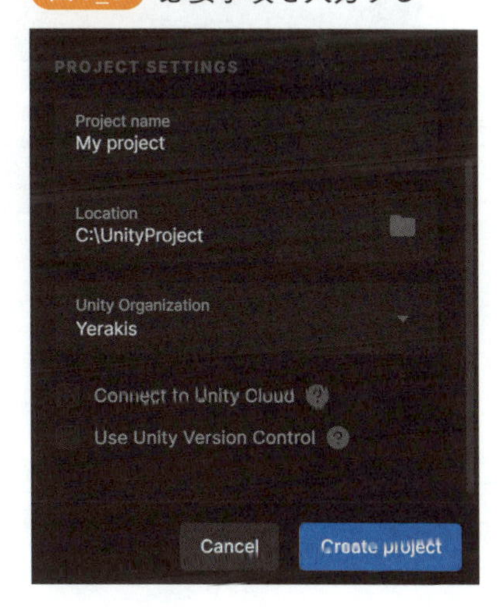

Unity Hubのバージョンによっては「Connect to Unity Cloud」と「Use Unity Version Control」という項目があります。本書ではこれら2つはいずれも使わないので、チェックを外してください(いずれもチームで同一のプロジェクトを作業するときに使うと便利なサービスです。気になる方はぜひ調べてみてください)。

Create Projectをクリックするとプロジェクトが作成されて自動的にUnity Editorが立ちあがります。2〜3分かかることもあるので気長に待ちましょう。

3-1-2 すでに作られているプロジェクトを利用しよう

本書のサンプルや担当の指導者が用意したものなど、すでに誰かによって作られているプロジェクトを起動したり管理したいときもあります。Unity Hubを経由せずにプロジェクトを直接開くこともできますが、他のプロジェクトと同様にUnity Hubに登録しておくと管理がしやすくなるのでオススメです。ここでは本書のサンプルプロジェクトを例に、Unity Hubにプロジェクトを登録する方法を紹介します。

まずは下記のURLからサンプルプロジェクトをダウンロードします(図3_4)。

https://github.com/nkjzm/VRLearningBook

図3_4 サンプルプロジェクトページ

図3_5 Addを押す

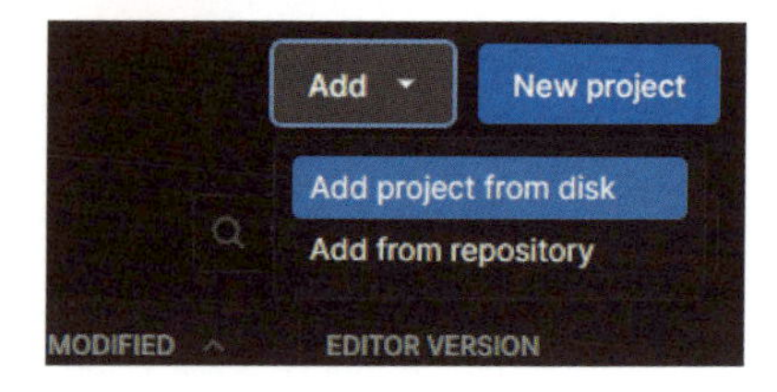

「Code」と書かれたプルダウンメニューから「Download ZIP」をクリックすると、ダウンロードが始まります。ダウンロードが完了したら、任意のフォルダに解凍しておいてください。Downloadsフォルダだと誤って消してしまう場合があるので、Documentsフォルダ以下などにUnityプロジェクトを保存する専用の場所を用意しておくのがオススメです。

解凍したフォルダをUnity Hubに登録していきます。Unity Hubを開き、New Projectの左にあるAdd > Add project from diskからフォルダ選択ダイアログを開けるので、解凍したフォルダを選択してください(図3_5)。

もしエラーなどが出る場合は、選択した階層が誤っていないか確認してみてください。Assetsフォルダが含まれる階層がUnityプロジェクトだと認識されます。

これでUnity Hubへの登録が完了しました。Unity HubのProjects一覧に登録されているはずなので、ここからプロジェクトを開くことができます。

サンプルプロジェクトの使い方について

配布しているサンプルプロジェクトは表3_1の構成になっています。詳しくはChapter4で紹介しますが、VRゲーム開発で使うXR Interaction Toolkitというアセットが同梱された状態になっています。

表3_1 サンプルプロジェクトの構成

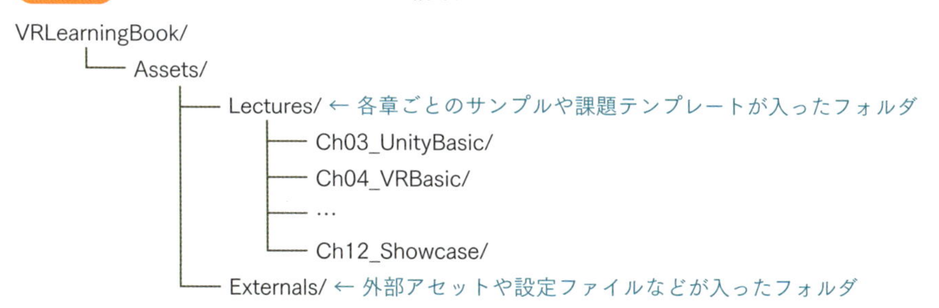

また、章ごとのフォルダ内は表3_2の構成になっています。

表3_2 各章サンプルファイルのフォルダ構成

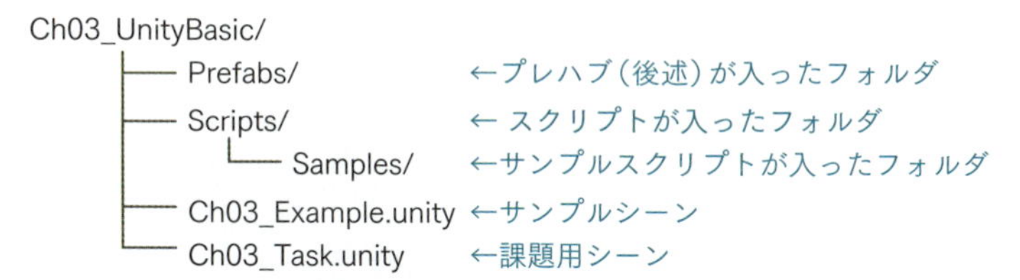

ChXX_Example.unityというサンプルシーンでは、その章で実施する内容の完成版を確認できます。実践しながら読み進める場合はChXX_Task.unityを使います。ベースとなる要素のみが配置されているので、このシーンを編集しながら課題を進めていくことができます。

基本的には各章に対応したフォルダの中身を見ながら本書を読み進めてみてください。本章では、「Ch03_UnityBasic」をサンプルとして、解説を進めます。

本で紹介する手順を順番に進めていくことで課題が達成できるようになっていますが、もし行き詰った場合は完成シーン(ChXX_Example.unity)を参照してみてください。

CHAPTER 3

2 Unity Editorの画面の見方・使い方

ここではプロジェクトが開いた後の、各画面の見方について紹介します(図3_6)。色々な用語が出てきますが、都度解説していくので、まずはなんとなく役割を見ておくくらいのつもりで読んでください。

3-2-1 Unity Editorの基本画面の見方

まず、各Unityプロジェクトは「シーン」と呼ばれる単位で画面や空間を管理しています。たとえば本書で使用しているVRテンプレートでは、「BasicScene」「SampleScene」というシーンがデフォルトで作成されています。ゲーム開発においては、「タイトル画面シーン」「ゲーム本編用シーン」などといった形で、用途ごとにシーンをわけて作製をすることもあります。シーンには3Dオブジェクトを配置できる他、平面UIを重ねておくこともでき、Unityを扱う上で中心的な機能となります。なお、Unreal Engineではほぼ同じ概念でレベルという呼称が使われます。

図3_6 Unity Editorの画面

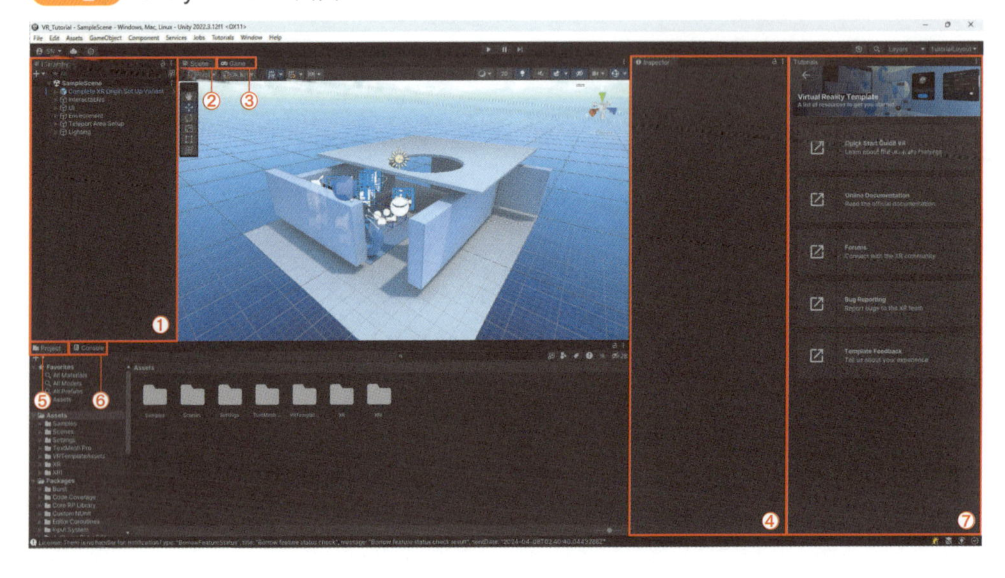

ウィンドウ上部、横長の白い箇所に文字が並ぶ部分を、ヘッダといいます。これらのうち"File"、"Edit"、"Assets"、"GameObject"、"Window"の場所を覚えておけば本書では問題ありません。それぞれ必要なときに説明するので、今は場所だけ見ておいてください。その他、各ウィンドウの意味は、それぞれ次の通りです。

①Hierarchyウィンドウ

シーン上に配置されているものの一覧が表示されます。このシーン上に配置されているものを、Unity上では「GameObject」と呼びます。GameObjectの親子付けをしたり、グループ分けをしたりするときはここで管理します。

②Sceneビュー

好きな角度や位置からシーンを見ることができたり、シーン内にあるGameObjectを直接クリックしたり、位置や角度、拡縮を直接調整できます。

③Gameビュー

シーン内に配置されたカメラを通した映像が映る画面で、この画面からシーンを編集することはできません。要は実際のゲーム画面です。

④Inspectorウィンドウ

あなたが今触っているGameObjectの情報を詳しく表示する場所です。位置や角度や自前のスクリプトなどの、各種パラメータを調整できます。

⑤Projectウィンドウ

ファイルの場所を管理するウィンドウです。ある程度は整理した方が楽になるので、"Model"や"Sound"、"Script"に"Prefab"などファイル分けをしておくとよいでしょう。

⑥Consoleウィンドウ

Unityのコンソール画面で、スクリプト側にデバッグ用のメッセージを出したり、コンパイルやゲーム実行時にエラーが発生した場合にエラーログが表示されます。

⑦Tutorialsウィンドウ

Unityのプロジェクトを新規作成したときに現れるチュートリアル用のタブです。見なくても支障はありませんが、もちろん見てもよいです。不要になったらTutorialsのタブを右クリックしてClose Tabを選択し、タブを消しましょう。

3-2-2 知っておくとお得な操作方法

画面のレイアウトを変えたいときは

パネルをドラッグ(左クリック長押ししながらマウスを移動)すると、各パネルを好きな場所に配置できます。あるいは画面右上にあるLayoutのプルダウンボックスを開くと、Unityが用意したパターンから好きなものを選ぶこともできます。初期状態に戻したいときは、defaultを選択してください。

うっかりパネルを消してしまったときは

恒常的に必要なパネルをうっかり消してしまって戻し方がわからずに焦るのはUnity初心者あるあるなので、戻し方を把握しておきましょう。Unity上部のヘッダからWindow > Generalを選択すると、パネルの一覧が出てきます(図3_7)。ふたたび画面に表示させたいパネルをクリックすれば完了です。

図3_7 パネル一覧の画面

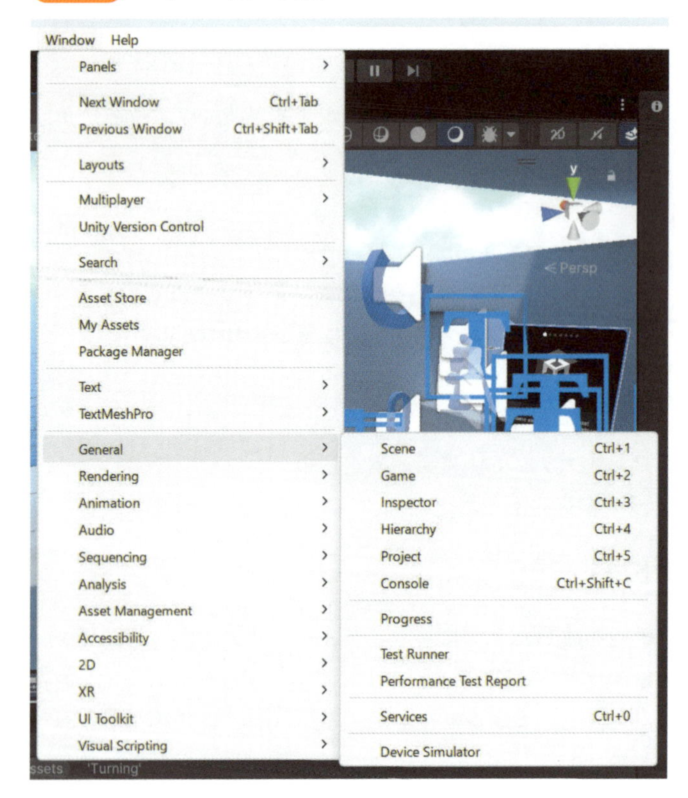

COLUMN エディターの言語は日本語にするか？ 英語にするか？

Unityのデフォルトでは、エディタ―の言語は英語で設定されています。本書が日本語で書かれている以上は読者の母国語も日本語であるかと思いますが、ゲームエンジンの言語は必ずしも日本語がいいとは限りません。日本語だとツールの機能は理解しやすくなりますが、なんらかの不具合が発生したときに日本語でエラーログが出るのでは、インターネットで調べて解決方法にたどり着く可能性が低くなってしまうためです。地球にいる人間のうち日本語話者が1億人強なのに対して、英語話者は15億人いるという調査(※)があります。インターネットでUnityの情報を調べたときは、英語の情報量が日本語の15倍はあるはずです。実際に15倍かどうかはともかく、日本語話者のユーザーでもUnityを英語のまま使う人は多く、その方がインターネットで情報を調べやすいという利点があります。

※2023年 世界で最も話者数が多い言語（単位：話者数100万人）
https://jp.statista.com/statistics/1357268/the-most-spoken-languages-worldwide

なお、Unityエディターの言語を日本語に変える場合は、EditにあるPreferenceを開いて(図3_8)、Languageの項目から日本語を選択してください(図3_9)。

図3_8 Preferenceを開く

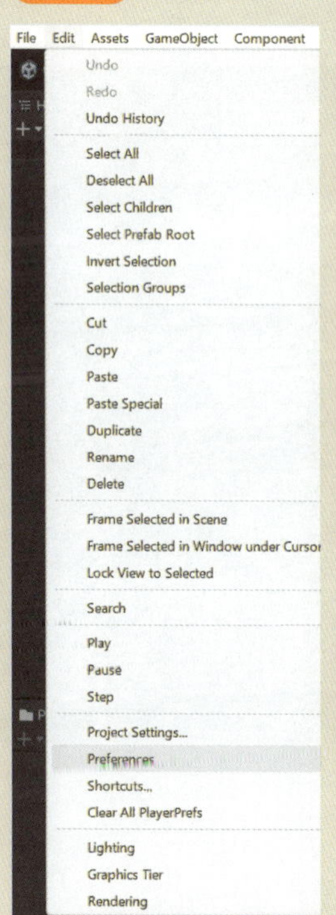

図3_9 日本語を選択する

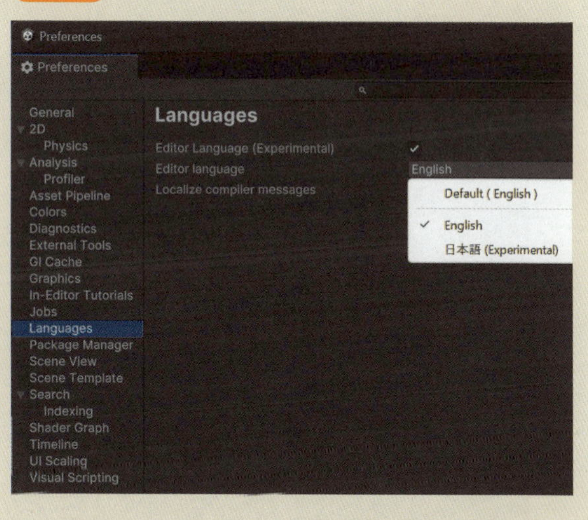

もしPrefecenceのLanguageに日本語が入っていなかった場合は、Unity HubからInstalls ＞ Add Moduleを選択し(図3_10)、日本語を追加しましょう(図3_11)。

図3_10 Add Moduleを開く

図3_11 日本語を追加する

シーンにGameObjectを配置しよう

それではここからは、Unityの基本操作を覚えていきましょう。

3-3-1 シーン名を変更しよう

まずはデフォルトのシーン名のままだと扱いづらいので、シーンに名前を付けて保存してみましょう。メニューバーよりFile > Save As...をクリックしてください。シーンを保存する場所と名前を聞かれます。Chapter3用のフォルダ(Assets/Lectures/Ch03_UnityBasic)内に、「Ch03_Task」という名前で保存してみましょう(図3_12)。

図3_12 UnityBasicに保存する

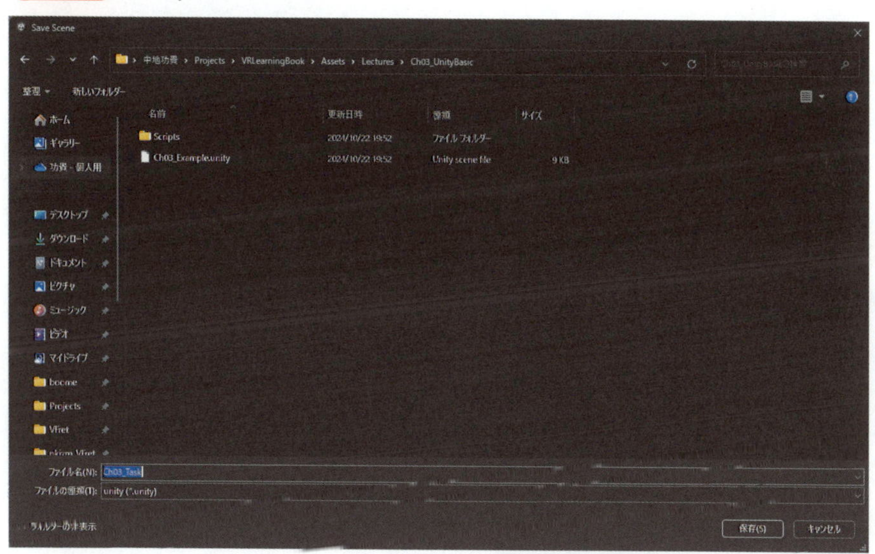

保存したら、Hierarchyウィンドウをみてください。Ch03_Taskという名前に変わっていたら成功です。またProjectウィンドウでは、Assets/Lectures/Ch03_UnityBasicフォルダ以下に、Ch03_Taskシーンが保存されていることも確認できます(図3_13)。

図3_13 Hierarchyウィンドウと Projectウィンドウを確認する

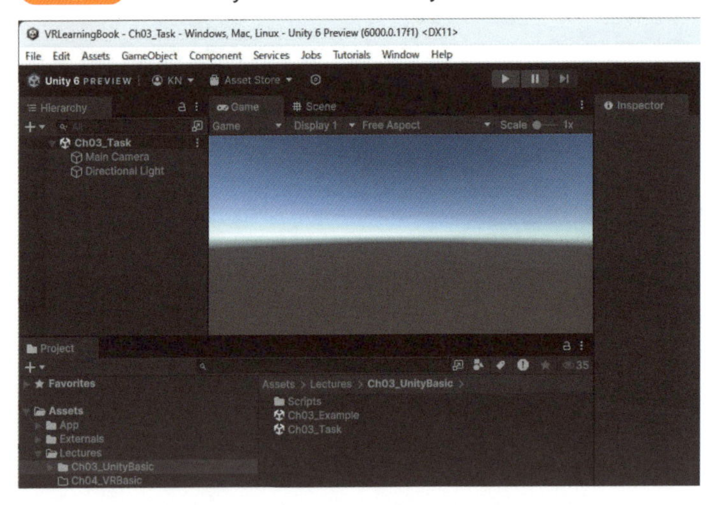

3-3-2 3Dオブジェクトを配置しよう

次に、作成したCh03_Taskシーン上に3Dオブジェクトを配置してみましょう。Hierarchyウィンドウを見てみると、今はMain Camera（ゲームの画面となる映像を映すカメラ）とDirectional Light（シーン全体を照らす大域照明）のみが配置されている状態です。ここに立方体を追加してみます。

Hierarchyウィンドウ上で右クリックをして、3D Object ＞ Cubeを選択してください（図3_14）。

図3_14 Cubeを選択する

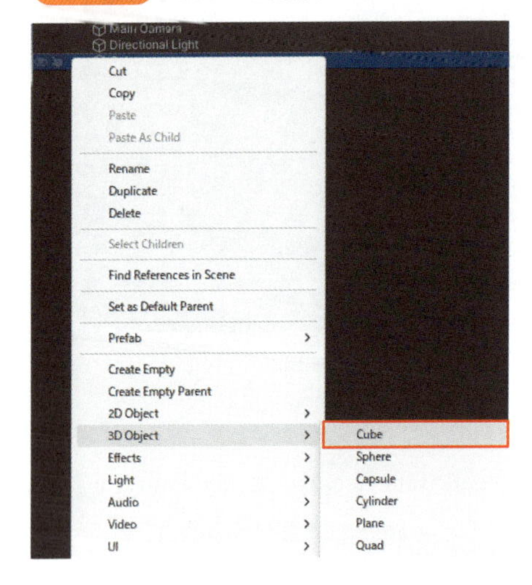

Cubeというオブジェクトがシーン上に配置されました。Sceneビューをみてみると立方体が表示されていることを確認できると思います(図3_15)。もし表示されていない場合は、Gameビューが手前に来ている場合があります。Sceneビューが開いていることを確認した上で、Hierarchyウィンドウ上でCubeをダブルクリックすることで自動的にフォーカスが合うはずです。

図3_15 SceneビューにCubeオブジェクトが表示される

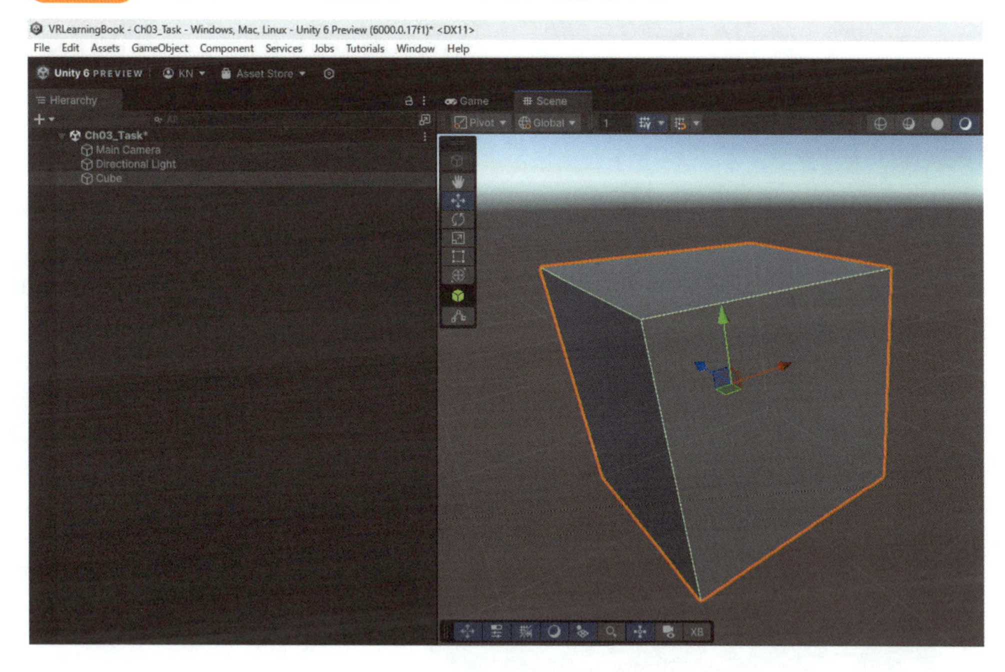

Cubeを配置したら、シーンを保存しておきましょう。File > Saveでシーンを上書き保存できます。また、Windowsの場合は「Ctrl + S」で同じ操作をすることができます。シーンの保存は頻繁に行う操作なので、覚えておいて損はないでしょう。

3-3-3 Sceneビューの操作とオブジェクトの移動方法

Sceneビュー上では、下記の操作で視点を変更できます。

- 視点の回転：右クリックしながらマウスを動かす
- 視点の平行移動：マウスホイールを押しながらマウスを動かす
- 視点の拡大・縮小：マウスホイールを回す

実際のゲーム開発では3Dオブジェクトの配置の際に頻繁に視点を動かすことになるので、今のうちに慣れておくことをオススメします。

また、Sceneビュー左上のツール(図3_16)を切り替えることで、シーン上で様々な操作を行うことができます。中でも必須のものを紹介しておきます。

- ①View Tool：手のひらアイコンのツール。左クリックしながらマウスを動かすと視点の平行移動ができます
- ②Move Tool：四方向に伸びた矢印アイコンのツール。オブジェクトを選択した状態で、オブジェクトの位置を動かすことができます
- ③Rotate Tool：曲線の矢印が円形を描いているアイコンのツール。オブジェクトを選択した状態で、オブジェクトを回転させることができます
- ④Scale Tool：小さい四角形が拡大されているアイコンのツール。オブジェクトを選択した状態で、オブジェクトのスケールを変えることができます
- ⑤Rect Tool：角部分が強調された、正方形アイコンのツール。2D機能やUIの表現に使われる矩形(Rectangle)を操作することができます

図3_16 ツール一覧

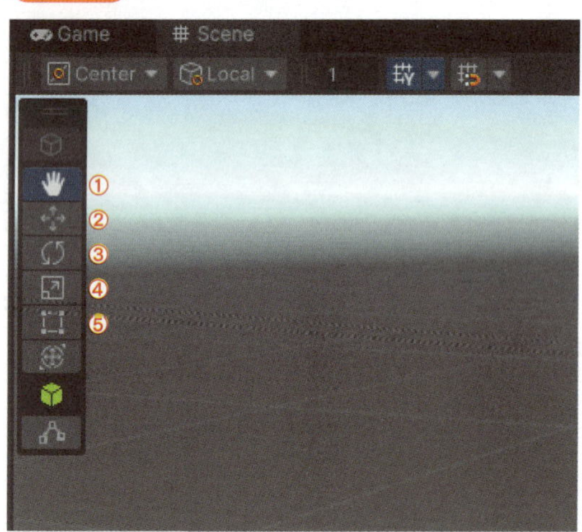

特にView ToolとMove Toolはよく使うので簡単に試してみることをお勧めします。

オブジェクトの位置調整は、Sceneビュー以外でも可能です。オブジェクトを選択した状態でInspectorウィンドウを見てみると、Transformという部分に「Position」「Rotation」「Scale」という項目を確認できます(図3_17)。Positionが位置、Rotationが回転、Scaleが大きさに相当するパラメータになっていて、この数字を直接変更することでオブジェクトの位置調整が可能です。こちらもよく使う操作なので、一度試してみてください。

図3_17 Transformの場所

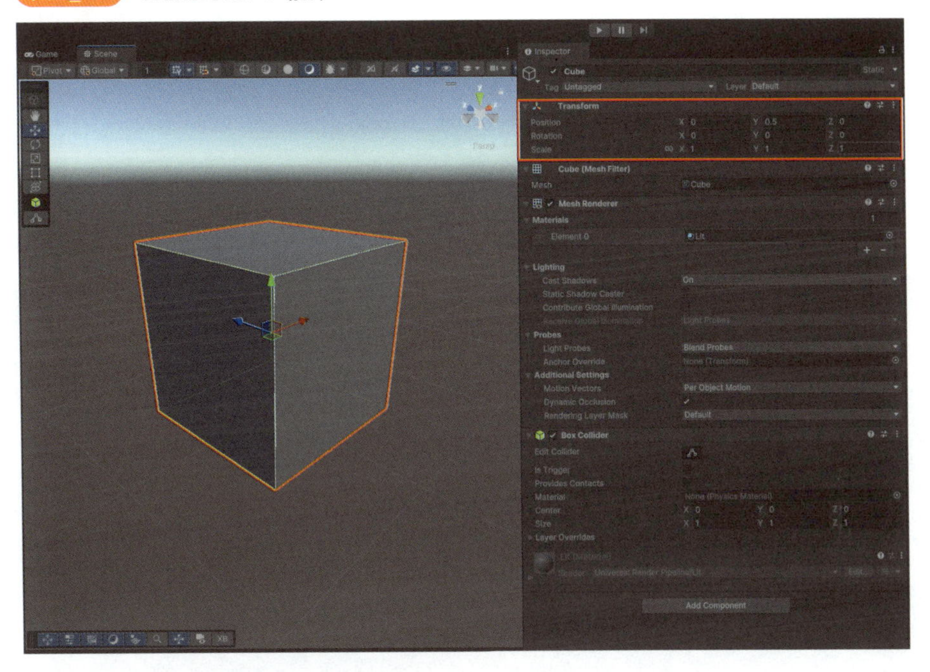

3-3-4 カメラを調整してみよう

次にGameビューを開いてみてください。これが実際にゲームの画面として出力される見え方になります(図3_18)。

図3_18 Gameビューの画面

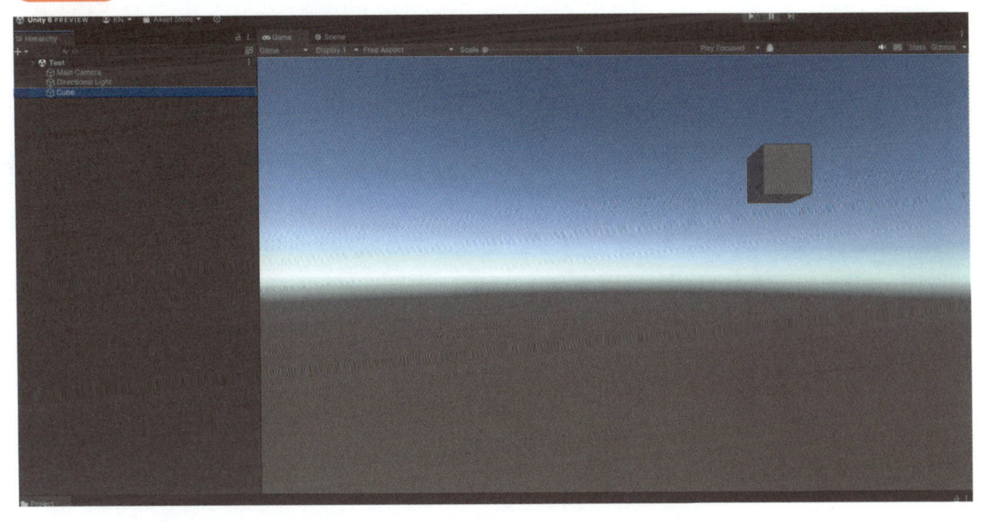

そのままだとCubeが画面端や映っていないことがあると思うので、先に位置を中心に戻しておきましょう。Cubeを選択した状態でInspectorウィンドウを開き、PositionとRotationの全ての値を0に、Scaleを1にしておいてください。図3_19のような画面になればOKです。

図3_19 位置を調整した状態

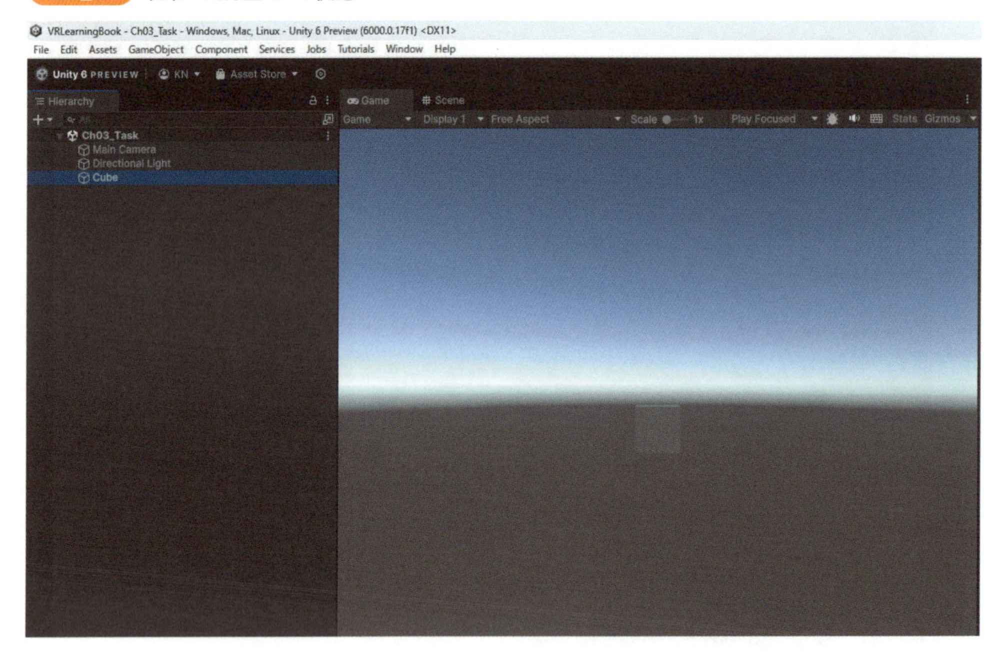

Game画面には、Main Cameraで映っている領域が反映されます。GameビューではMain Cameraを動かすことでゲーム画面での見え方を調整します。このMain Cameraは現実のビデオカメラなどと同様で、空間上の特定の位置に固定して使うこともできますし、他のオブジェクトに合わせて移動させながら使うこともできます。

実際に視点が変わるかを試してみます。まずは分かりやすくするために、パネルを動かしてGameビューとSceneビューを同時に見れるようにしてみましょう。Hierarchyウィンドウ上でMain Cameraをダブルクリックすることでカメラにフォーカスが合うと思うので、Main CameraとCubeの両方が映る位置にSceneビューの視点を調整してみてください(図3_20)。

図3_20 Sceneビューの位置を調整した状態

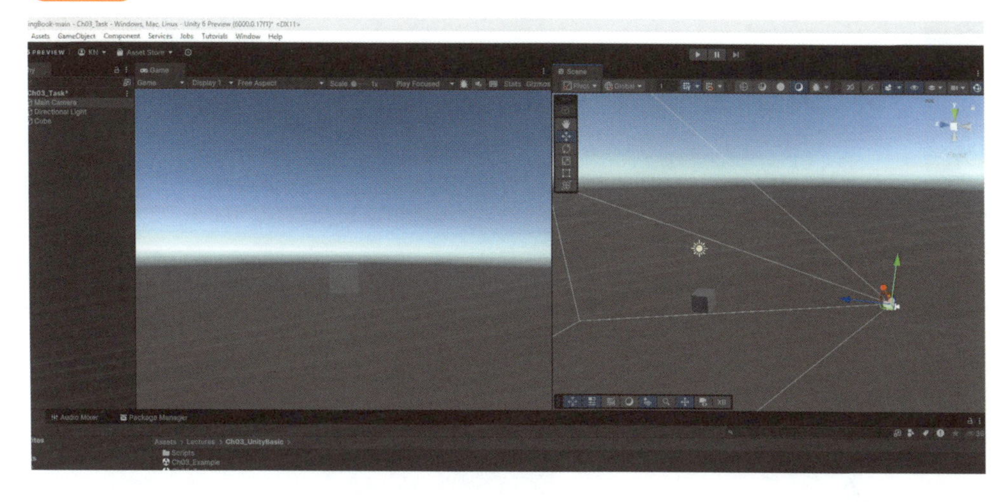

カメラから4本の白い線が出ていると思いますが、この範囲の内側がカメラに映る領域となります。このままだとCubeがゲーム画面で良く見えないので、カメラの位置を調整して大きく映るようにしてみましょう。GameObjectの動かし方と同じくMove Toolを使うか、Inspectorウィンドウのtransformから調整できます(カメラもSceneビューに配置されているものなので、GameObjectの一種という扱いになります)。角度なども動かしてみて、Cubeが立体的に見える位置にしてみてもよいかもしれません(図3_21)。

図3_21 カメラの位置を動かす

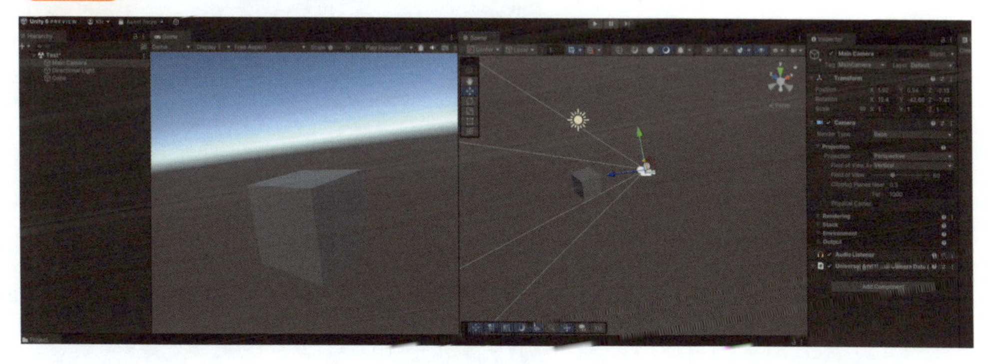

さて、カメラの位置調整について説明してきましたが、実はVRゲーム開発の場合カメラ位置を調整することはほとんどありません。なぜならVRゲームではカメラの位置=プレイヤーの頭の位置に固定されるためです。ただし、画面の見え方が「オブジェクトの配置」と「カメラ位置」で決まることは色々な話の基礎になっているので、ぜひ頭に入れておいてください。

CHAPTER 3

4 オブジェクトに追加できる機能を学ぼう

3-4-1 GameObjectとコンポーネント

Unityの3D空間上のオブジェクトは、GameObjectという単位で構成されています。各GameObjectにコンポーネントと呼ばれる様々な機能を追加でき、コンポーネントを組み合わせることで複雑な動作を実現します。コンポーネントにはUnity標準で提供されているものの他、ユーザーが自分で機能を作って追加もできます。

例として、先ほどまで扱ってきたCubeというGameObjectのコンポーネントを見てみましょう。コンポーネントはInspector上で確認できます。

枠で囲まれた部分がそれぞれコンポーネントになっています(図3_22)。Unityでは、Cubeのように、あらかじめ基本コンポーネントが組み合わさった状態で作成できるオブジェクトがいくつか用意されています。よく使うコンポーネントについて簡単に紹介します。

図3_22 Inspectorウィンドウの全体像

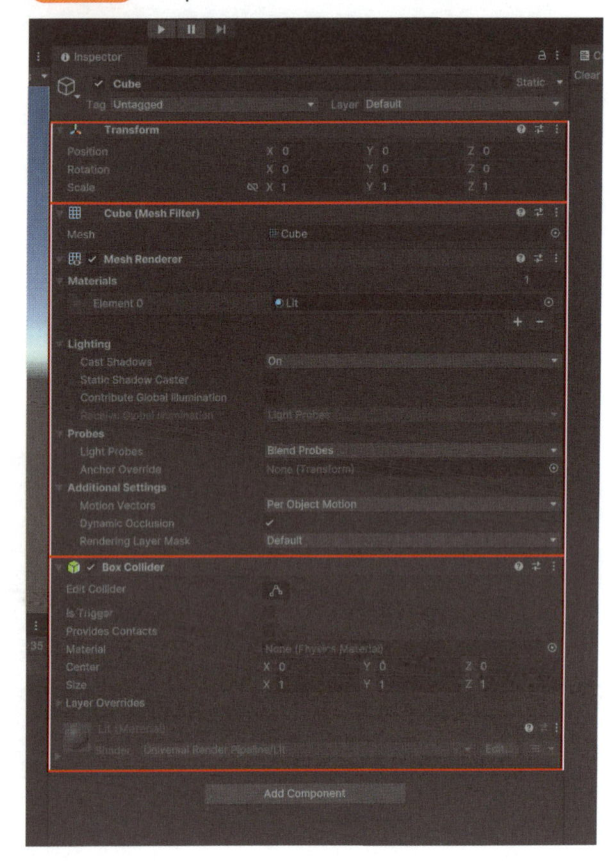

Transform

GameObjectのシーン内座標(どこにあるのか、角度はどれぐらいか、大きさはどうなのか)を決められます(図3_23)。原則的にすべてのGameObjectにはTransformのコンポーネントが付与されますし、たとえ座標の情報が不要なオブジェクトであっても、このコンポーネントは削除することはできません。

図3_23 Transformコンポーネント

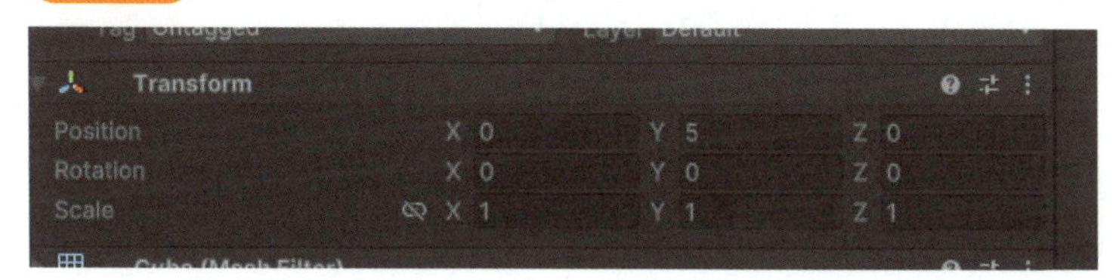

Rigidbody

GameObjectが物理演算に基づいて動くようになります(図3_24)。

図3_24 Rigidbodyコンポーネント

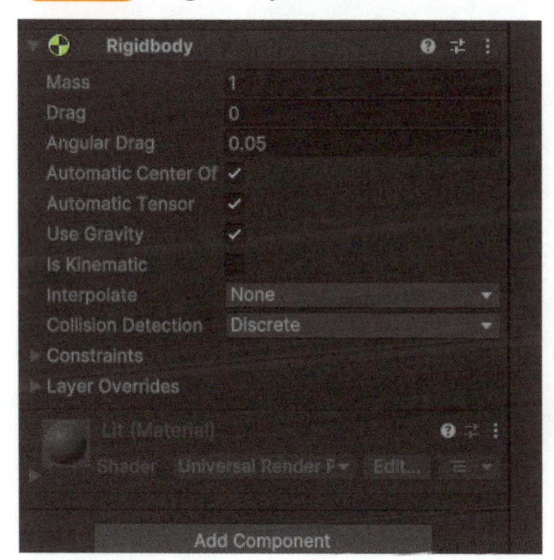

Collision

GameObjectに衝突判定(いわゆる当たり判定)が付与されます。Box、Sphere、Capsuleなど、判定の形状ごとに種類があります(図3_25)。

図3_25 Collisionコンポーネント

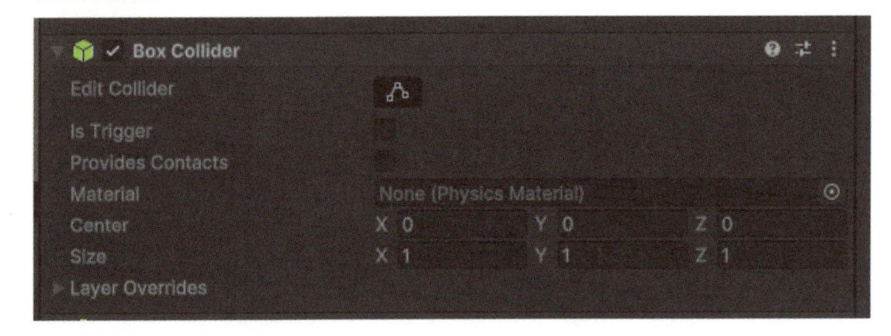

Mesh（Mesh Filter / Mesh Renderer）

3DCGモデルを描画するためのコンポーネントです（図3_26）。Unity上で初めから用意されている3D Objectには Sphere、Box、Capsule、Cylinderの4種があり、自分で用意した3DモデルをUnityにインポートして利用することも可能です。

図3_26 Meshコンポーネント

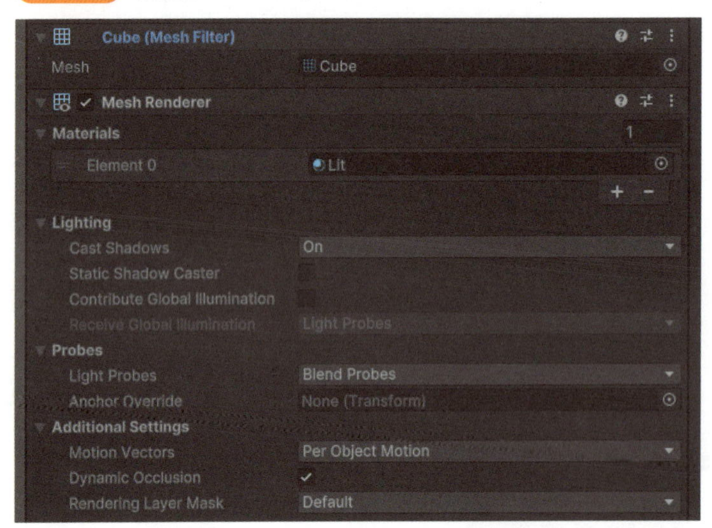

Material

Mesh、つまり3DCGモデルの見た目を決める要素です（図3_27）。モデルに貼り付ける画像のテクスチャと、それをプログラミングで見た目を化粧するシェーダーの2つで決まることが多いです。

図3_27 MaterialのInspectorリファレンス

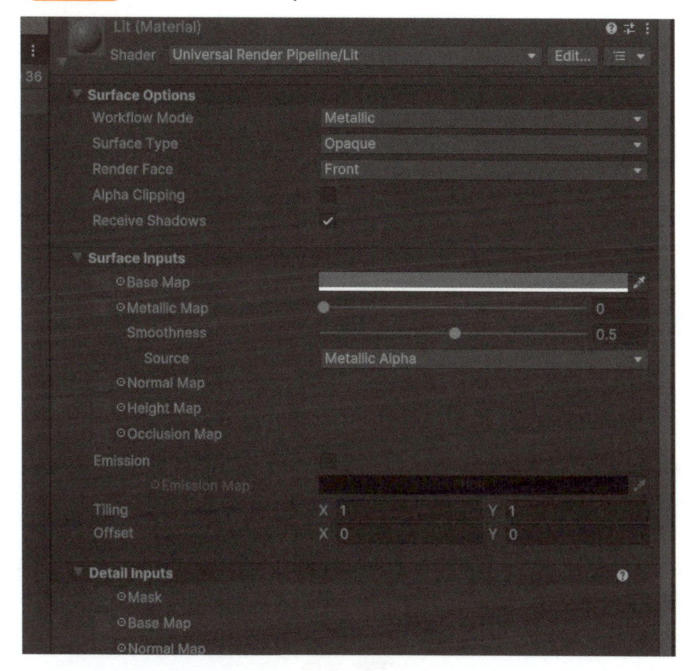

Audio Source

音に関するコンポーネントです(図3_28)。

図3_28 Audio Sourceコンポーネント

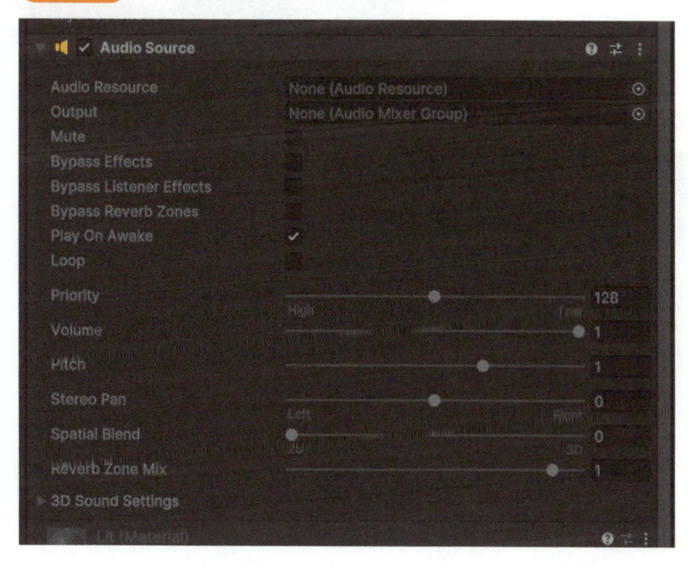

C# Script

Unityではスクリプトを C# で書き、そのスクリプトをコンポーネントとして、任意の GameObject に紐づけることができます（図3_29）。

図3_29 C# Script

とりあえず上記のコンポーネントを覚えておけば、基本的な開発は進められると思います。コンポーネントの種類は多岐に渡るため、すべて解説はできません。もし知らないコンポーネントが出てきたら自分で調べてみる癖をつけておくことをオススメします。

3-4-2 落下するオブジェクトを実装しよう

では次にコンポーネントを組み合わせて、Unity上で物理シミュレーションを実行してみましょう。前節で作ったCubeオブジェクトを用います。動画の確認がしやすいように、カメラとCubeの位置を図3_30～31のように調整してください。

図3_30 カメラの位置

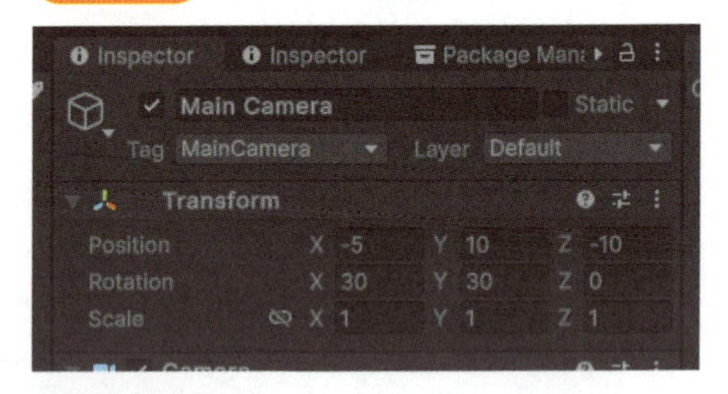

図3_31 Cubeの位置

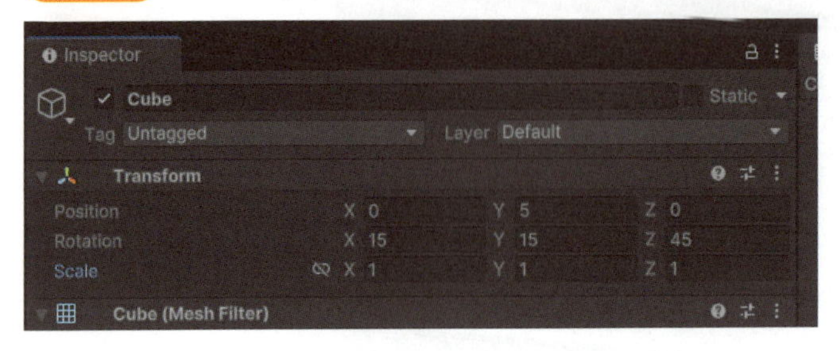

また、ついでに床の配置もしておきましょう。新しくCubeを作成し、PositionとRocationはすべて0、ScaleはX10、Y1、Z10としてください（図3_32）。

図3_32 床を配置した状態

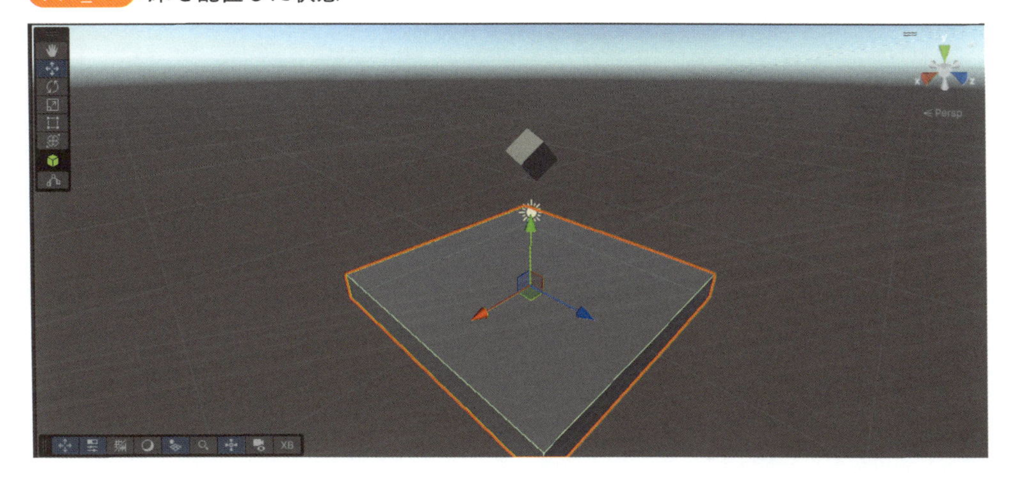

次に、床ではない方のCubeにRigidbodyコンポーネントを追加します(この操作をアタッチといいます)。Cubeを選択した状態でInspectorウィンドウを開き、下部にあるAdd Componentをクリックしてください。ここからアタッチするコンポーネントを探して選択します(図3_33)。

図3_33 Add Componentを選択する

今回はRigidbodyをアタッチしたいので、Phycics > Rigidbodyを選んでください。検索窓にキーワードを入力して探すことも可能です。図3_34のようなコンポーネントが追加されたことを確認できると思います。

図3_34 Rigidbodyコンポーネント

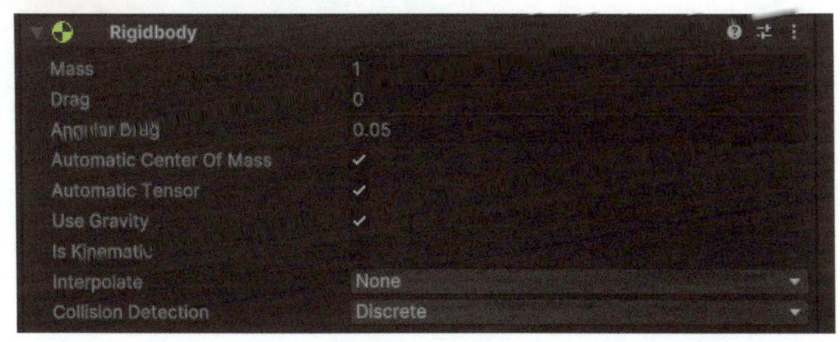

この状態でシーンを実行してみましょう。ツールバーにある再生ボタンをクリックすることでシーンが実行できます(図3_35)。

図3_35 再生ボタンを押す

いかがでしょうか？　Cubeが落下していく様子が確認できたと思います。Unity上ではこのように、コンポーネントを組み合わせるだけで簡単に物理シミュレーションを実行することが可能です。

さて、再生が終わったら同じ位置にある□と書かれた停止ボタンを押しておきます。ここで再生停止状態を切り替えることができるので覚えておいてください。

ここで注意してほしいのが、再生中のシーン上でのオブジェクトの操作は、停止した時にすべてリセットされてしまうことです。普通ゲームは再生中に色々と変化が起きるため、再生中の状態が残ってしまうと不都合があるためです。初心者にありがちなミスとして、シーンが再生状態であることを忘れてオブジェクト位置の調整を行ってしまうことがよくあります。せっかく細かく行った調整がリセットされてしまうととても悲しい気持ちになるので、十分に注意してください。

COLUMN 「Prefab」の使い方

もう一つ、Unityにおける重要な概念として「Prefab（プレハブ）」があります。これは、1つのゲームオブジェクトを、そのすべてのコンポーネントや設定、またそのゲームオブジェクトに紐づけられたゲームオブジェクト（「子ゲームオブジェクト」といいます）などとまとめて、再利用可能なアセット、ないしテンプレートとして保存する機能です。

プレハブ化したいゲームオブジェクトを、HierarchyウィンドウからProjectウィンドウにドラッグ&ドロップすると、プレハブ化できます。プレハブ化されているゲームオブジェクトは、Hierarchyウィンドウで青色表示されます。この本でもプレハブはよく使う操作です。詳しくは調べてみてください。

CHAPTER 3 5 Unityでスクリプトを書いてみよう

3-5-1 Unityとプログラミングの関係

Unityは GUI上で操作でき、便利なコンポーネントを組み合わせることで、プログラミング未経験者でも簡単なゲームを作成できます。しかし一方で、独自のギミックを作成するなど複雑な実装の際には、スクリプトを書く必要が出てきます。UnityではC#というプログラミング言語を使ってスクリプトを書くことになります。未経験者の方はこの機会にぜひチャレンジしてみてください。章末でおすすめの学習方法を紹介しているので、そちらもご活用ください。プログラミング経験者の方であれば、ある程度は共通の考え方でスクリプトを書くことができると思います。ただし、Unityならではの書き方も登場するので、ぜひ一通り目を通してみることをおすすめします。

3-5-2 Unityで使うIDEを設定しよう

まず、Unityでスクリプトを書く時に使用する、IDE(統合開発環境)を設定する手順を紹介します。Unityで使えるIDEについてはChapter2の最後で紹介しています。メニューからEdit > Preferencesを開きます(図3_36)。

図3_36 Preferencesを開く

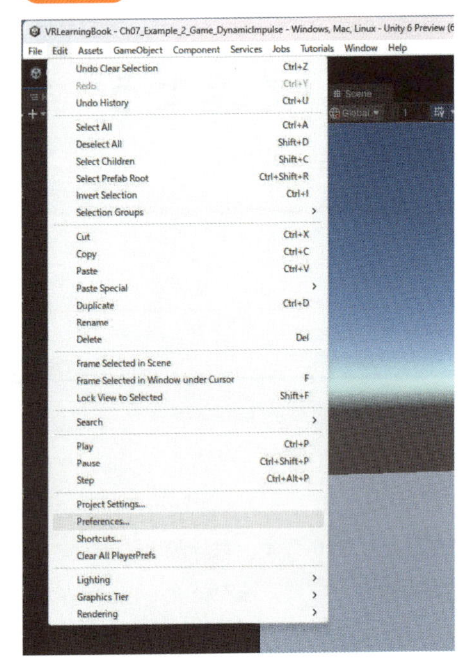

ウィンドウが表示されるので、左のタブからExternal Toolsを選んでください。External Script Editorという項目を選ぶと、インストール済みのIDE一覧が表示されます。好きなIDEを選んでください（図3_37）。

図3_37 IDEを設定する

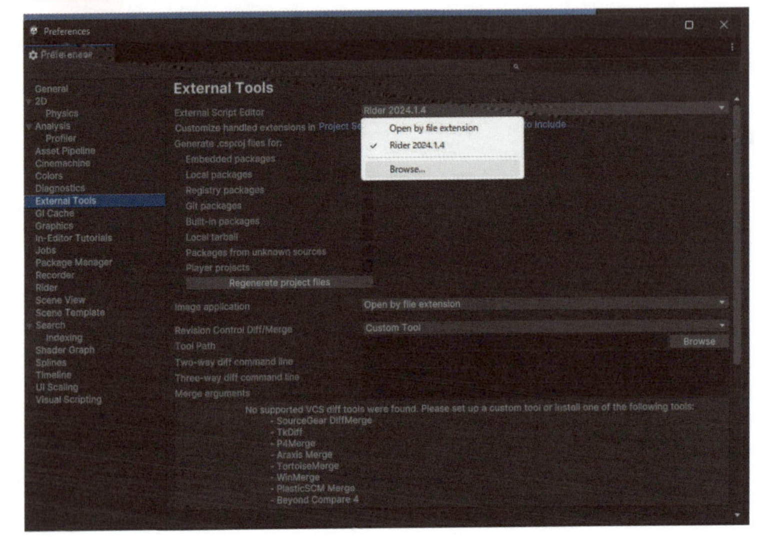

これで設定は完了です。Unity上からスクリプトを開くと、設定したIDEで編集できるようになりました。

3-5-3 スクリプトを書いてみよう

先ほど用意したシーンでは、シーンを再生するとボールが重力に従って落ちる様子が確認できました。しかし、これではプレイヤー自身が操作できないため、よりゲームらしくするためのプログラムを書いてみましょう。まず、自分が書いたプログラムを、ゲーム内に紐づける方法から説明します。

まずHierarchyビュー左上の「+」から「Create Empty」を選択し、「Manager」という名前を付けてください。次にManagerを選択した状態でInspectorウィンドウを開き、「AddComponent」から一番下の「New Script」を選びます。「GamePlayManager」と入力し、「Create and Add」をクリックしてください(図3_38)。

図3_38 「GamePlayManager」スクリプトをManagerに追加する

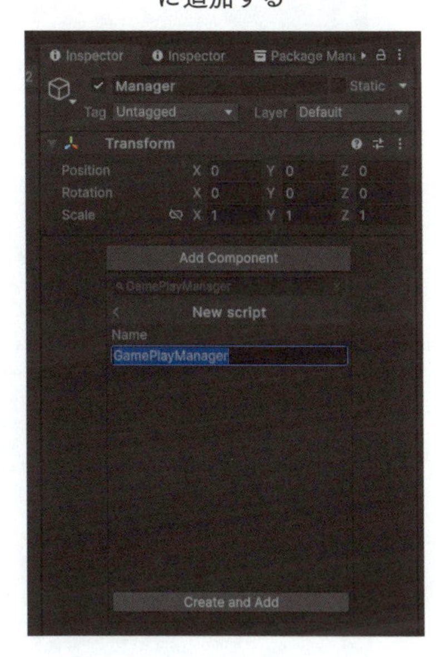

Managerオブジェクトに対し、GamePlayManagerというスクリプトがアタッチされた状態になりました。しかしこのままでは中身が空っぽなので、スクリプトの挙動を定義していきましょう。作成したスクリプトのファイル部分をクリックすると、Projectウィンドウ上でのスクリプトの位置が表示されます。また、同じ部分をダブルクリックすることで、設定されたIDEでスクリプトを開くことができます(図3_39)。

図3_39 GameplayManagerをクリックする

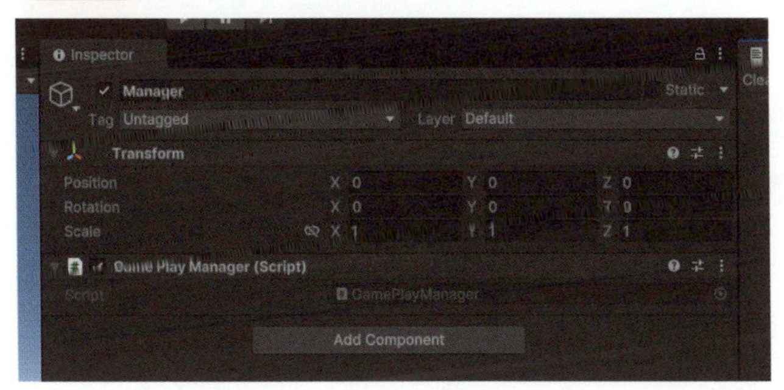

IDEが開くと図3_40の画面になっていると思います。Unityで新しくスクリプトを作成すると、テンプレートのようなものがあらかじめ挿入された状態になります。ここに自分の処理を入力していきます。

図3_40 IDEの画面

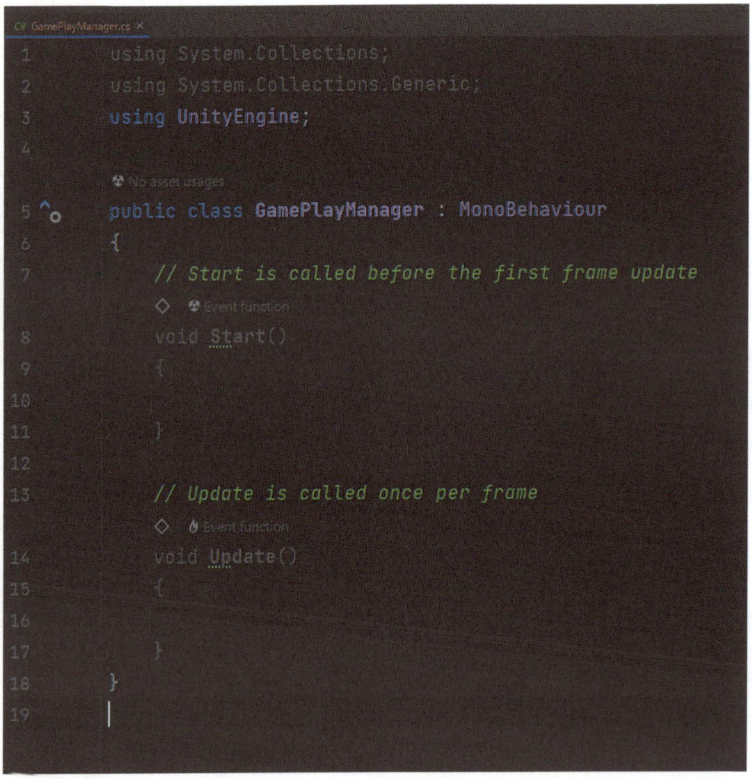

```
C# GamePlayManager.cs ×
1   using System.Collections;
2   using System.Collections.Generic;
3   using UnityEngine;
4
    No asset usages
5   public class GamePlayManager : MonoBehaviour
6   {
7       // Start is called before the first frame update
        Event function
8       void Start()
9       {
10
11      }
12
13      // Update is called once per frame
        Event function
14      void Update()
15      {
16
17      }
18  }
19
```

雰囲気を掴むために、まずは意味を考えずに一度書き換えをしてみましょう。「void Update()」から始まる部分を、お手本のように書き換えてみてください。

コード3_1 立方体を出現させるスクリプト

```
01      void Update()
02        {
03            // マウスの左ボタンが押された時
04            if (Mouse.current.leftButton.
    wasPressedThisFrame)
05            {
```

```
06                     var cube = GameObject.CreatePrimitive
    (PrimitiveType.Cube);
07                     cube.transform.position = new Vector3(0,
    8, 0);
08                     cube.AddComponent<Rigidbody>();
09                 }
10             }
```


書き換えが完了したら保存ボタンを押し、再度Unityを開いてください。それでは追加したスクリプトの動作を実際に確かめてみましょう。再生ボタンを押したあと、Gameウィンドウ上でボタンをクリックしてみてください。クリックするたびに、空間のやや上の方から立方体が出現して落下していく様子が確認できると思います(図3_41)。

図3_41 上から長方形が落下していく

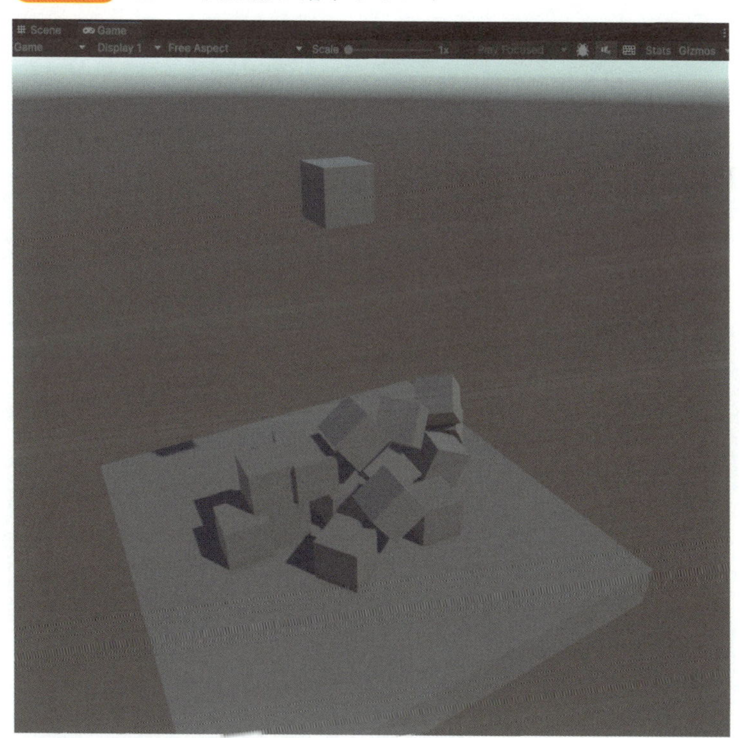

これは、あらかじめ用意されたコンポーネントでは実現できない動作です。このようなゲーム的な動作を、スクリプトによって定義していくことができます。

3-5-4 Unityプログラミングの特徴

最後に、プログラミングを多少知っている人向けに、Unityプログラミングの特徴的な部分について簡単に紹介します。プログラミング自体の学習やUnityの学習については、章末のコラムも参考にしてください。

先ほどのスクリプトを少し振り返ってみましょう。GamePlayManagerというクラス名の宣言の後ろを見てみると、MonoBehaviourというクラスを継承していることが分かります。

コード3_2 MonoBehaviourを継承している部分

```
01 using UnityEngine;
02 
03 public class GamePlayManager : MonoBehaviour
04 {
05     // Start is called once before the first execution
   of Update after the MonoBehaviour is created
06     void Start()
07     {
08 
09     }
10 
11     // Update is called once per frame
12     void Update()
13     {
14 
15     }
16 }
```

Unityでは、GameObjectにアタッチできるコンポーネントを作るためにはこのMonoBehaviourというクラスを継承する必要があります。また、クラス名とファイル名も一致している必要があります。

一般的なプログラミング言語では、エントリーポイントと呼ばれる最初に実行される関数などが用意されていますが、Unityの場合はエントリーポイントがありません。その代わりに、各GameObjectが持つMonoBehaviourの中の特定のイベント関数が呼ばれるしくみが用意されており、ここに処理を記述していくことでゲーム全体の流れを作っていきます。イベント関数とは、ざっくりいうと「特定のなにか（イベント）が起きたときに、処理が実行される関数」です。

MonoBehaviourの中で呼ばれるイベント関数はたくさんあるのですが、その中でも代表的なものについて紹介します。

Start()

1度だけ呼ばれる初期化用の関数です。他のオブジェクトのロードが終わったあとに呼ばれます。特別な事情がない限り、初期化処理はこの関数の中で行うことが多いです。

Awake()

Start()よりも前に、1度だけ呼ばれる初期化用の関数です。シーン上のオブジェクトのロード時に呼ばれるので、他のオブジェクトのロードが終わっていない場合があります。そのため、他のオブジェクトのロード状況に関わらない部分の初期化など、Start()よりも先に行いたい処理に使います。

Update()

シーンの実行中に毎フレーム呼ばれる関数です。ゲームが75FPSで実行されている場合、1秒間に75回実行されることになります。入力待ちやオブジェクトの移動など色々な処理を行うのに使います。

他にもいろいろありますが、まずはこのあたりを抑えておけばOKです。

イベント関数の実行順について

下記のURLでは、Unity公式がイベント関数の実行順について説明しています。上記で紹介した関数を含め、どの関数が先に呼ばれるか分からなくなった時に重宝するので、ぜひ覚えておいてください。

https://docs.unity3d.com/ja/2023.2/Manual/ExecutionOrder.html

COLUMN Unityプログラミングの学び方

Unityの基本的な使い方については以上となります。本書の内容を進めていくための最低限の知識のみとなるので、本格的に開発を進める際にはたくさんの不明点が出てくると思います。ぜひインターネット検索やChatGPTなどを活用しながら進めてください。

以下、オススメの学習方法や教材についても紹介します。

プログラミング(C#)自体の学習

著者自身が色々な人に教えてきた経験上、言語自体の学習は初心者の方がかなり離脱しやすいポイントでもあります。本書を読んでいる方は「VRゲームを作りたい」方がほとんどだと思うので、もし挫折してしまうくらいであれば思い切ってスキップしてしまっても大丈夫です。VRゲーム開発をしてみて、行き詰まった段階で戻ってくるというやり方も全然OKです。ご自身に合った進め方を模索してみてください。

プログラミングの学習には、paizaという学習サイトがオススメです。Web上で実際にコードを書きながら学ぶことができ、入門コースは本書執筆時点ですべて無料で利用できます。

https://paiza.jp/works/cs/primer

その他にも、書籍やチュートリアルサイトを使って学習するのもいいと思います。教材は自分に合っているものを選べばよいですが、少しでも実際にコードを書きながら学べるようなものを選んでください。

繰り返しになりますが、C#をマスターしなくてもVRゲームは作れますので、しっかりと理解することにこだわりすぎる必要はありません。具体的な目安としては、下記のキーワードがなんとなく理解でき、資料を見ながらでも自分自身でコーディングできるようになったら、VRゲーム開発をするには十分かなと思います。

変数、データ型　式、演算子　制御文(分岐、ループ)　メソッド　クラス　インスタンス

Unityプログラミングの学習

Unity学習をする際は、ぜひUnityプログラミングについても学べる教材を選ぶことをオススメします。

開発を進めていくとプログラムを書かなければならない場面は必ず出てくるのですが、チュートリアル教材の中にはプログラムにほとんど触れないものも数多くあります。着手する前に目次をみて、Unityプログラミングについても学べるか確認しておくとよいでしょう。

Unity公式による「Unity初心者向けチュートリアル集

https://learn.unity.com/course/unity-tutorials-for-beginners-jp

CHAPTER 4

VR向けのプラグインを導入しよう

この章では、VRコンテンツ開発専用のUnityテンプレート、VR coreテンプレートの中身をみていきます。シーンを立ち上げたら、VRに必要なプラグインがインストールされているか確かめましょう。Unity公式のプラグイン"XR Interaction Toolkit"(Unity XRIT)がどういった構成になっているかについても、この章でざっと確認します。

CHAPTER 4 1 VRプロジェクトを作成しよう

4-1-1 VRテンプレートでプロジェクトを作成しよう

前章ではUnityの操作方法を学びました。ここではVRテンプレートの中身を見てみます。これは、UnityでのVRコンテンツ開発に必要な機能が一通りまとめられている、便利なテンプレートです。

新規シーンを作成する

VRテンプレートを開くと、Unity公式が作ったVRのサンプルが乗ったシーンがまず表示されます(図4_1)。「シーン」とはChapter3で説明した通り、まとまった一つの画面や空間を管理するためのUnityの単位です。このVRサンプルを遊んでみてもいいのですが、いったん学習のために、まっさらな新しいシーンを作成しましょう。上記ヘッダのFileからNew Sceneをクリックし(図4_2)、シーンのテンプレート一覧からVR(Basic)を選択します(図4_3)。

図4_1 VRサンプルシーン

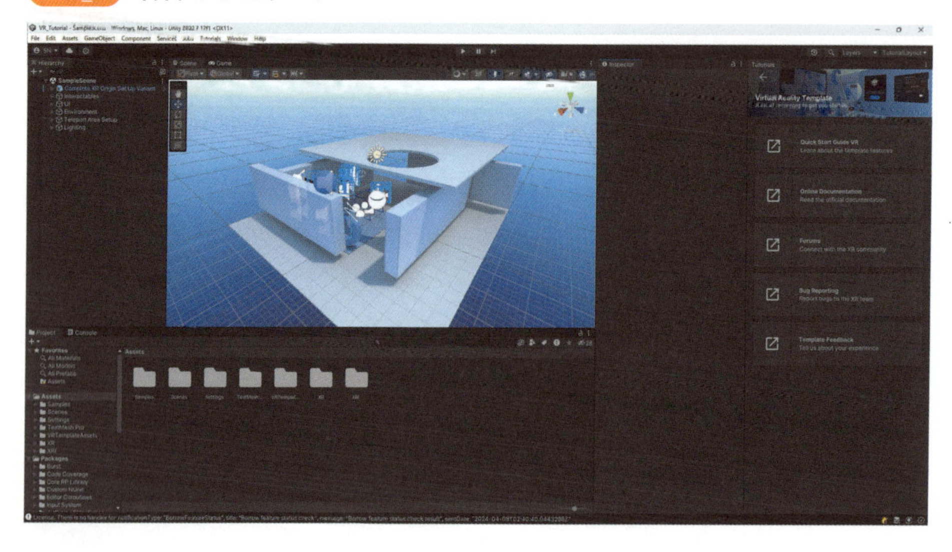

図4_2 New Sceneを選択する

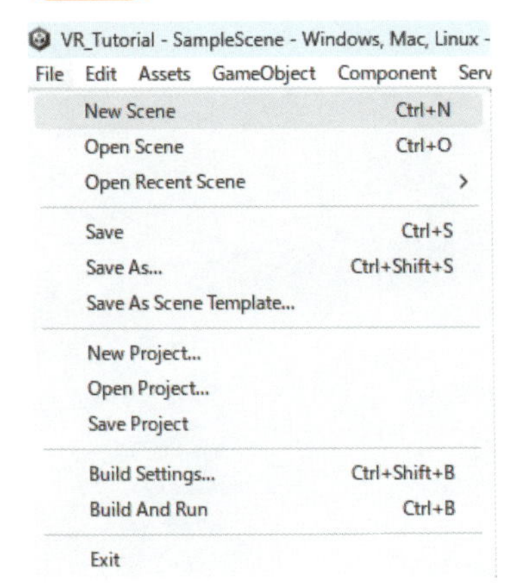

図4_3 VR(Basic)を選択する

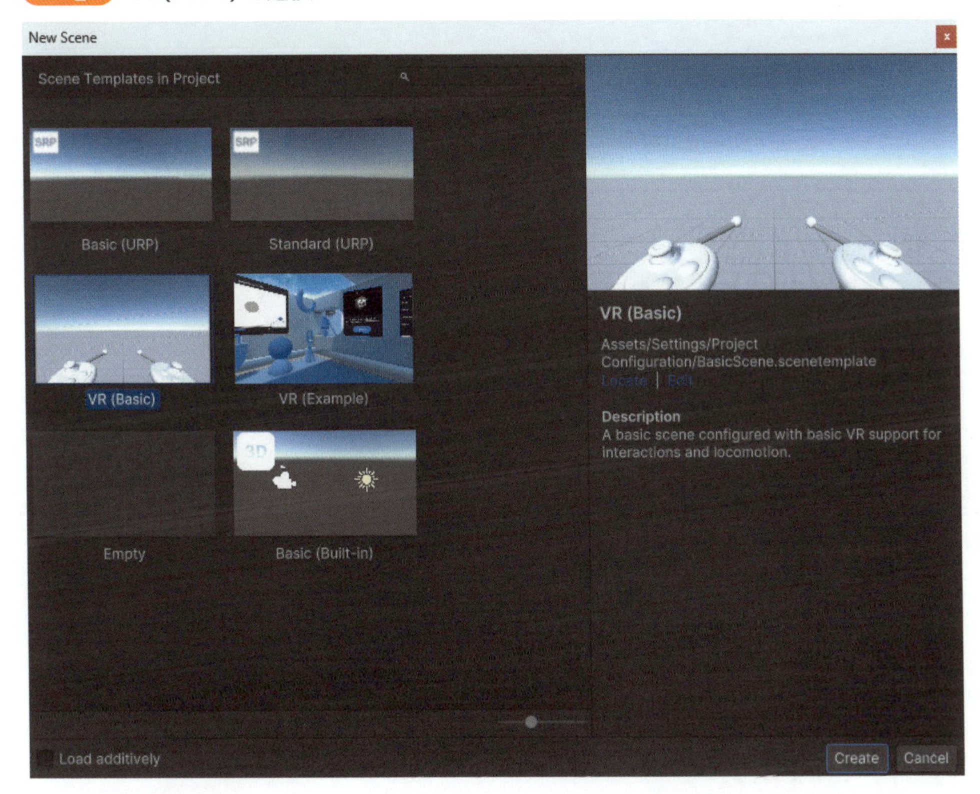

VR Basicを作ると、プレイヤーのリグ(詳細は後述)、足場、Directional Lightの3つのGameObjectしかないBasicなシーンがでてきます(図4_4)。Chapter5からは、このシーンにアレコレ追加しながら学んでいきましょう。

図4_4 VR(Basic)の基本形

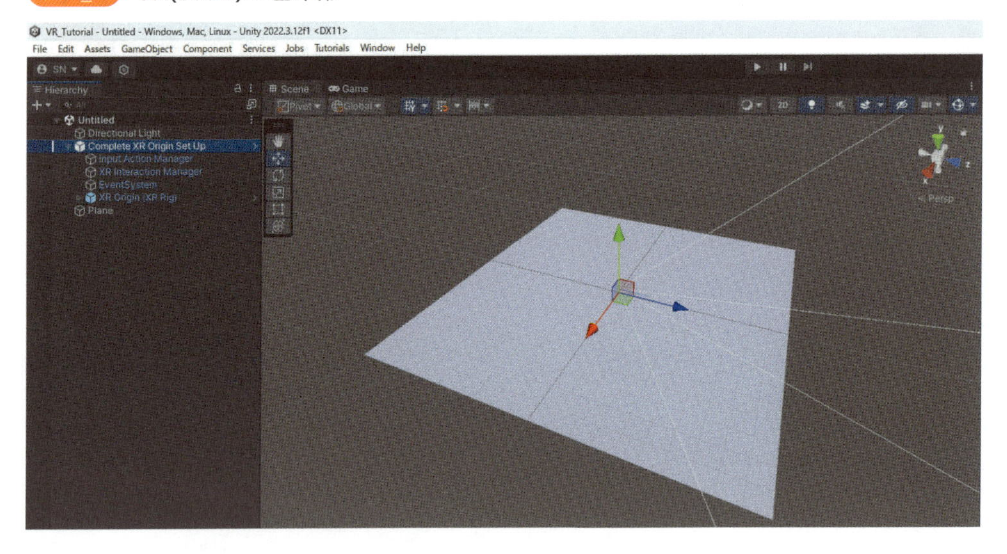

後でまたシーンを開けるように、シーンに名前をつけてセーブしておきます。Unity公式のサンプルシーンと自分の作ったシーンを混同しないようにするためです。Asset直下に「OriginalScene」フォルダを新規作成して、Unityシーンに「OriginalBasic」とつけます(図4_5)。フォルダやシーン名は、サンプルシーンと判別がつく形であれば変更いただいてかまいません。シーンを保存したら、Projectウィンドウからフォルダにシーンがあることを確認してください(図4_6)。

図4_5 OriginalSceneフォルダを作成

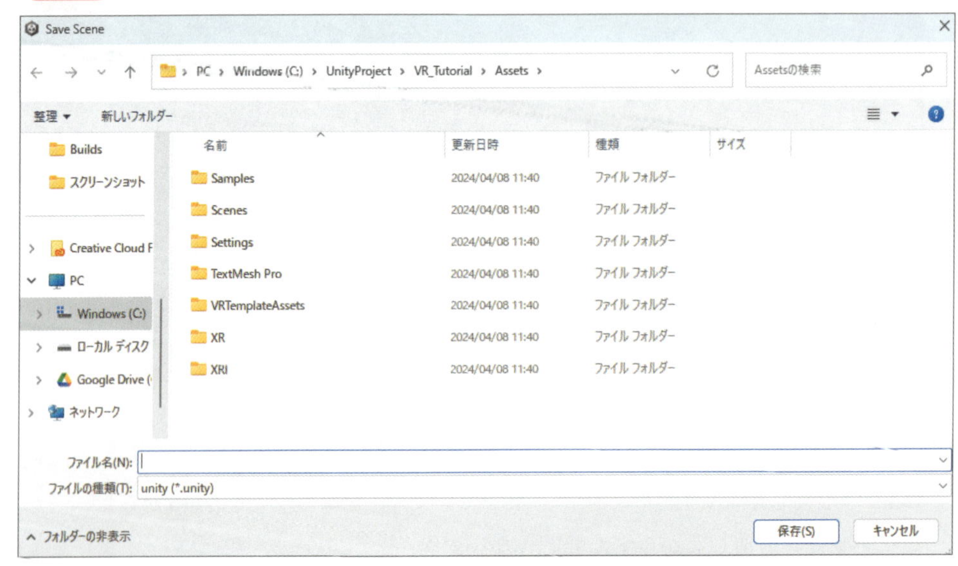

図4_6 Projectウィンドウに保存されている

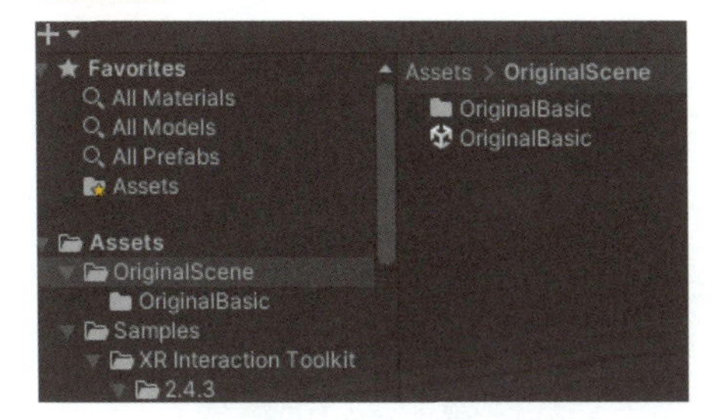

4-1-2 作ったシーンをVRで見てみよう

前章ではPC画面で確認するだけでしたが、ここでは一回、VRで動かしてみましょう。

Unityのシーンを VRで動かすのには難しいことはなにもありません。まずはMeta QuestがPCに繋がっていることを確認しましょう。手順は「2_2 ソフトウェアの導入と設定をしよう」を参照してください。Meta Quest LinkほかでMeta QuestとPCがつながっていることを確認したら、Unityエディターの上部にあるPlayボタンをクリックするだけで、今開いているシーンがMeta Quest上で動作します。

4-1-3 Meta Quest向けにビルドしてみよう

PCと繋げずに、作ったシーンをMeta Quest上で直接動かすためには「ビルド」を作成する必要があります。アプリのビルドはなるべく早い段階で試しておくのがオススメです。開発が進むと、Unity Editor上でのVR再生は可能でも、ビルドが失敗する状態になっていたというのはよくある話です。ということで、ここで一度やってみましょう。

QuestはAndroidベースで動いているので、まずはターゲットプラットフォームをAndroidに切り替えます。メニューからFile > Build Profilesを選択してください(図4_7)。開いたウィンドウをみると、左側にビルド対象のプラットフォームが並んでいて、現在選択されているターゲットプラットフォームにはActiveと表示されています。Androidをターゲットプラットフォームに切り替えるには、Androidを選択した状態で右上当たりに表示される「Switch Platform」ボタンをクリックしてください。切り替え処理が開始し、しばらくするとAndroidの横にActive表示が確認できると思います。もしSwitch Platformが表示されない場合は、必要なモジュールがインストールされていない可能性があります。2-2-7を参考にAndroid用モジュールがインストールされているか確認してみてください。

図4_7 Build Profiles画面

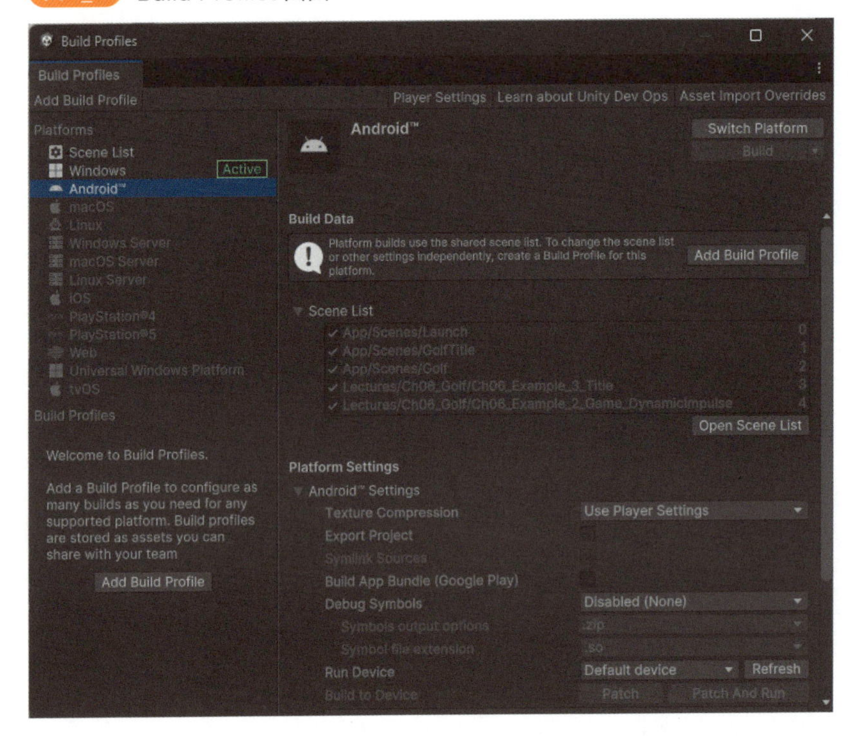

次に、Scene Listを確認します(図4_8)。サンプルプロジェクトの場合は既に設定済みですが、新規にプロジェクトを作成した場合は、使用するシーンを登録する必要があります。Scene Listの近くにある「Open Scene List」をクリックするか、左タブの「Scene List」をクリックするとScene Listを編集できる画面になります。Add Open Scenesボタンか、Projectウィンドウからシーンファイルをドラッグアンドドロップすることで追加が可能です。一番上のシーンがアプリの起動後に最初に読み込まれるシーンになるので、必要に応じて適宜並び変えておいてください。

図4_8 Scene Liss画面

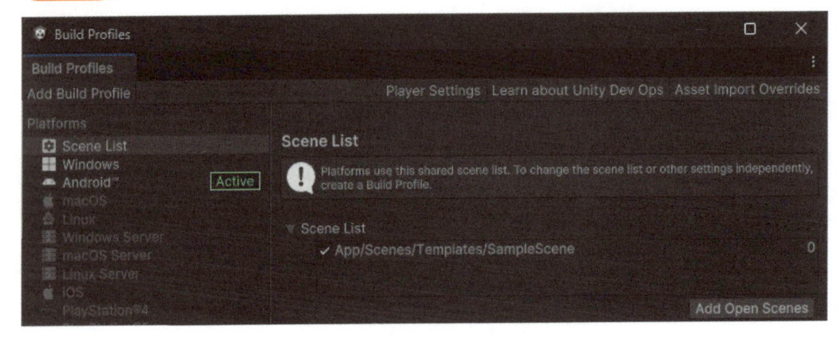

準備ができたらビルドに移ります。ビルドには2通りのボタンが用意されています(図4_9)。ビルドを開始すると図4_10のウィンドウが表示されますが、Yesを選択すれば続行されます。

- Build：Android用にビルドを行い、指定したフォルダに.apkファイルを生成する
- Build And Run：.apkファイルの生成後に自動的に接続されているデバイスへのインストールも行う（インストール対象のデバイスは「Run Device」から選択しておいてください）

図4_9 ビルドボタンの種類

図4_10 Yesを選択する

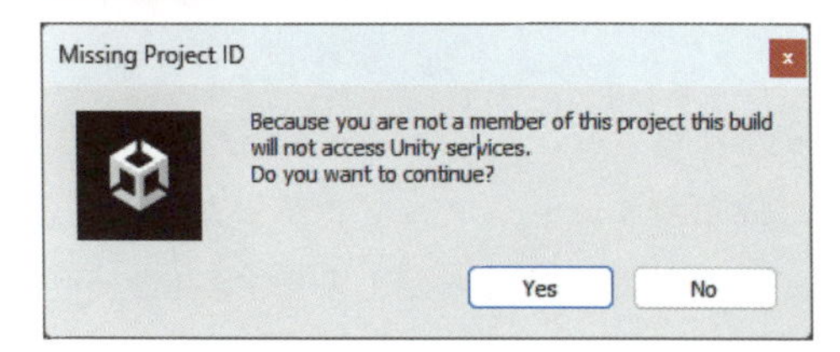

もしビルドが失敗した場合は、Consoleウィンドウにエラー内容が表示されるので、その内容を元に調査を行ってみてください。

Buildボタンで生成したapkをインストールはMeta Quest Developer Hubからもインストールすることができます。Questが接続されていることを確認した上で、apkファイルをウィンドウ上にドラッグすると図4_11の表示に切り替わります。右側の領域でドロップをしてください。進行ゲージが表示されてインストールが完了します。

図4_11 apkファイルをドラッグ＆ドロップする

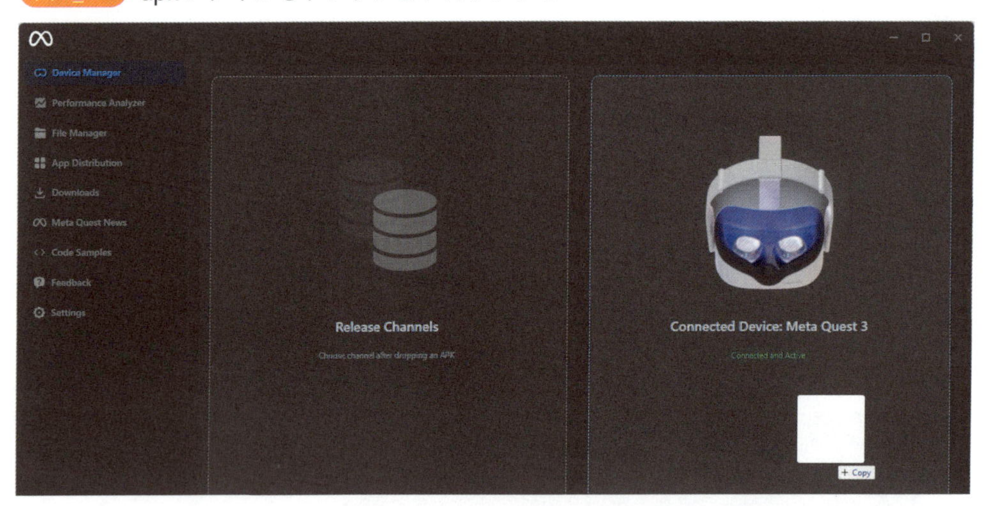

インストールしたアプリをQuest上で起動してみましょう。ユニバーサルメニューからライブラリを開きます。apk経由でインストールしたアプリは通常のアプリ一覧には表示されないので、左側のタブから「提供元不明」の項目を選んでみてください（図4_12）。インストールしたアプリをクリックすることで起動できます。画像はサンプルプロジェクトのものですが、ご自身で作成したUnityプロジェクトの場合は「プロジェクト名 / com.Unity-Technologies.VR-Template」のような表示になっていると思います。アプリを起動して、PC接続状態と同じような表示になれば成功です。サンプルプロジェクトの場合は、図4_13のようなUIが表示され、本書のサンプルを体験することが出来ます。ぜひ一度触ってみてください。

図4_12 提供元不明の項目を選ぶ

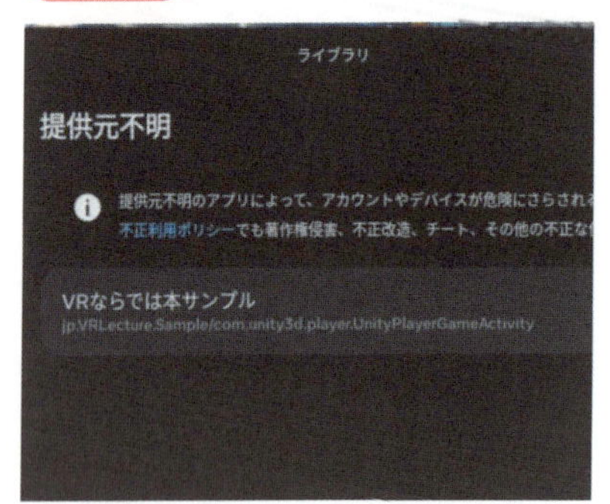

図4_13 サンプルプロジェクトの場合

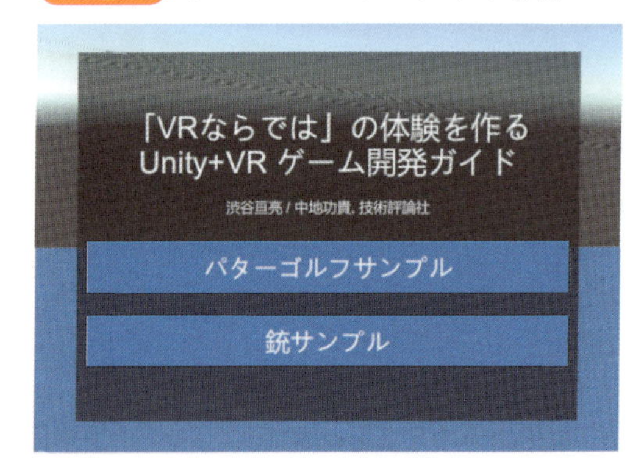

CHAPTER 4

2 XR Interaxtion Toolkitを導入しよう

Unity XR Interaction Toolkitとは、Unityの公式VR／XRコンテンツ制作用パッケージです。パッケージとは、素のUnityだけでは補えないゲームの開発ツールや機能をまとめたもののことで、Unity公式だけでなく第三者が制作、販売していることがあります。Unity XR Interaction Toolkitに正式な略称はありませんが、この書籍ではこれ以降はXRITと略して表記します。

Unity HubでVRのテンプレートを選択すれば、通常はUnityXRITのダウンロードは、自動でなされています。もしUnity XRITがインストールされていなかった場合は、ヘッダのWindowからPackage Managerを開き（図4_14）、Packages:Unity RegistryからXR Interaction Toolkitを選んでインストールしてください（図4_15）。

図4_14 Package Managerを開く

図4_15 XR Interaction Toolkitをインストール

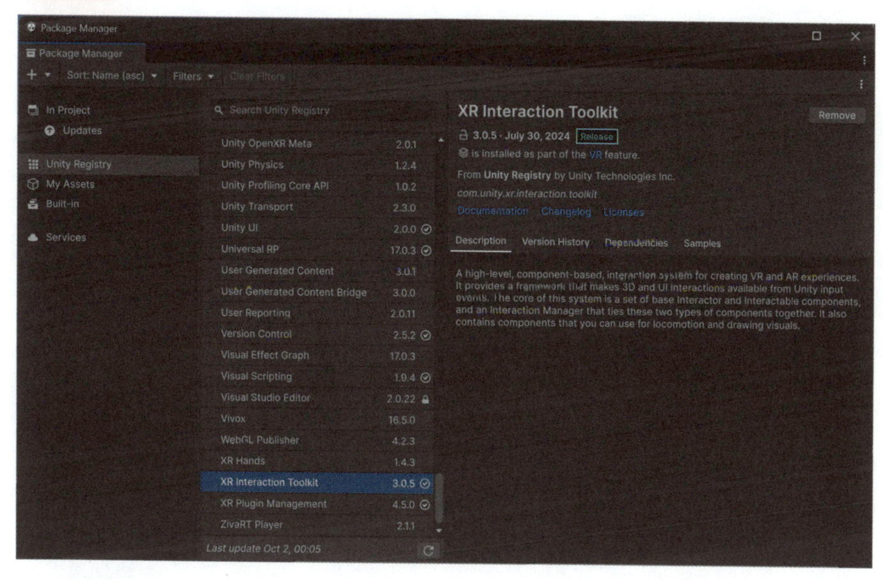

インストールが無事完了した場合は、ProjectパネルのAssets ＞ Samples ＞ XR Interaction Toolkitに該当バージョンの番号のフォルダが作られていて、必要な素材が入っています（図4_16）。

図4_16 XR Interaction Toolkitの中身

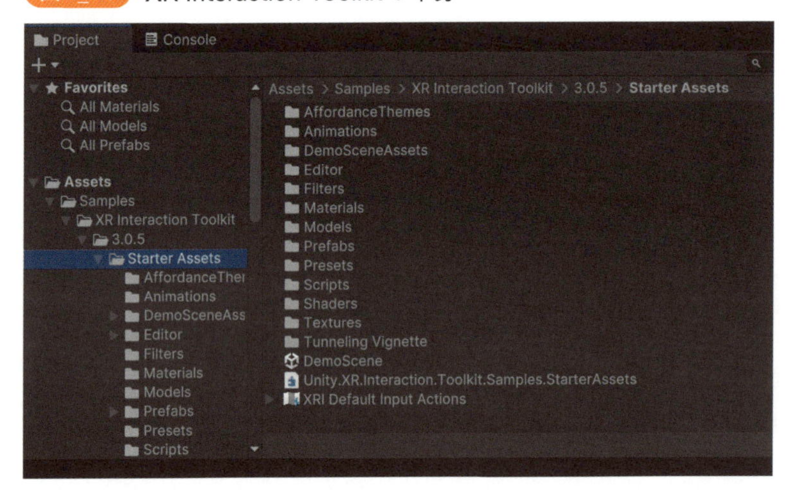

4-2-1 Unity XR Interaction Toolkitの根幹「XR Rig」

VRゲームを作るにあたって、プレイヤーの挙動を制御するしくみを「リグ/Rig」と呼びます。Unity XR Interaction Toolkitでは “XR Origin (XR Rig)” という名称のプレハブとしてまとめられており、その中身はHierarchyウィンドウから確認できます（図4_17）。Unity XR Interaction Toolkitのバージョンアップに応じて、このリグの中身は頻繁に変わっていきます。ここではバージョンアップが行われても変わらないであろう基本的な部分に限定して、基本的な用語の説明をします。これらの用語はのちのVRゲームのサンプルを解説する章でも出てくるので、かるく覚えておいてください。

図4_17 XR Interaction Toolkit Version 3.0.5時点のXR Rig

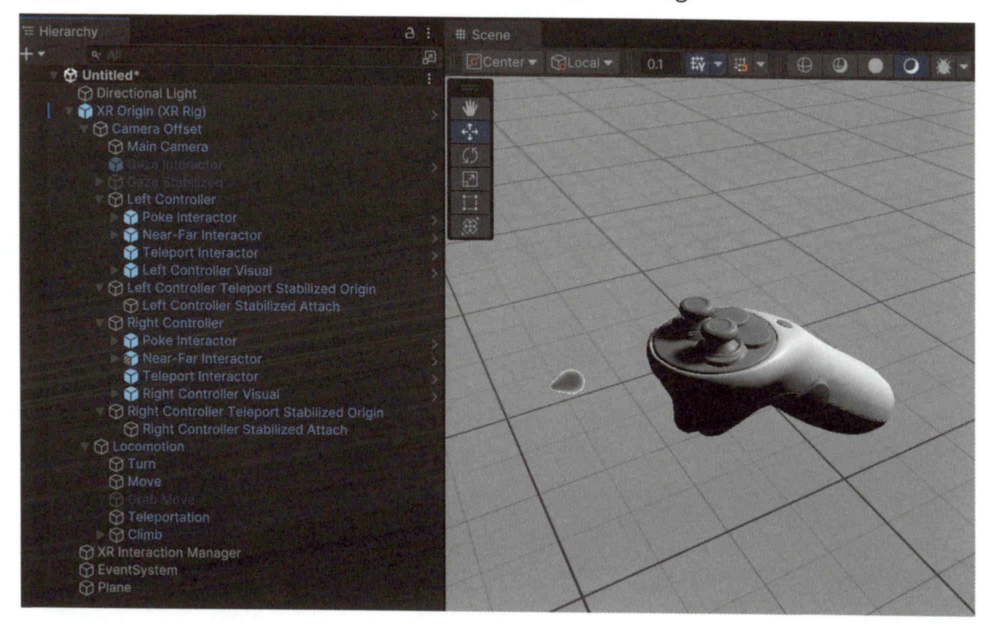

XR Origin（XR Rig）

VRゲームのプレイヤーの挙動をまとめるプレハブです。プレイヤーの当たり判定や移動速度を決める機能（Character Controllerコンポーネント）は、XR Originに付与されています。

Camera Offset

ゲーム内におけるプレイヤーの座標を示すGameObjectです。このGameObjectには特にコンポーネントおよびスクリプトは入っておらず、プレイヤーが現実空間で歩き回ったり周囲を見まわしたりしているときには動きません。VRのコントローラ入力によって空間を移動したり視界を旋回したりすると、プレイヤーの位置と向きに沿ってCamera Offsetが追従します。

Main Camera

プレイヤーの頭部、およびVRヘッドセットの座標を指します。原則的にはMain Cameraで映した映像がVRヘッドセットに流れます（スクリプトによっては例外があります）。

Right Controller / Left Controller

プレイヤーの右手、左手をあらわすGameObjectです。それぞれのControllerの中に「プレイヤーによるオブジェクトへの干渉を制御する機能」であるInteractorが入っていますが、これの詳細はChapter 6「VR空間で「触る／掴む」を実装しよう」で説明します。

Locomotion

プレイヤーのVR空間の移動方法についてまとめられたGameObjectです。プレイヤーの視界を左右に旋回する「Turn」、プレイヤーが空間を移動する「Move」、プレイヤーが空間をテレポート移動するための「Teleport」など、これらの詳細はChapter 5で説明します。

COLUMN フォルダ構成について

Unityではプロジェクトウィンドウ以下に様々なファイルを作成・保存していくことが出来ますが、何も考えずに追加していくと色々なファイルがごちゃまぜ状態になってしまいます。そこで、フォルダ分けをして整理していくことをオススメします。

一般的にはファイルの種類別に、下記のようなフォルダを作成することが多いと思います。

Scenes　：.sceneファイルを配置するフォルダです。
Prefabs　：.prefabファイルを配置するフォルダです。シーンごとに子フォルダを作ることも多いです。
Scripts　：スクリプトを配置するフォルダです。開発が進むとスクリプト数が100以上になることもよくあるので、フォルダ内でも色々な観点でフォルダ分けをすることが多いです。
Materials：マテリアルファイルを配置するフォルダです。
Textures：テクスチャやスプライト用の画像ファイルを配置するフォルダです。
Sounds　：BGMやSEなどの音声ファイルを配置するフォルダです。

これらは一例で、必要に応じて色々とフォルダを追加していくことになります。
また、Unityではいくつかの特殊なフォルダが存在しています。

- **Editor**：エディタ拡張と呼ばれる種類のスクリプトを配置するフォルダです。エディタ拡張スクリプトを通常フォルダに配置するとビルド時にエラーが出てしまうので、Editorフォルダに配置するようにしましょう。
- **Plugins**：ネイティブプラグインなどを配置するフォルダです。Assetsルートに配置する必要があります。

詳細は公式マニュアルをご覧ください。

https://docs.unity3d.com/ja/current/Manual/SpecialFolders.html

フォルダ構成はプロジェクトの状況によって最適な形が異なります。例えばアーティストが多いプロジェクトでは同時作業で影響が出ずらいフォルダ構成を取ったりと、様々です。ちなみに、筆者個人としては表4_1のフォルダ構成をよく使います。Unityでは外部のアセットをインポートして利用することがよくあるので、自身のゲーム用のファイル群と外部アセットのファイル群を区別することを重視した構成になります。これももちろん万能ではありませんが、よかったら参考にしてください。

表4_1 筆者がよく使うフォルダ構成

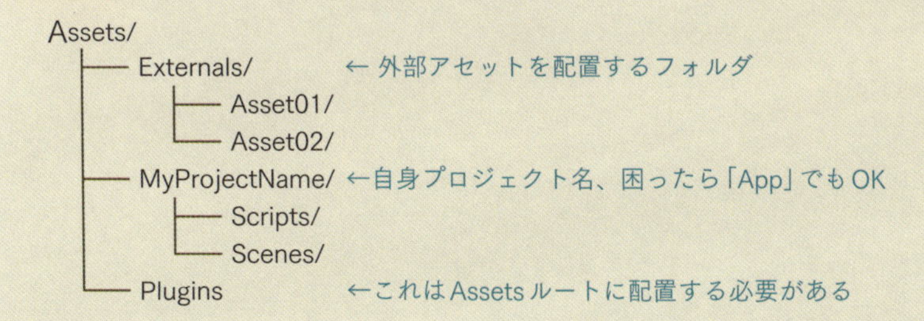

CHAPTER 5

モノの制御法とボタン配置を学ぼう

この章ではUnity XRITを使ってゲームオブジェクトを触ったりつかんだり運んだりするなど、VRで「手」を使ったインタラクションを実装する方法を解説します。また、モーションコントローラのボタンの扱い方についてもおさえておきましょう。「触る」「掴む」の使い分けには、ボタンによる制御も効果的です。

CHAPTER 5

1 VR空間で「触る／掴む」を実装しよう

VR空間でオブジェクトを触ったり、掴んだりするには、Unity XRITの「Interactor」という機能を使います。Interactorは、プレイヤーによるオブジェクトへの干渉を防ぐ機能です。Unity XRITバージョン3.0.0以降のXR Originには、以下3つのInteractorが用意されています。

- Near-Far Interactor：オブジェクトを触る／つかむ
- Poke Interactor：オブジェクトを指先でつっつく
- Teleport Interactor：空間をテレポートで移動する

筆者はこれら3つのInteractorのうち、Near-Far Interactorがもっとも重要度が高いと考えています。そのため「触る／掴む」を説明する本節では、基本的にはNear-Far Interactorを対象に学習を進めます（Poke Interactorについては追って補足します。またTeleport Interactorについては、「移動法」を説明するChapter8であらためてご説明します）。

前章で作成した、VRゲーム開発用のプロジェクトをあらためて開いてください。Untitledというシーンの Hierarchyの欄に、「Directional Light」「XR Origin（XR Rig）」「XR Interaction Manager」「EventSystem」「Plane」という5つのゲームオブジェクトが入っているはずです。前章でも説明したとおり、このうちXR Origin（XR Rig）というプレハブ（ゲームオブジェクトの構成やパラメータをまるごとテンプレートとして保存、再利用できる機能）が、プレイヤーの挙動を制御するしくみ――すなわち、プレイヤーのヘッドセットやコントローラにまつわる機能をつかさどります。

本章冒頭で紹介した3つのInteractorは、XR Origin（XR Rig） ＞ Camera Offset ＞ LeftControllerおよびRightControllerの中に入っています。

COLUMN 灰色で表示されている機能は何者？

XR Orriginに標準で入っているもののうち、「Gaze Interactor」と「Gaze Stablized」という、灰色文字で表示されているものがあると思います(図5_1)。この2つはアイトラッキング(人間の眼球から視線の行き先を追跡して、XRデバイスで入力として使う技術)のための機能です。しかしこれらはMeta Quest 2、3に対応していない入力で、デフォルトでも無効化されているため、灰色表示になっています。そのため、本書では取り扱いません。

図5_1 灰色の表示

5-1-1 Near-Far Interactor：オブジェクトを触る／つかむ

Near-Far Interactorはモノを触る／つかむ機能をつかさどり、Near-Far Interactorを制したものがUnity XRITをも制すと言ってもいいでしょう。Near-Far Interactorはその名の通り、近距離(Near)と遠距離(Far)のどちらからでもオブジェクトを触ったり掴んだりできます(Version 3.0.0よりも古いUnity XRITでは、近距離と遠距離でInteractorの種類そのものが違っていたのです)。

早速ですが、触って基本を体験してみましょう。

オブジェクトの下準備

まず、プレイヤーが初期に向いている方向を規定しましょう。XR Origin(XR Rig)のTransform ＞ PositionをX：0.0、Y：0.0、Z：1.0としてください。これで、プレイヤーはゲーム開始時、Z軸正方向を正面に向くようになりました。

続いてシーンの原点に机を設置し、そのうえに触ったり掴んだりするためのオブジェクトを置きます。まず、Hierarchy欄で右クリックをしてから3D Object ＞ Cubeを選択し、シーン状に机となるキューブを配置します。Unity側がTransformに適当な値を入れていることが多いので、Transformを右クリック ＞ ResetしてからPositionをX：0.0、Y：0.5、Z：0.0にしてください。これにより、キューブが高さ1メートルの机になります。

掴むモノを用意します。Hierarchy欄で右クリックから3D Object ＞ Capsuleを選択して、シーンにカプセルを配置してください。続いて、TransformをResetしてPositionをX：0.0、Y：1.1、Z：-0.4、ScaleをX：0.1、Y：0.1、Z：0.1としてください。これにより、サイズを持ちやすくし、机の端に置いてプレイヤーが掴みやすいようにしています。

コンポーネントを設定し、テストしてみよう

カプセルを置いたら、無条件でそれを掴めるわけではありません。掴むモノには「XR Grab Interactable」という「オブジェクトがプレイヤーにつかまれたときのふるまい」を設定するコンポーネントを追加する必要があります。コンポ―ネントの追加の仕方は、Chapter3で学びましたね。今追加したCapsuleオブジェクトをクリックし、デフォルト設定では右に出てくるInspectorウィンドウの最下部、Add Componentから「XR Grab Interactable」を追加しましょう。

なお、プレイヤーがオブジェクトを持ったときの重力を働かせる「Rigidbody」コンポーネントは、GameObjectにXR Grab Interactableを追加したときに自動的に付与されます。モノをつかむときに必須なので、うっかり無効化したり外したりしないようにしましょう。

これらのセッティングができたら、PCにMeta Questをつないだ状態でUnityのプロジェクトを再生します。VR空間内に表示されるプレイヤーの手(コントローラ)をカプセルに近づけて、中指のグラブトリガーを押下したら、カプセルを持てることを確認してください(図5_2)。

図5_2 カプセルを手に持つ

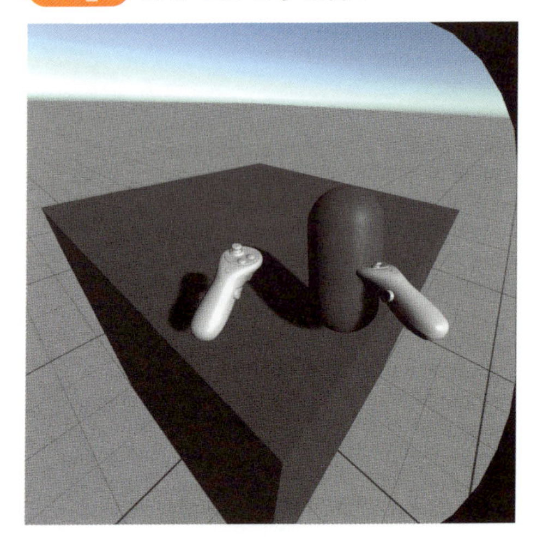

持つ位置を調整しよう

モノを持った際、Unity XRITのデフォルト設定では、プレイヤーの手の原点にモノの中心座標がくっつくようになっています。プレイヤーの手の原点はコントローラの先端に設定されています。この、モノが手にくっつくときの座標のことを、Pivotと呼びます。Pivotは任意に追加可能です。デフォルトの設定だと、コントローラーがちょっとオブジェクトにめりこんだように見えてしまいますよね。そこで、より自然に見えるよう、調整してみましょう。

カプセルの子オブジェクトとして空GameObjectを作り、Pivotと名前をつけます(図5_3)。このPivotのTransformのうちPositionをX：0.0、Y：0.0、Z：-1.0にしてから、PivotをCapsuleに仕込んだXR Grab InteractableのAttach Transformに入れてください(図5_4)。これで、プレイヤーの手とカプセルが重ならない位置で持つことができます(図5_5)。

図5_3 空Gameobjectとして Pivotを作成する

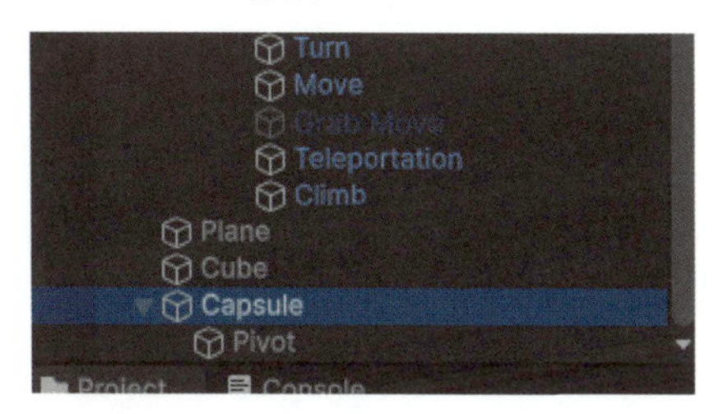

図5_4 Attach Transformに入れる

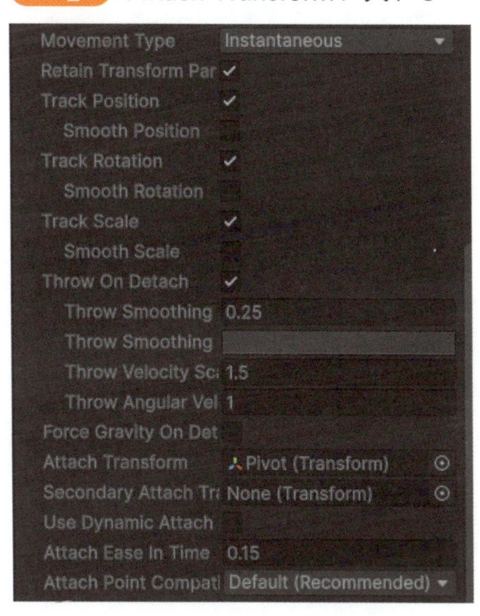

図5_5 手とカプセルが重ならなくなった

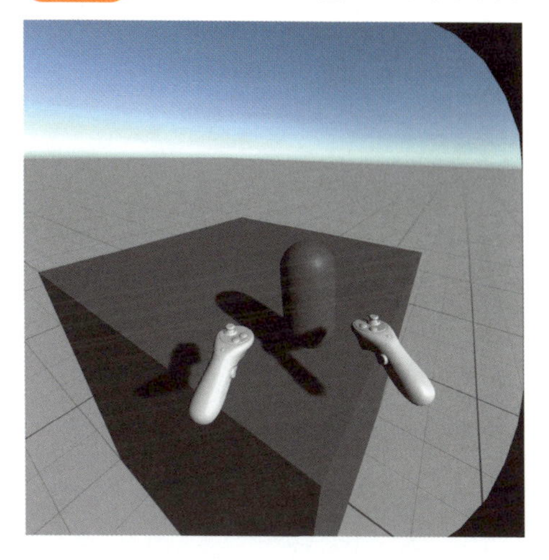

遠くから掴めるようにしてみよう

次に、カプセルから少し離れて、右手もしくは左手をカプセルに向けてみてください。すると、白い線（Ray）が手元からカプセルに向かって出てきたはずです。これがNear-Far InteractorのFarの機能であり、対象のオブジェクトに直接触れていなくてもモノに触ったりつかんだりできるようになります。

しかし、この遠い状態からオブジェクトを握ろうとしても、手の動きに追従してただ机の上で上下左右に浮いているような感じになるだけで、掴めはしないはずです。これも悪くはないのですが、せっかくなら遠くからモノを手元に引き寄せる方が便利です。これを設定するには、カプセルに仕込んだXR Grab Interactableの中にある、Far Attach Modeという設定をいじりましょう。初期状態では“Defer To Interactor（Interactorの種類に合わせる）”となっていますが、これをNearに切り替えてください（図5_6）。

図5_6 Far Attach Modeを切り替える

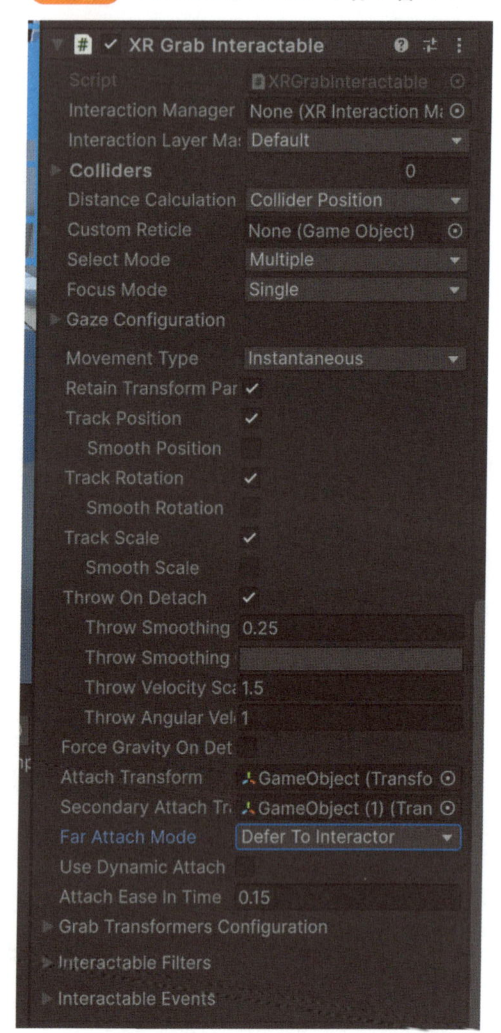

もう一度離れた場所からカプセルを握ると、プレイヤーの手元にすっと飛んできて収まります。現実では遠くに離れたものを一瞬で取り寄せることはできないわけですから、これはもっともVRらしい行為の一つといえるでしょう。

COLUMN VRでモノを引き寄せる理由

なぜVRゲームに遠くからモノをつかむ機能が必要なのかというと、これが入っていないと不便だからです。たとえば仮にVRゲームでなんらかのアイテムをつかんだとして、うっかりボタンを離して床に落としてしまうこともあるでしょう。もちろん、「プレイヤーにしゃがんでもらって、直接床に手を伸ばしてつかんでもらう」のも立派な手段ではあるのですが、椅子に座りながらVRゲームをしているプレイヤーにはできない話ですし、そもそも現実生活でもしゃがんで床に手を伸ばすのは身体に負荷のかかる行為です。そういった面倒なところをすっ飛ばせる方が、VRらしくていいじゃないですか。

なお、筆者は過去に携わったVRゲームの制作現場で「遠くからじゃないとつかめないような位置にオブジェクトを配置してしまうのは、ゲーム開発者の不備と怠慢だ」という意見を耳にしたことがありました。しかしそもそもをいえば、近場に置くオブジェクトだって距離の補正はいくぶんか入ります（だいたい15cmほど離れている場所でも掴めるようにする）し、「プレイヤーが直接つかめる場所にしかアイテムを置かない」という縛りは、かえってVRゲームの中の絵作りやゲームプレイに不要な制限を設けているにすぎなくなってしまいます。

かつてのUnity Interaction Toolkitは、Near-Far InteractorのうちNearの機能を「Direct Interactor」、Farの機能を「Ray Interactor」と別々の機能として分けられていました。遠くにあるオブジェクトを手元に引き寄せる機能自体はこの頃からあったのですが、直接つかんだ場合と遠くから掴んだ場合でInteractorの種類とオブジェクトの手への追従の仕方も違うという、とても面倒な仕様だったのです。Version 3.0.0以降にこの2つのInteractorが統合されたことに筆者はとても安心しています。

5-1-2 Interactable Eventsとその種類

さきほどカプセルに追加したXR Grab Interactableコンポーネントの中を、Inspectorウィンドウ上から見てみてください。XR Grab Interactableコンポーネントの中に、Intreractable Eventsという欄があります。Unityでは、何かの状態が変化したりプレイヤーからの入力があると発生する物事を「イベント」という仕組みで制御しています。たとえば「プレイヤーがAボタンを押したらジャンプする」といった制御は、このイベントを使って実装していくことになります。

XRITは、オブジェクトに対するプレイヤーへの干渉状態を大きく「Hover」「Select」「Focus」「Activate」の4種類に分けています。そして、オブジェクトに対しプレイヤーが「触る」「握る」などの干渉をした時に、任意のイベントを発火できるようになっています。このうちFocusは視線に関する機能なのですが、本書がターゲットハードウェアとするMeta Quest 2|3には視線追跡の機能が搭載されていないため、Focusに関連する解説は取り扱いません。Hover、Select、Activateの意味の違いは、以下の通りです。

Hover

プレイヤーの手がオブジェクトの当たり判定と重なっているときです。オブジェクトに手が触れている、もしくはオブジェクトと手の位置が非常に近いものの、それでも握ったり持ったりはしていない状況を指します。

Select

プレイヤーがオブジェクトを手に持ったときです。なおデフォルトのキーコンフィグでは、プレイヤーの手がオブジェクトにHoverしている状態でMeta Quest Controllerの中指のグラブボタンを押下すると、手にオブジェクトを持つことができます。

Activate

プレイヤーが手に持っているオブジェクトを使ったときです。なおデフォルトのキーコンフィグでは、プレイヤーがオブジェクトをSelectして手に持っている状態で、Meta Quest Controllerの人差し指のトリガーを押下すると、手に持っているオブジェクトを使うことができます。その「使った時に何が起きるか」を設定するために使うのが、このActivate欄です(使ったときに起きるイベントが設定されていなければ、当然動きません)。

公式の定義一覧
https://docs.unity3d.com/Packages/com.unity.xr.interaction.toolkit@3.0/manual/architecture.html#states

Hover、Select、Activateの違いを体感しよう

それでは、具体的に実装をしながら、Hover、Select、Activateの違いを体感しましょう。イメージしやすいよう「Hover」「Select」「Activate」に対応した3つの円柱(Cylinder)を作り、プレイヤーがカプセルを手に取ったとき(それぞれの状態がTRUEになったとき)に対応する円柱が表示され、逆にFALSEのときは円柱が表示されなくなる、というものを作りましょう。このぐらいならコードを書かなくても実装でき、変化を実感できるので、わかりやすいです(図5_7)。

図5_7 完成図

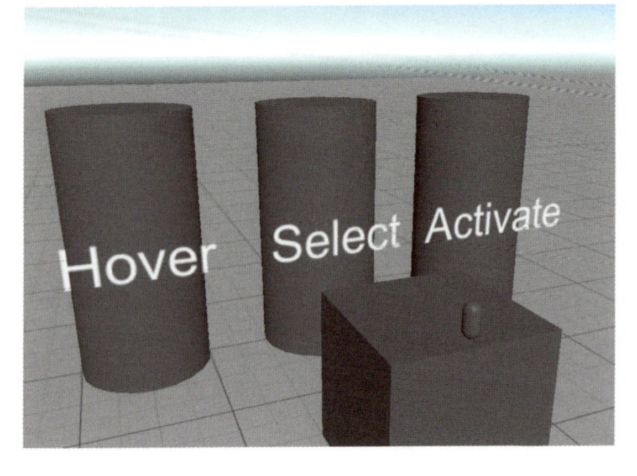

それぞれの円柱とTextの位置は好きにしていただいてかまいませんが、Unityに慣れていない方は以下の手順に沿ってGameObjectを配置してください。

まず、円柱をとりまとめる空GameObjectを作ります（とりまとめなくても実装はできますが、こうするほうが管理が楽です）。Hierarchyウィンドウを右クリックし、Create Emptyを選択すると、「GameObject」というデフォルト名の空オブジェクトが制作されます。分かりやすいよう適当な名前（ここではCylindersとしました）をつけ、TransformのうちPositionをX：0、Y：1、Z：0とします。

次に、Cylindersの中に3つの空オブジェクトを作ります。先の手順と同じようにCreate Emptyから空オブジェクトを作り、先のCylindersにドラッグ＆ドロップしてください。作った空オブジェクトにそれぞれHover, Select, Activateと名前をつけたら、HoverのTransform ＞ Position をX：-1.5、Y：0、Z：0に、SelectのTransform ＞ Position をX：-0、Y：0、Z：0、ActivateのTransform ＞ Position をX：1.5、Y：0、Z：0とします。

そして、用意した3つの空オブジェクトに円柱と文字を入れていきましょう。まずHoverオブジェクトの中に3D Object ＞ Cylinderを作成します。Transform ＞ Positionは、すべてデフォルトの0のままにしてください。次に、Cylinderと同じ場所に空オブジェクト“TextMesh”を作って、TextMeshのAddComponentからTextMeshを追加してください。このTextMeshコンポーネントは、文字通り、テキストを表示するためのコンポーネントです。

TextMeshのTransform ＞ PositionはX：0、Y：0、Z：-0.5、Scaleはxyzいずれも0.1とします。また、TextMeshのなかにあるコンポーネントTextMeshのうち、Textを“Hover”,Anchorを“Middle Center”、Alignmentを“Center”、FontSizeを“40”にします（図5_8）。テクニックとして、TextMeshは、フォントサイズを巨大にし、Scaleを小さくすることで文字がキレイに読みやすくなります。一通り済んだら同様の手順を、Select、Activateでもおこなってください（図5_9）。

図5_8 TextMeshコンポーネントの設定

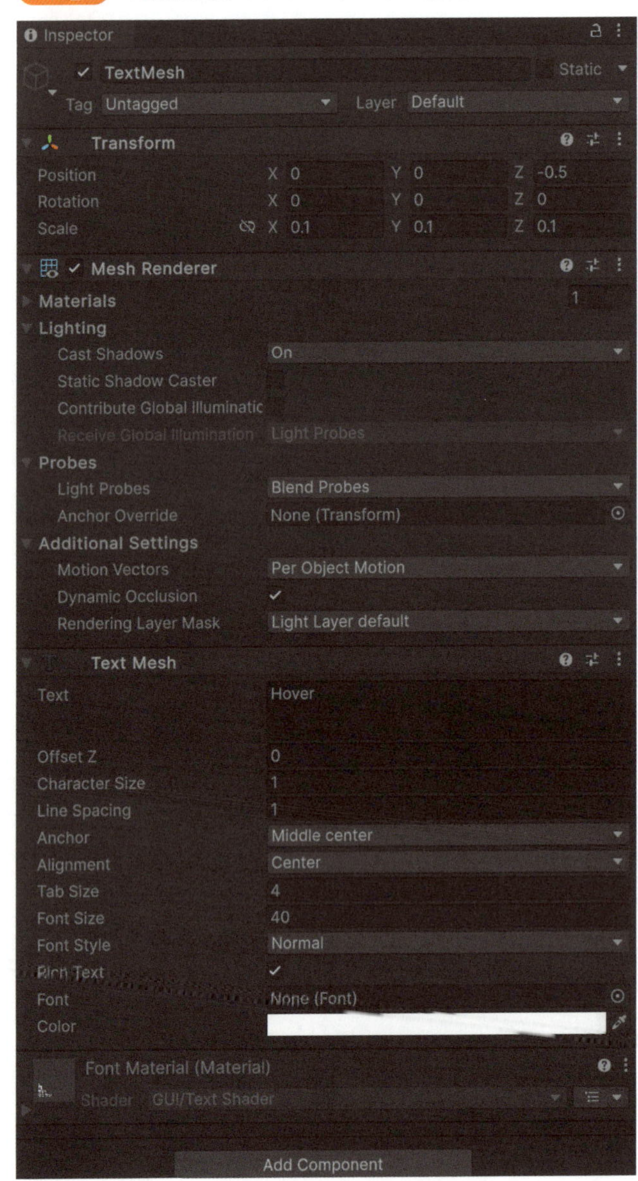

図5_9 Hover、Select、Activateの円柱の構成

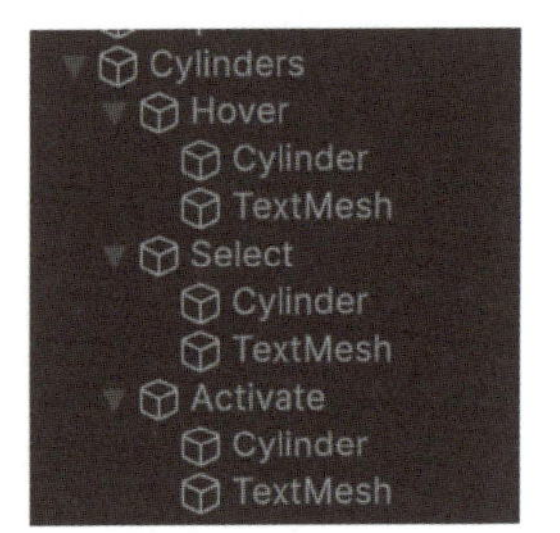

COLUMN TextMesh と TextMeshPro の違い

テキストを表示するコンポーネントは、TextMeshコンポーネントのほかTextMeshProコンポーネントというものも存在します。

Unityの教本では「ゲームの空間に文字を配置したい場合はTextMeshProを使う」と書かれていることが多いですが、あくまでモックや検証目的でTextを空間に配置するなら、ProではないほうのTextMeshを使うのも手段のひとつです。機能がProよりも少ない分、スクリプトから制御するのも簡単になります。おもな違いとして、TextMeshはあらゆるゲームオブジェクトを貫通して描画されます。それが気になる場合は最初からTextMeshProを用いたほうがよいでしょう。

次は、プレイヤーが手に取るカプセルに仕込みをしていきましょう。Capsuleに付与したXR Grab InteractableのInteractable Events欄を見てください。それぞれのイベント名の意味は、表5_1のとおりです。

表5_1 Interactable Eventsの各イベント名

イベント名	説明
First Hover Entered	Hoverに手が初めて入ったとき(オブジェクトに手が初めて重なったとき)
Last Hover Exited	Hoverから手が最後に抜けたとき(オブジェクトから手が最後に離れたとき)
Hover Entered	Hoverに手が入ったとき(任意の手がオブジェクトに重なったとき)
Hover Exited	Hoverから手が抜けたとき(任意の手の位置がオブジェクトから離れたとき)
First Select Entered	手が初めてSelectしたとき(グラブボタンを押してオブジェクトが初めてつかまれたとき)
Last Select Exited	手が最後にSelectをやめたとき(グラブボタンを離してオブジェクトが最後に離されたとき)
Select Entered	任意の手がSelectに入ったとき(グラブボタンを押してオブジェクトをつかまれたとき)
Select Exited	任意の手がSelectから抜けたとき(グラブボタンを離してオブジェクトを離されたとき)
Activated	使われ始めたとき(トリガーボタンを押したとき)
Deactivated	使われ終わったとき(トリガーボタンを離したとき)

今回は、Hover、Select、Activateを使います。まずはHoverについて設定をおこないましょう(図5_10)。

図5_10 Hoverイベントの初期画面

Interactable EventsのHover Entered, Hover Exitedの右下にあるプラスをクリックすると、イベントで作用させたいGameObject(コンポーネント)を入れることができるようになります(図5_11)。さきほど作ったHoverの円柱をEnteredとExiterdの両方に差し込ん

だら、No Functionをクリックして GameObject > SetActive(bool)を選びます。チェックマークが出てくるので、Enterdの方のみチェックマークを入れましょう(図5_12)。SetActiveとは、オブジェクトの初期状態をゲーム内でアクティブ(有効)にするか、非アクティブ(無効)にするかを決める機能です。これによって、Hoverが始まったとき(＝プレイヤーがカプセルに触れた時)にGameObject“Hover”を有効化(＝Hoverのテキストがついた円柱を表示)、Hoverが終わったとき(＝プレイヤーの手がカプセルから離れたとき)にGameObject“Hover”を無効化(＝円柱を非表示)します。

図5_11 GameObjectを入れられるようになる

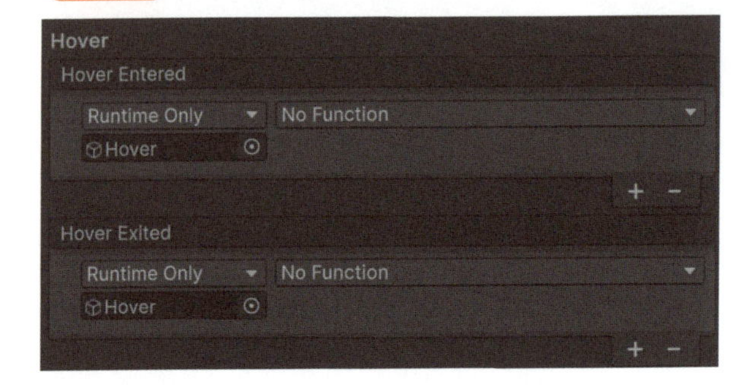

図5_12 Hoverの円柱を入れる

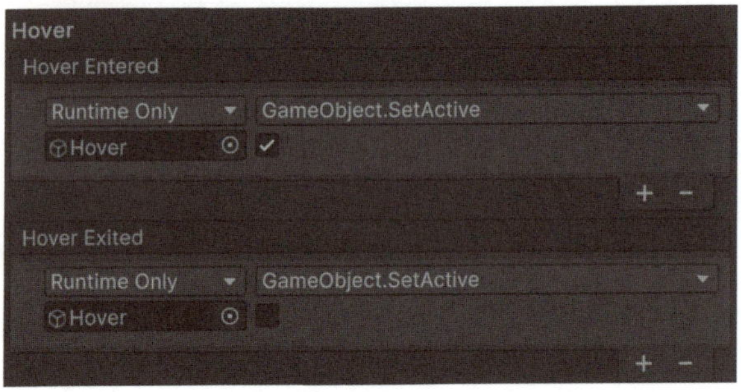

同様にSelectにはSelectの円柱を、ActivateにはActivateの円柱を入れ、同じように設定をしましょう。ここまで設定できたら、Hover、Select、Activateの空GameObjectのSetActiveを無効にしてください。

これらの設定を終えて実際にプレイしてみると、プレイヤーがカプセルを触ったときにHover、カプセルを握ったときにSelect、カプセルを握ったままトリガーを引いたときにActivateが表示されたはずです。

例外事例に対処しよう

しかし、実はこれにはいくつかの抜け穴があります。たとえば、右手にモノを持ったまま(Hover Enteredした)まま、左手でもモノに触れて(Hover Enterdして)離して(Hover Exitedして)みましょう。すると、右手ではモノを持ったままなのに、Hoverの円柱が消えてしまいます。これはプレイヤーの右手と左手の両方にInteractorがあることにより、カプセルは右手でも左手でも関係なく、手が触れた・離れた(Hover Entered/Hover Exited)ときにイベントを起こすためです。

この問題の対応策としては、Hover Enteredの処理をFirst Hover Entered、Hover Exitedの処理をLast Hover Exitedに移すことがもっとも単純かつ明解です(図5_13)。文字通り、

First Hover Enteredは「最初にInteractableに触れられた」とき、Last Hover Exitedは「最後にInteractableに触れるのをやめられたとき」となります。これにより、片手で触っているものをもう片方の手で触ったり離したりしても処理が発生しなくなります。

図5_13 First Hover EnteredとLast Hover Exitedを設定する

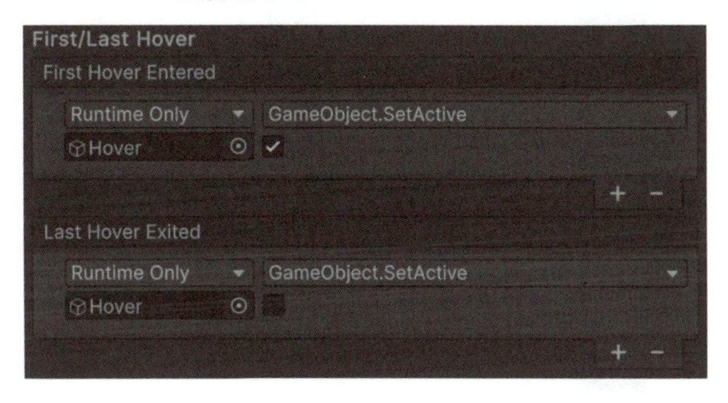

ただし、Activatedは右手と左手の持ち替え（複数のInteractorからの同時干渉）を感知して対応してくれない、という欠点がまだあります。詳しくは複雑になるため解説しませんが、応急処置としては、プレイヤーがアイテムの持つ手を持ちかえたとき（SelectExited）に、Activateの処理もリセットしてしまうのが合理的です。これでも対応できないケースが生じた場合は、個別にコードを書いて処理する必要があるでしょう。

5-1-4 「放置されたオブジェクトが元の場所に戻る」仕様を実装しよう

ここまで、プレイヤーがVRで道具に触れたり使ったりする機能を説明しました。ですが、道具の扱いはそれだけではありません。たとえば、VRにおいてプレイヤーが道具を持ち運ぶためには、プレイヤーのVR上の身体のどこかに道具を「固定」してあげる必要があります。これは一般的なゲームにおいてインベントリと呼ばれます。

インベントリについては、Chapter10で詳しく説明します。ここでは前段として「元あった場所とは異なる場所に放置されたオブジェクトが、一定時間の経過で元の配置に戻る」実装をしてみましょう。これはたとえば、「プレイヤーがゲームオブジェクトを握っていない間はカウントを進め、カウントが限界に達したら元の座標に戻る」といった実装が考えられます。この実装は一番シンプルですが、オブジェクトがVR世界の特定の座標に固定されるため「長距離間で持ち運ぶ」ことができなくなります。これは、VRゲームの規模でいうと「ルームスケール」と呼ばれる、現実世界の2.0m x 2.0mに即したスケールのVR空間でのみプレイヤーが移動できるものに適した手段です。

この実装にはプログラミングが必要です。Projectウィンドウを右クリックし、Create > C#Script から、以下のスクリプトを作成しましょう。

コード5_1 オブジェクトを再配置するスクリプト

```
01 using UnityEngine;
02 
03 public class ItemCountDown : MonoBehaviour
04 {
05     // ゲームオブジェクトの復帰する座標(を持つゲームオブジェクト)を指定する
06     public GameObject m_gameObjectRestore;
07 
08     // ゲームオブジェクトがすでにつかまれているかどうか
09     private bool m_isGrabbed = false;
10     // プレイヤーがゲームオブジェクトに触れているかどうか
11     private bool m_isTouching = false;
12 
13     // ゲームオブジェクトの位置がリセットされるまでの時間制限
14     public float m_grabItemTimeLimit = 3.0f;
15     // スクリプト内のタイマーに用いる変数
16     private float m_timer;
17 
18     // Start is called before the first frame update
19     void Start()
20     {
21         m_timer = 0.0f;
22     }
23 
24     // プレイヤーに握られたとき
25     public void GetGrab()
26     {
27         m_isGrabbed = true;
28         m_isTouching = true;
29     }
30 
31     // プレイヤーに離されたとき
32     public void ExitGrab()
33     {
```

```
34            m_isTouching = false;
35        }
36
37        // Updateは毎フレーム実行される
38        [System.Obsolete]
39        void Update()
40        {
41            // 制限時間が0秒の場合は、位置のリセットを実行しない
42            if (m_grabItemTimeLimit != 0)
43            {
44                // ゲームオブジェクトがつかまれたかどうか
45                if (m_isGrabbed == true)
46                {
47                    // プレイヤーが現在アイテムに触っていないかどうか
48                    if (m_isTouching == false)
49                    {
50                        // カウントダウンを進める
51                        m_timer += Time.deltaTime;
52                        //カウントダウンが制限時間を迎えたらゲームオブジェ
クトの位置をリセット
53                        if (m_timer > m_grabItemTimeLimit)
54                        {
55                            // ゲームオブジェクトの速度をリセットする
56                            var rigidbody = 
GetComponent<Rigidbody>();
57                            rigidbody.velocity = Vector3.zero;
58                            // ゲームオブジェクトを指定箇所に配置する
59                            rigidbody.transform.position = 
m_gameObjectRestore.transform.position;
60                            rigidbody.transform.rotation = 
m_gameObjectRestore.transform.rotation;
61                            // ゲームオブジェクトは不動の状態に戻る
62                            m_isGrabbed = false;
63                            // カウントダウンをリセットする
```

```
                        m_timer = 0.0f;
                    }
                }
                // プレイヤーが触っている場合はカウントダウンをリセット
                else
                {
                    m_timer = 0.0f;
                }
            }
        }
    }
}
```

上記のスクリプトは「プレイヤーに握られたオブジェクトがプレイヤーが手から離してから3秒後に再配置される」というスクリプトですが、オブジェクトが元の位置に戻る条件は他にも「オブジェクトの速度が0のとき」「オブジェクトのY軸座標が0m以下になったとき」など、さまざまなパターンが考えられます。ゲームによって適切なアイテムの配置方法は異なるはずです（戻す必要さえないこともあるでしょう）。

このスクリプトを作成したら、先ほどのカプセルにまたこのスクリプトをアタッチします。XR Grab InteractableのInteractive EventsにあるSelect EnteredにGetGrab()を、Select ExitedにExitGrab()を入れて、シーンを再生してみましょう（先ほどアタッチした円柱ゲームオブジェクトは削除してください）。カプセルをつかんでから離すと、3秒後には元の位置に戻っているはずです。なお、このスクリプトではプレイヤーの手以外の要因で自然に動き始めたときの処理が書かれていません。ぜひ自分で条件を追加してみてください。

COLUMN 両手持ちのアイテムを実装する

XR Grab InteractableのSelect ModeをMultipleにすると、先につかんだ手をピボットにし、後からつかんだ手の向きにオブジェクトが向く、両手持ちのアイテムが実装可能となります。なお、加えてUse Dynamic Attachを有効化すると、掴んだ後の手の位置を自由に変えられるようになります。

また、両手で持っているときの挙動を細かく調整したいときは、XR Grab Interactableの入っているゲームオブジェクトに「XR General Grab Transfer」を追

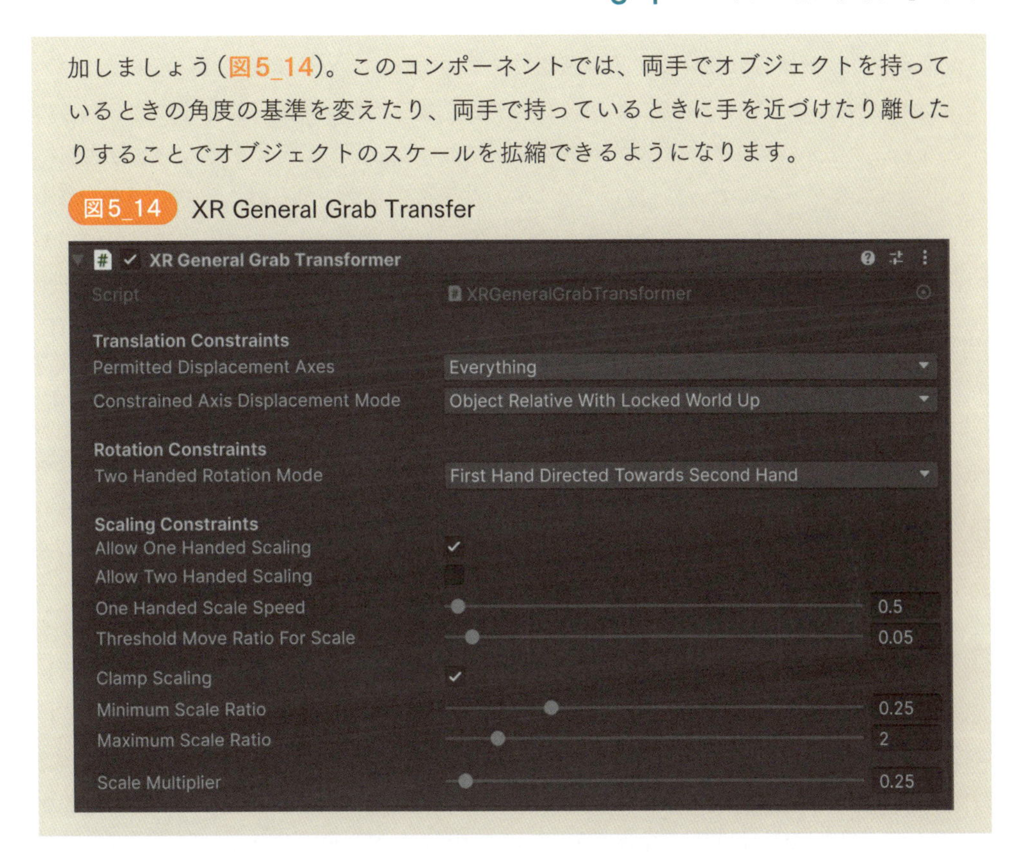

加しましょう(図5_14)。このコンポーネントでは、両手でオブジェクトを持っているときの角度の基準を変えたり、両手で持っているときに手を近づけたり離したりすることでオブジェクトのスケールを拡縮できるようになります。

図5_14 XR General Grab Transfer

5-1-5 Poke Interactor：オブジェクトをつっつく

図5_15 DemosceneのPoke Interactorサンプル

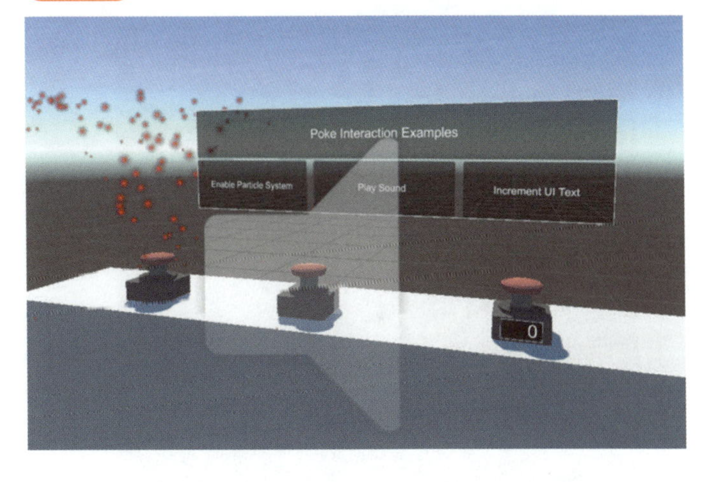

最後に、後回しにしていたPoke Interactorについてです。Pokeは日本語で「つっつく」という意味で、指先でオブジェクトをつっつく動作を制御する際に用います。この動作はおもにボタンを押すときに使いますが、意外にもVRではボタンを押すという実装そのものが少ないです。かつてUnity XRITのサンプルとして使われていたシーン「DemoScene (Assets > Samples > XR Interaction Toolkit > 任意のバージョン > Starter Assets)」に

てボタンが配置されている様子が確認できます(図5_15)が、Unity最新のVRサンプルシーンではNear-Far Interactorによるレイ操作と兼用のパネル操作に部分的に使われるのみとなっています。そのため本書でも、実装面についての解説は特におこないません。

なおVRゲームにおいて「つっつく」インタラクションが見られなくなったのは2つの理由があります。はじめに、つっつく動作は先述のレーザーポインターで代用可能であることです。つっつく動作は機能面でいえばON／OFFといった2値の切り替えであり、これはほとんどNear-Far Interactorのレーザーポインターで代替可能です。現状の技術におけるVRで近くにある小さいパネルを指でつっつく(図5_16)よりも、遠くにある大きいパネルをレーザーポインターで制御するほうがはるかに楽なのです。

また、つっつく動作を実装することで「どれくらいボタンを深く押したか」を表現できるようにすることも考えられますが、VRは物理的な感触や反発力といった現実的なフィードバックが得られないため、VR空間に配置されたボタン自体がアナログな入力を取得するのに向いていません。

もちろんインタラクションの楽しさや手ごたえを理由に指で押せるボタンが実装されているVRゲームも多数ありますが、それらはPoke Interactorではなく、物理演算によって制御されることが多いです。このあたりはジャンルごとの価値観にもよりますが、もしもそこにボタンやレバーがあるのなら人間の指先だけでなくプレイヤーが手に持った剣やハンマーといった剛体のオブジェクトでもボタンは押せてしかるべきであり、「人間の指でだけ押せるボタン」という仕様をわざわざ実装する必要がありません。そのため、Unity XRTKにおいてもPoke Interactorは影の薄い機能となっています。

図5_16 Poke Interactorでパネルを押す

CHAPTER 5

2 VRにおけるボタン操作を学ぼう

前節にて、「掴む」といった動作を説明するうえで、デフォルトで設定されているボタン操作についてもいくつか説明しました。ここで、VRにおけるコントローラのボタン操作全般についても説明します。まずはモーションコントロールとボタン操作の違いを把握しましょう。

モーションコントロールは、VRデバイスのコントローラ(この記事ではMeta QuestのTouchコントローラーを前提とします)を手で握って動かしたり振り回したりする操作のことを指します。対してボタン操作は、VRデバイスのコントローラに搭載されている物理的なボタンを指で押しこんだり倒したりする操作を指します。たとえばVRシューター『BONELAB』では敵と格闘したり銃器を扱ったりするときはモーションコントロールで操作しますが、プレイヤーキャラクターがジャンプをしたりメニュー画面を開いたりするときは、Touchコントローラーにあるボタンを押しています。

VRデバイスが一般的なPCやスマホと比べて特徴的なのは、モーションコントロールによっても操作できる点です。ただ、VRだからといってすべての操作をモーションコントロールで完結させる必要はなく、モーションコントロールに合わないことはボタン入力で済ませることも重要です。

5-2-1 ボタン操作の3つの型

それでは、UnityでTouchコントローラーのボタンを使う方法について解説します。Unityのボタン入力のしくみそのものは、VRに限らず一般的なゲームパッドやキーボード・マウスのしくみと共通しています。そのため、まずは一般的なボタン入力のしくみを学びましょう。ボタン操作の情報はプログラム上ではほとんどの場合“bool”、“float”、“Vector2”の3つの型で表せられます。

“bool”

「ボタンを押した瞬間と離した瞬間」を表します。つまり、「押しているか押していないか以外の状態が存在しない」ものに用います。マウスのクリック、キーボードのキー入力、ゲームパッドのABXY/○×△□ボタンなどさまざまに使用されます。

“float”

「ボタンをどれくらい押しているか？」を指します。これはゲームパッドのアナログトリガー（L2/R2もしくはLT/RT）で使われ、車のアクセル・ブレーキのペダルのように「どれくらい押し込まれているか？」を0.0〜1.0の小数として情報が取れます。ただし、PCのキーボードやマウス、Nintendo Switchのコントローラなど機種によってはアナログトリガーが搭載されていないですし、アナログトリガーがあっても、押したか押していないか（bool）だけを判定することも多いです。

“Vector2”

「アナログスティック（別称：ジョイスティック）を上下左右にどれくらい倒したか」という情報をX軸とY軸で-1.0〜1.0、ニュートラルでは0.0の小数として数値が取れます。アナログスティックだけではなく、スマートフォンのタッチパネルやPCのマウスポインタもVector2（X軸とY軸の小数）で表すことができます。なお、近年のゲームパッドのアナログスティックは、上下左右に倒すだけでなくボタンのように押し込むこともできるため、boolとVector2の両方を表現できます。

5-2-2 Touchコントローラーのボタン一覧

それでは、Touchコントローラーのボタンを見てみましょう（図5_17〜18）。画像は2019年のMeta Quest初代のものでQuest 2以降のものと形状が異なりますが、ボタンの種類と構成は共通しています（Meta QuestはもともとOculus Questという名前で、コントローラもOculus Touchと呼ばれていました）。

図5_17 Touchコントローラーの上部ボタン

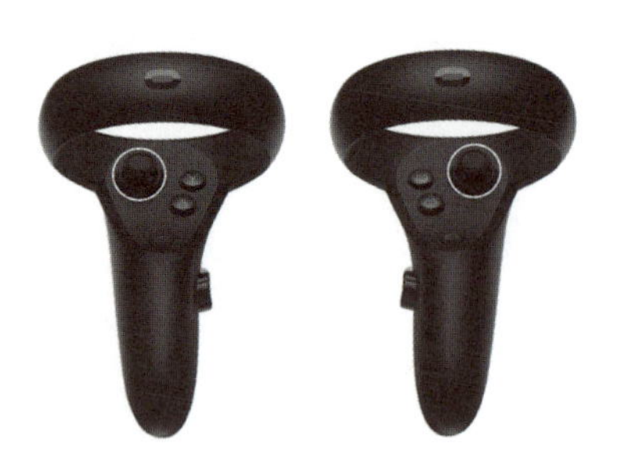

（https://developer.oculus.com/documentation/unreal/unreal-controller-input-mapping-reference/）

図5_18 Touchコントローラーのトリガーボタン

（https://developer.oculus.com/documentation/unreal/unreal-controller-input-mapping-reference/）

Touchコントローラーは一般的なゲームパッドを左右に分割したようなボタン構成になっています。ゲーム慣れしている人であれば「Nintendo SwitchのJoy-Conから十字キーを取っ払ってABXYを左右に振り分けたもの」という表現がもっとも理解しやすいでしょう。Touchコントローラーボタンの型種別は以下表5_2〜3の通りです。

表5_2 右手側のボタン

型	該当するボタン
bool	Aボタン、Bボタン、右スティック押し込み、ホームボタン(Oculusボタン)
float	右トリガーボタン、右グリップボタン
Vector2	右スティック

表5_3 左手側のボタン

型	該当するボタン
bool	Xボタン、Yボタン、左スティック押し込み、メニューボタン
float	左トリガーボタン、左グリップボタン
Vector2	左スティック

Touchコントローラーはさらに、他のゲームパッドとは異なり「ボタンを押していないが、ボタンに触れてはいる」という入力を取得できます。これはTouchコントローラーのボタンが静電容量式を採用しているためです。また、ボタンが存在しない場所に親指を置いている場合に、それを検知して"サムレスト(Thumb Rest)"と呼ばれる入力を取得することもできます。

しかし、これらは「プレイヤーが親指をどこに置いているかによってプレイヤーアバターの指のアニメーションが変わる」というシステムに使われることはありますが、入力の判定に使われることはありません。「Aボタンを押し込んでいないが、Aボタンの表面に触れているときにのみ"決定"できる」というボタン入力を実装したとして、それをまともに操作できる人はほとんどいないでしょう。

5-2-3 Touchコントローラーのボタン入力を取得しよう

New Controls.inputactionsを作成する

それでは、いよいよTouchコントローラーのボタン入力をUnityで取得してみましょう。ここではシンプルに、「特定のボタンが押されたら、『●ボタンが押されている』とUnityのログに表示される」という実装をしてみます。

今回はボタン入力の管理機能「Input System」を使った実装について解説します。まずはProjectウィンドウのAssetsフォルダ直下に「Input」という名称のフォルダを作り、そのフォルダ内を右クリックし、Create ＞ Input Actionを選択してください。「New Controls.inputactions」という名前のファイルが作成されます。

Input ActionにTouchコントローラーのボタンマップを登録する

新規作成したNew Controls.inputactionsをダブルクリックすると出るウィンドウから、Action Mapsという、ボタン入力の割り当ての設定を作成できます。この割り当て設定を、一般的にはマップと呼びます。マップは、「メインのゲームプレイでのボタンの役割」「メニュー画面でのボタンの役割」など、場面に応じてボタンが担う役割を適宜変えられるように、複数作成できるようになっています。今回は使用場面は特に意識せず、TouchコントローラーのABXYのボタン入力を取得できるようにしましょう。

ウィンドウのAction Mapsタブの右にあるプラスボタンを押すと、新規マップが作成されます。名前は「Test」とでもしておきましょう（図5_19）。

図5_19 Action Maps全体画面

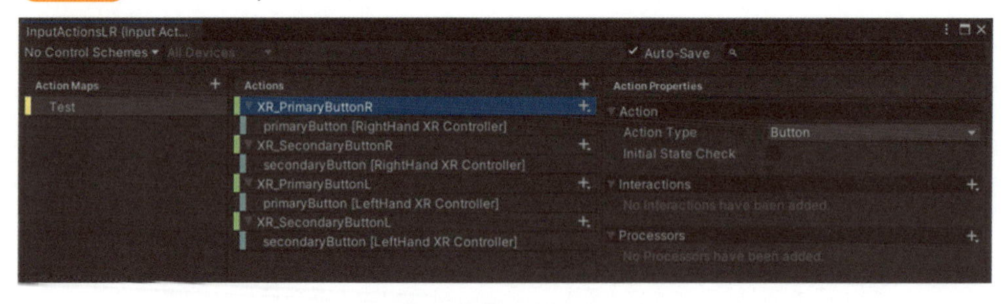

そのTestマップを選択し、Actionsタブの右にあるプラスボタンから、ABXYに相当する4つのアクションを作成していきます。デフォルトだと名前がすべて「New Action」になってしまうため、こちらも分かりやすいように変更します。

ここで気を付けたいのは、Unity公式では、Aボタン、XボタンはいずれもprimaryButton、BボタンYボタンはいずれもsecondaryButtonという名称にまとめられていることです（機種によって、ボタンの命名規則が異なることに配慮した結果と思われます）。Touchコントローラーでは「右手側にあるのがAボタン、Bボタン」「左側にあるのがXボタン、Yボタン」なので、ここではprimaryButtonR、など左右を名称に入れる形としました（図5_20）。くわしくは、Unity公式ドキュメントでTouchコントローラーのボタン対応表を見てみてください。

アクションを作成するとAction Propertiesが表示されます。まず、Action欄にある

Action Typeを設定します。ABXYはいずれもboolのボタンですが、その場合はAction TypeをButtonにしましょう。アナログスティックやアナログトリガーの場合は、Valueに変更します。

次に、作成したActionsの右にあるプラスボタンをクリック、もしくは右クリックから“Add Binding”を選択してBindingを制作しましょう。すると、ウィンドウ右側に“Binding Properties”が表示されます（図5_21）。この欄にあるPathをクリックし、ABXYに相当するボタンを探します（表5_4）。

図5_20 Action Mapの画面

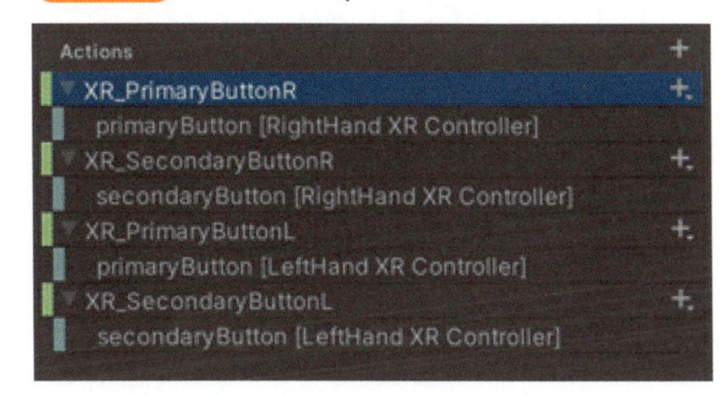

図5_21 Bindingの設定

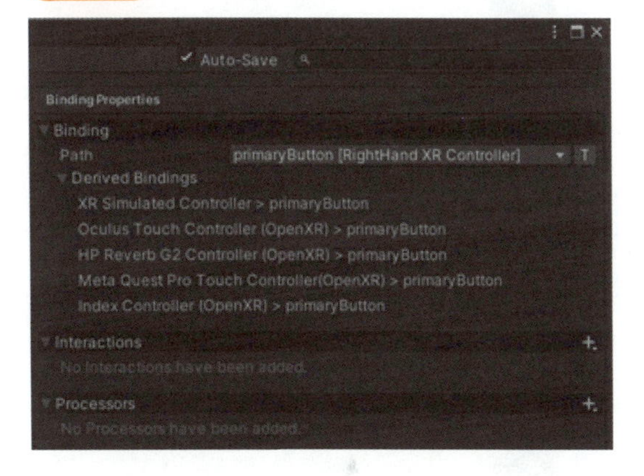

表5_4 ABXYボタンとPath名称の対応

ボタンの一般名称	Pathでの名称
Aボタン	<XRController>{RightHand}/primaryButton
Bボタン	<XRController>{RightHand}/secondaryButton
Xボタン	<XRController>{LeftHand}/primaryButton
Yボタン	<XRController>{LeftHand}/secondaryButton
Menu Button	<XRController>{LeftHand}/{MenuButton}
ThumbstickR	<XRController>{RightHand}/{Primary2DAxisClick}
ThumbstickL	<XRController>{LeftHand}/{Primary2DAxisClick}

なお、リスト一覧から探すだけでなく、リストの右側にあるTボタンをクリックすることで、ボタン配置の文字列を直接テキストで入力することもできます。

Input Actionのボタンのマネージャーを作成する

つぎに、Input Actionで取得したTouchコントローラーのボタンを管理する、マネージャーを作成しましょう。まず、ボタン入力を処理するためのスクリプトを作成します。Unityのシーンでボタン入力の結果を出すために「押しているとき/isPressed()」「押した瞬間/WasPressedThisFrame()」「離した瞬間/WasReleasedThisFrame()」の処理をそれぞれ関数として並べます。

コード5_2 ボタン入力を処理するスクリプト

```
01 using UnityEngine;
02 using UnityEngine.InputSystem;
03 
04 public class InputManagerLR : MonoBehaviour
05 {
06     static InputManagerLR m_instance;
07 
08 // あとでInspectorのActionAsset欄にInput Actionを代入する
09     [SerializeField]
10     InputActionAsset m_actionAsset;
11 
12     InputActionMap m_ActionMap;
13     InputAction m_PrimaryButtonR;
14     InputAction m_PrimaryButtonL;
15     InputAction m_SecondaryButtonR;
16     InputAction m_SecondaryButtonL;
17 
18     private void Awake()
19     {
20         m_instance = this;
21 // InputActionマネージャーをシーンから破棄しないようにする
22         GameObject.DontDestroyOnLoad(gameObject);
23 // Action Mapsの名前を入れる
24         m_ActionMap = m_actionAsset.FindActionMap("Test");
25 // Actionsの名前をすべて入れる
```

```
26          m_PrimaryButtonR = m_ActionMap.FindAction("XR_
    PrimaryButtonR", throwIfNotFound: true);
27          m_PrimaryButtonL = m_ActionMap.FindAction("XR_
    PrimaryButtonL", throwIfNotFound: true);
28          m_SecondaryButtonR = m_ActionMap.FindAction("XR_
    SecondaryButtonR", throwIfNotFound: true);
29          m_SecondaryButtonL = m_ActionMap.FindAction("XR_
    SecondaryButtonL", throwIfNotFound: true);
30      }
31
32      private void OnEnable()
33      {
34          m_ActionMap?.Enable();
35      }
36
37      private void OnDisable()
38      {
39          m_ActionMap?.Disable();
40      }
41
42      public static bool PrimaryButtonR()
43      {
44          return m_instance.m_PrimaryButtonR.IsPressed();
45      }
46
47      public static bool PrimaryButtonR_OnPress()
48      {
49          return m_instance.m_PrimaryButtonR.
    WasPressedThisFrame();
50      }
51
52      public static bool PrimaryButtonR_OnRelease()
53      {
```

```
54             return m_instance.m_PrimaryButtonR.
    WasReleasedThisFrame();
55         }
56
57     // 以下PrimaryButtonL、SecondaryButtonR、SecondaryButtonL、
    MenuButton、ThumbstickR、ThumbstickLでも同様に記載
```

以上のコードを作成したら、シーンに空のゲームオブジェクトを新規作成します。そして、今作ったスクリプト（名称は“Input Manager LR”としました）をAdd Componentから挿入して、プレハブ化しておきます（図5_22）。

図5_22 Input Manager LRをプレハブ化

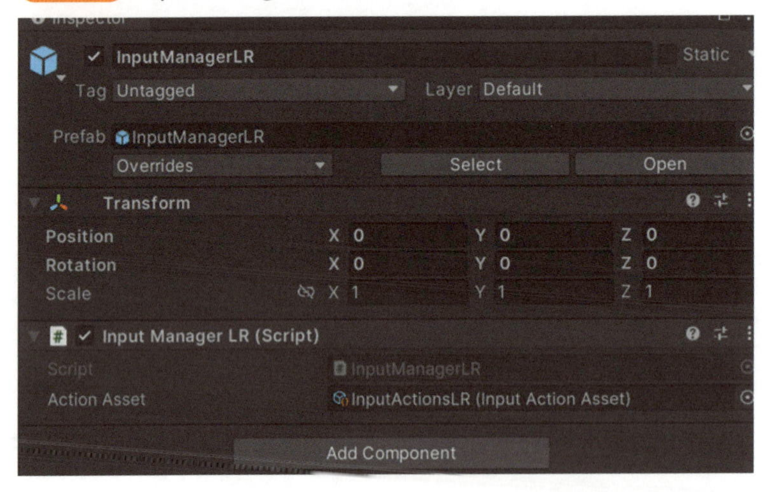

マネージャーで管理しているボタン入力の状態を別のスクリプトで呼び出す

さきほどマネージャーを作成したため、別のスクリプトからボタン入力の情報を呼び出せるようになりました。続いて、ボタン入力の判定はUpdate()で毎フレーム行い、検知した場合にのみ指定の関数を実行するスクリプトを新しく作成します。ゲームオブジェクトとこのスクリプト・関数を紐づけることで、任意のボタンを押したときに別のゲームオブジェクトで関数を実行できるようになります。

コード5_3 ボタン入力を検知し、指定の関数を実行するスクリプト

```
01 using Unity.VRTemplate;
```

```
02 using UnityEngine;
03 
04 public class InputTextLR : MonoBehaviour
05 {
06     // ボタン入力をさらに他の関数から呼び出したい場合は、
07     // 適宜ゲームオブジェクトの変数を用意してそれらの関数を呼び出す
08 
09     // Update is called once per frame
10     // 毎フレームごとにボタン入力の情報を取得する
11     void Update()
12     {
13         if (InputManagerLR.PrimaryButtonR())
14         {
15             OnPrimaryButtonR();
16         }
17 
18         if (InputManagerLR.PrimaryButtonR_OnPress())
19         {
20             OnPressPrimaryButtonR();
21         }
22 
23 // 以下PrimaryButtonL、SecondaryButtonR、SecondaryButtonLでも
   同様に記載
24 
25 
26     // 以下では、ボタン入力の情報が取得できたときに呼び出す関数
27 
28     void OnPrimaryButtonR()
29     {
30         // ここをコメントアウトしているのは、
31         // 毎フレームごとにログテキストが表示されると邪魔になるため
32         // UnityEngine.Debug.Log("PrimaryButtonRを押している
   ");
33     }
```

```
34
35      void OnPressPrimaryButtonR()
36      {
37          UnityEngine.Debug.Log("PrimaryButtonRを押した瞬間");
38          // gameObjectの変数に入れたゲームオブジェクトのうち
39          // スクリプトGravProjectileに入っているDropObjRight関数を呼び出している
40      }
41
42      void OnReleasePrimaryButtonR()
43      {
44          UnityEngine.Debug.Log("PrimaryButtonRを離した瞬間");
45      }
46
47  // 以下PrimaryButtonL、SecondaryButtonR、SecondaryButtonL、MenuButton、ThumbstickR、ThumbstickLでも同様に記載
```

コードを作成したら、シーンに新規作成した空のゲームオブジェクトにスクリプト（この場合は“Input Test LR”）を挿入してプレハブ化しておきます（図5_23）。

図5_23 Input Test LRをプレハブ化

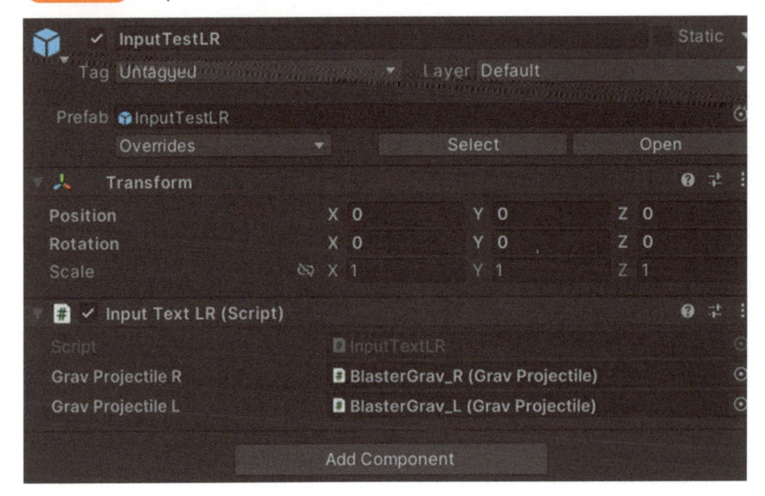

以上の設定が済んだら、PCとMeta Questを繋いで実機テストをしてみてください。いずれかのボタンを押すと、それに応じたテキストログがUnityの下部に表示されるようになっているはずです。

なお、VRヘッドセットを被るとUnityのログテキストは見えなくなってしまうので、片手でヘッドセットの内側にある顔センサーを指で抑えたまま、もう片方の手でコントローラを操作してモニター上で確認することをオススメします。

COLUMN Homeボタンはいつどこで取得するのか？

これまでの説明を読んで「Home Buttonの取得方法が書いていないのでは？」と気づいた方もいるかもしれません。実は、Home Buttonの入力そのものはUnityで取得できないのです。代わりに、UnityでOnApplication.Focus()という状態を取得して、それをboolで管理する必要があります。Home Buttonを押すことでMeta Quest本体のダッシュボードを呼び出したり閉じたりすることができるのですが、ダッシュボードを呼び出してゲームを一時停止している状態が「OnApplication.Focus() == true」、閉じている(ゲームをプレイしている)状態が「OnApplication.Focus() == false」という扱いとなります。

なお、このスクリプトを適用してゲームに一時停止処理を入れると、Unity Editorでゲームのシーン以外の場所をクリックしたときにOnApplication.Focus() == falseとみなされてゲームが止まってしまい、開発中だとウェブブラウザや録画ソフトに触れただけでゲームがいちいち止まるのでやや不便です。必要に応じて、Meta Quest本体など特定の環境で実行したときに限定したうえで、Focusがfalseならゲームが一時停止するようにしましょう。

「Home Buttonの入力が取得できないなら、そもそも取得できないものをどうして管理する必要があるのか？」と思った方もいるかもしれません。実は、Metaは「ホームボタンを押した場合は(複数のプレイヤーが同時接続するオンラインゲームでない限りは)必ずゲームの処理を一時停止しなければならない」という既定を設けています。アーリーアクセスでの提出の場合は必ずしも満たしている必要はありませんが、いちユーザーとしてもゲームを一時停止する機能はあった方が嬉しいはずです。

なお、ヘッドセット本体の電源ボタンを押してディスプレイをオフにしたときはOnApplicationPause() == trueが呼び出されます。詳しくはMeta Quest公式ドキュメント「アプリのライフサイクル処理」で、一時停止処理に関連するコマンドの一覧を確認してください。

https://developer.oculus.com/documentation/unity/unity-lifecycle/

5-2-4 VRのボタンに関するレギュレーションと慣習を知ろう

押さえておくべきレギュレーションや慣習

さきほどUnityでMeta QuestのコントローラのABXYボタンを取得する方法を解説しました。残るはスティックとトリガーボタン、グリップボタンですが、実のところこれらについてはUnity側のスクリプトできっちり管理されていたり、役割が決まっていることがほとんどです。つまり、これらのボタン配置はオリジナリティが求められることがありません。

なお、Unityではなく、Metaのレギュレーションによってもボタンの使い方が決められていることがあります。たとえばVRC.Quest.Input.1ではアプリ内のメニューは左のTouchコントローラーのメニューボタンで起動すること、VRC.Quest.Input.2ではアプリ内でオブジェクトを拾うときはTouchコントローラーのトリガーボタンではなくグリップボタンを使うことが推奨されています。これに沿っていないVRアプリはMetaから修正するように指導が入ったり、最悪リリースできなくなることがあるので、きちんとレギュレーションを遵守するよう心がけましょう。

注目すべき情報として、VRゲームにおける「一般的なボタン配置」に関する調査として2024年8月にMetaから「プレイヤーが求めるボタン配置」の調査結果が公開されました。

https://developer.oculus.com/blog/button-action-mapping-user-inputs-controller-meta-quest-horizon-developers-vr-mr/

表5_5～5_6が、一般的なVRゲームに対するボタン配置の希望リストです。

表5_5 左コントローラのボタン配置希望

ボタン	機能	結びつきの強度	回答比率
X	リロード	並み	20%
Y	とくになし	低い	20%未満
サムスティック - 押し込み	走る/スプリント	並み	26%
サムスティック - 倒し	自由移動	強い	81%
トリガー(人差し指)	射撃	並み	40%
	照準で狙いを定める(ADS)	並み	20%
グリップ(中指)	にぎる/つかむ	強い	70%
メニューボタン	ゲームメニュー	強い	60%

表5_6 右コントローラのボタン配置希望

ボタン	機能	結びつきの強度	回答比率
A	ジャンプ	強い	52%
B	リロード	並み	22%
サムスティック - 押し込み	とくになし	弱い	20%未満
サムスティック - 倒し	自由移動	強い	60%
	カメラの左右回転	並み	25%
トリガー(人差し指)	射撃	強い	75%
グリップ(中指)	にぎる/つかむ	強い	72%
Oculusボタン	リキャリブレート/ダッシュボード	強い	73%

一般的に「決定ボタン」は、Aボタン/Xボタンを押した時に加えて、Touchコントローラーの人差し指にあたるトリガーボタンを押したときに割り当てられます。そのため、家庭用ゲーム機の慣習の延長線上でAボタン「だけ」に決定の機能を割り当てると多くのVRゲームのユーザーからひんしゅくを買うことになります。VRコンテンツを作るにあたってVRゲームのマニアになる必要はありませんが、人気のVRゲームがどのようなボタン配置をしているかをよく確認することで開発者とユーザーのすれ違い事故を予防することができます。

Metaは「ユーザーが慣れているボタン配置と異なる機能性を持たせてしまうことは、ユーザーに不必要な学習コストを要求してフラストレーションを高める恐れがある一方で、ユーザーからの期待が定まっていないボタンは開発者が自由に使う余地がある」と提言しています。他にもシューター系のVRゲームに特化したボタン配置についての解説もあるので、興味のある方はオリジナルの記事をぜひ目に通してみてください。

5-2-5 VRで有効なボタンの使い方

以下の内容は技術的な解説というよりは補足話となりますが、言及されることは少ないものの重要な話として、VRボタンの課題について少し解説します。

課題1:ボタン配置をユーザーが確認しづらい、覚えづらい

VRのコンテンツにおいて、「A/B/X/Yボタンを入力してください」などとユーザーに指示したいことがあります。しかしVRは、右手と左手のどちらのコントローラのどのボタンにそれが割り当てられているのかが、プレイ中は分かりづらいのが難点です。Aボタンは右手の親指の一番近くにあるのでまだわかりやすいですが、それ以外は筆者でも今一つ

おぼろげでさえあります。

これの対応としては、一つ目に「ボタンの役割を左右シンメトリーにする」ことがあります。ボタンの機能をUnityにおけるprimaryButton（右手のAボタンと左手のXボタン）とsecondaryButton（右手のBボタンと左手のYボタン）の2種類とし、A/B/X/Yそれぞれに個別の役割を当てたり呼称したりすることを避ければ「右手／左手の親指の、上にあるボタンと下にあるボタン」という2種類の区分に認知負荷を抑えることができます。

二つ目に、視覚的な対応として「VR内にコントローラをそのまま表示してしまう」ことがあります。これを最大限に活用したVRゲームに『Red Matter 2』（Meta Quest/Steam VR/PS VR2）があり、VRゲーム内でプレイヤーがガジェットとしてVRコントローラに似せたものを持ち運び、ゲーム内でボタンに対応した機能がそのまま表示される、という意欲的なUIをしています（図5_24）。ただし、これを実装するとなるとMeta Quest以外の機種のモデルも用意する必要があるでしょう。

図5_24 Red Matter 2プレイ画面

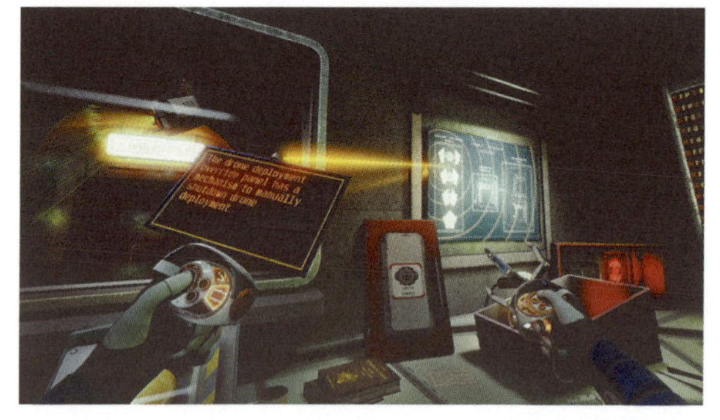

https://www.meta.com/ja-jp/experiences/red-matter-2/3682089508520212

課題2：float、Vector2の情報を活用する機会が限定的

つぎに、VR固有の課題として、VR上で精密・繊細なボタン入力を要求することが適さない場面が多い、ということがあげられます。VRではモーションコントロールによって現実世界における人間の身体のアナログ（あいまいで連続的）な動きをコンピュータに入力できるため、アナログスティックやアナログトリガーで入力のアナログ性を取り入れる操作、トリガーの押し込み具合やスティックの繊細な傾け方を主役にする意義が生じにくいです。

その他、たとえばAボタンを連打することがテーマのVRゲームを作ろうとしても「それはVRでやる必要があるのだろうか」という問題にぶち当たることでしょう。ただ、“不必要”をクリエイティブで突破することも時には重要ですので、作りたいと考えているコンテンツがVRに適しているかどうかを病的に気にする必要もありません。

CHAPTER 6

実践！VR空間でパターゴルフを作ろう

前章ではUnity XRITを使ってモノを掴む方法を紹介しました。この章では掴む動作を使いつつ、ゴルフゲームの実装を通じ、VRゲーム開発の一連の流れを体験してみましょう。

パターゴルフのコアの部分を作ろう

6-1-1 今回作成するゲームのテーマ

本章でゲームの題材にするのはパターゴルフです。パターゴルフゲームを選んだのは以下の理由からです。VRゲーム制作が初めての方でも比較的作りやすい題材だと思います。

- ゴルフクラブを「掴む」「振る」という基本的な動作を使って遊べる
- Unityの物理エンジンを活用することで、ゲームとしての遊びの部分が作りやすい
- ステージ毎のゴールとスコアが明確

パターゴルフの完成プロジェクト（図6_1）はサンプルプロジェクトの下記ディレクトリに用意しました。Golf.unityを再生することでゲーム本体をプレイできます。
Assets/App/Golf

図6_1 完成プロジェクト画面

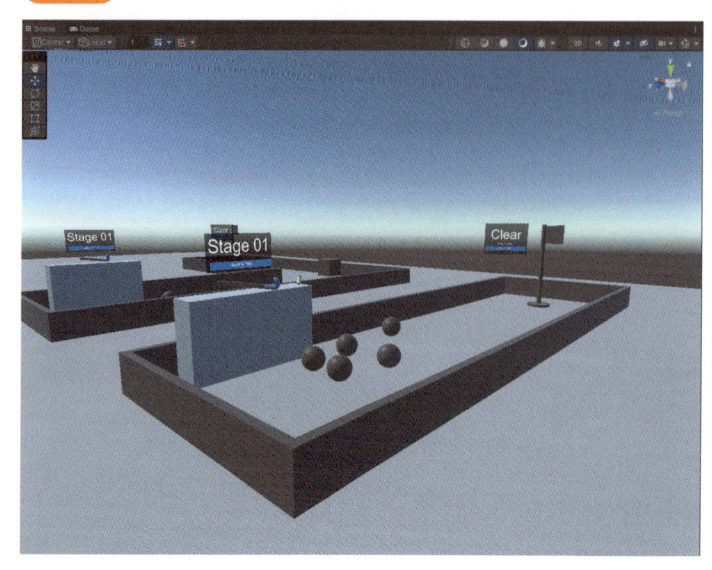

完成プロジェクトの基本操作は以下の通りです。

- 1. ゴルフクラブを掴む
- 2. ボールを打ってゴールを目指します(ボールは一度打つと、完全に静止するまで打つことができなくなります)
- 3.A/Xボタンを押すとゲームが一時停止し、スコアを確認できます
- 4. ボールがゴールに当たるとクリアのUIが表示され、次のステージに進めます

これを各ステージで繰り返す形の構成となっています。ゲームの初めと終わり、また中断時にはタイトルシーンにも遷移できるようになっています。この章に入る前に、まずは一度遊んでみてイメージを掴んでみてください。

ただし、このシーンはあくまで1つの「完成例」で、必ずしもまったく同じ状態を目指す必要はありません。本書を読みながら進めていて分からないことがあった時に覗いてみてもいいですし、よりよいアイデアがあれば自分のシーンに追加してみたりと、自由に活用してください。

6-1-2 素材フォルダの中身を確認しよう

パターゴルフを作るにあたって、まずは基本となる遊びの部分を作っていきます。下記のフォルダに最低限の「材料」を用意しておきました。中身は表6_1のようになっています。このフォルダ内のシーンやアセットを自由に使って、ゴルフゲームを作ってみてください。

Assets/Lectures/Ch06_Golf

表6_1 Ch06_Golfフォルダの中身

Ch06_Task_Game.unity	プレイヤーと最低限のステージが配置されたシーン
Ch06_Task_Title.unity	タイトルシーン
Prefabsフォルダ	プレハブを入れるフォルダ
Scriptsフォルダ	スクリプトを入れるためのフォルダ

試しにCh06_Task_Game.unityを開いて再生してみてください。空間にプレイヤーがいて、手の表示と移動のみができる状態だと思います。ここからゲームを作っていきましょう。

6-1-3 ゴルフクラブを作ろう

それではまず、ゴルフクラブを作っていきます。プリミティブな3Dモデルを組み合わせて、ゴルフクラブの形状をしたプレハブを作っていきましょう。Hierarchyウィンドウ上で右クリックし、Create Emptyを選択してください。名前は「Club」にしておきます。

次にClubの上で右クリック、3D Objects ＞ Cylinderを選択してください。これが柄の部分になります。PositionとRotationを0にし、ScaleをX:0.1、Y:0.5、Z:0.1にします（図6_2）。

図6_2 ゴルフの柄を作成する

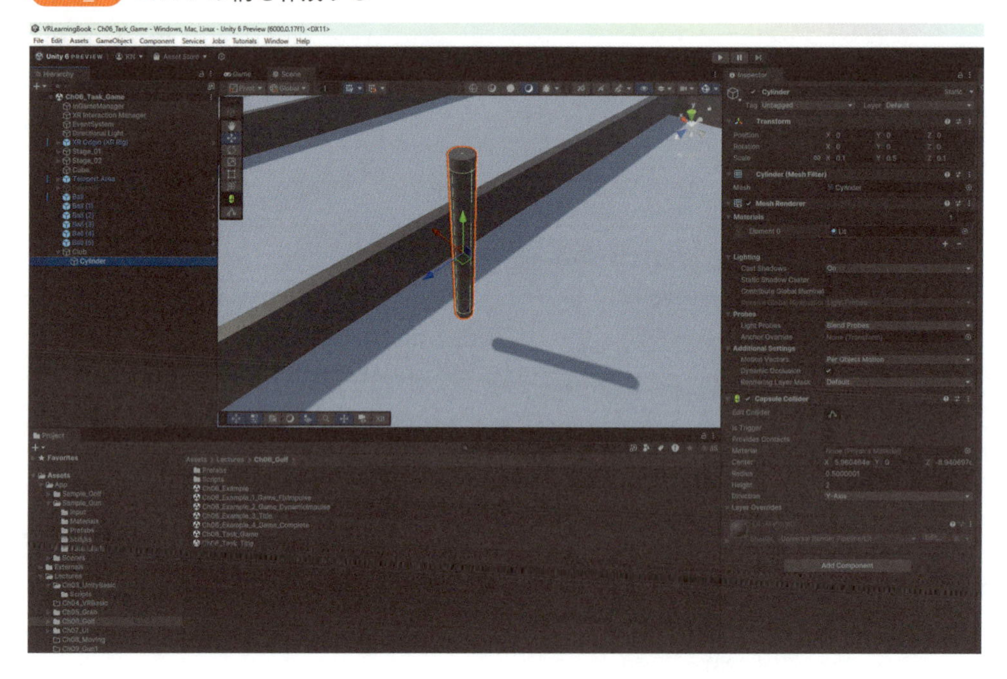

次にヘッド部分を追加します。HierarchyウィンドウのClubの上で右クリック、3D Objects ＞ Cubeを選択してください。TransformのPositionをX：-0.15、Y：-0.4、Z：0、Rotationはすべて0、ScaleはX：0.3、Y：0.2、Z：0.05に調整します。これでゴルフクラブのような形状ができました（図6_3）。あとは実際に使いながら調整をしていきましょう。

図6_3 ゴルフヘッドを追加する

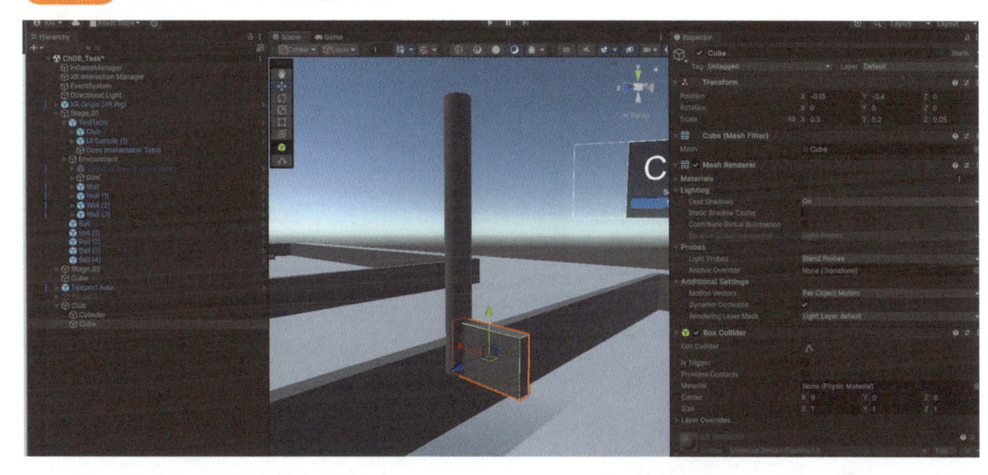

最後に作成したオブジェクトをプレハブ化します。ProjectウィンドウのAssets/Lectures/Ch06/Prefabsフォルダを開き、Hierarchyウィンドウ上でClubをドラッグアンドドロップしてください。図6_4のような表示になれば完了です。

図6_4 ゴルフクラブをプレハブ化

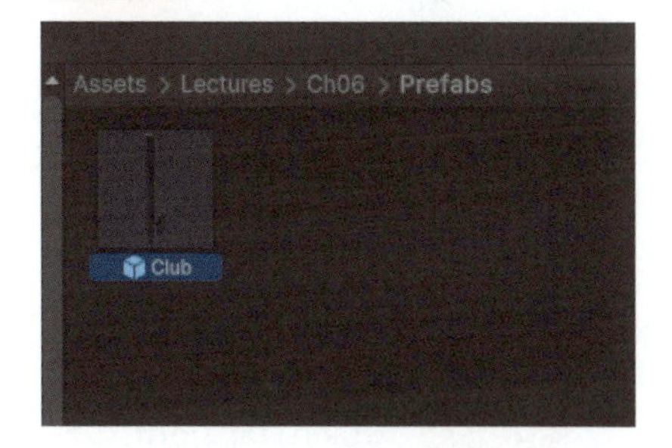

6-1-4 ゴルフクラブを掴めるようにしよう

続いてゴルフクラブを掴めるように、必要なコンポーネントをアタッチしていきます。Projectウィンドウからさきほどのプレハブをダブルクリックするか、Hierarchy上のクラブの右端の矢印をクリック（図6_5）してください。すると、プレハブモードに移行します。この状態で編集したプレハブは、他のプレハブにも状態が反映されます。逆に、Hierarchy上で直接編集をしてしまうと、そのオブジェクトのみしか変更が保存されないため注意してください。

図6_5 右端の矢印をクリックする

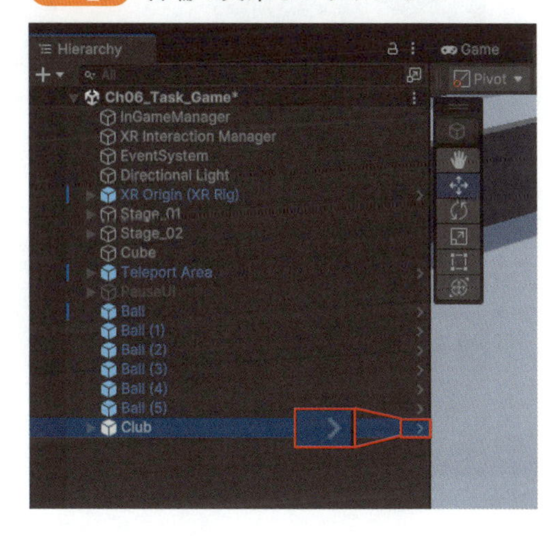

Clubオブジェクトを選択している状態で、InspectorのAdd Componentから、XR Grab Interactableをアタッチします(すると、自動的にRigidbodyもアタッチされると思います)。この状態でシーンを保存して、一度再生してみましょう(図6_6)。

図6_6 シーンを再生する

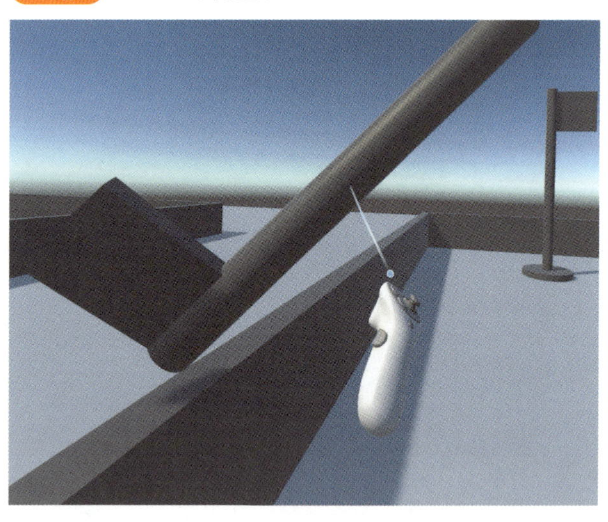

掴めるようにはなりましたが、掴んでいる位置が中央近くに来てしまっています。また、遠くから掴むと手から浮いた形で固定されてしまっています。

これを改善するため、まずは掴む位置を設定してみましょう。Clubを再度プレハブモードで開き、AttachTransformという空のGameObjectを子に設定してください。これが手でつかむ位置になります。Scene上でAttachTransformの座標を移動させ、柄の自然な位置になるように調整してください(図6_7)。

図6_7 AttachTransformの座標を修正する

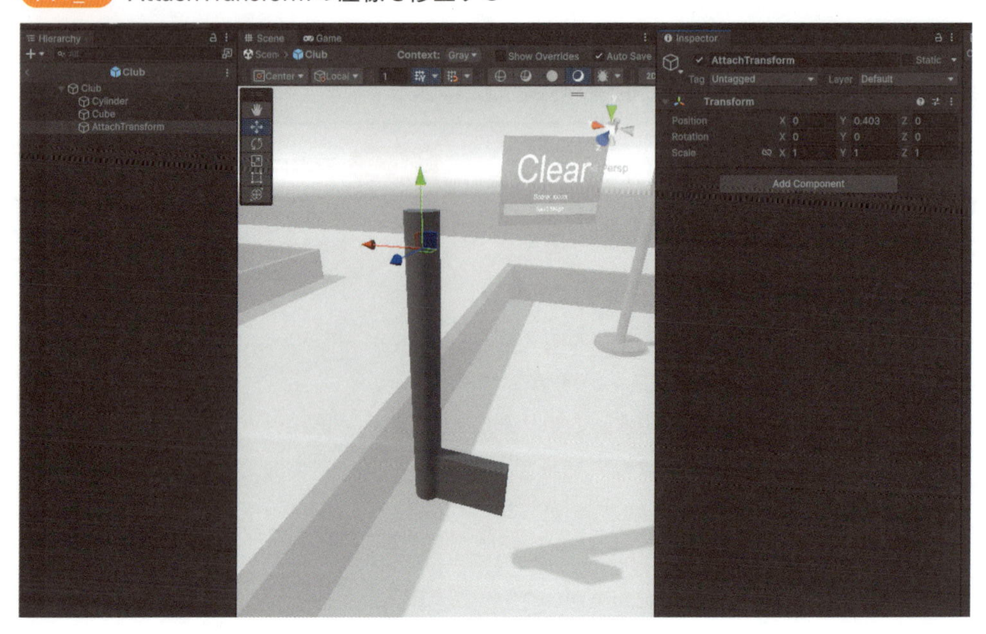

次に、このClubのXR Grab Interactable上に、今作成したAttachTransformをゴルフクラブに紐づけします。Clubを選択した状態でAttachTransformをドラッグし、XR Grab Interactableの「Attach Transform」という項目にドロップしてください。

次に、遠くで掴んでもゴルフクラブが手元に近づいてくるように設定をします（これは、前章でやりましたね）。同じくXR Grab Interactableの中にある「Far Attach Mode」という項目を見てみます。これは離れた場所にあるオブジェクトを掴むときの設定になっています。これをNear（近づける）に変えてください（図6_8）。

ちなみに、デフォルトで設定されている「Defer To Interactor」はInteractorの設定に合わせるという意味です。XR Rig内のプレイヤープレハブに含まれるNear-Far Interactor側の設定を変えることで、デフォルトのアタッチモードを変更することもできるので、ゲームの種類によって考えてみてください。

さて、再び再生して挙動を確認してみましょう。今度は柄の位置を掴むことができ、また遠くから掴んでも正しく近くに呼び寄せることができました。しかし、今度は角度に違和感があると思います（図6_9）。

図6_8 XR Grab Interactableの設定を変える

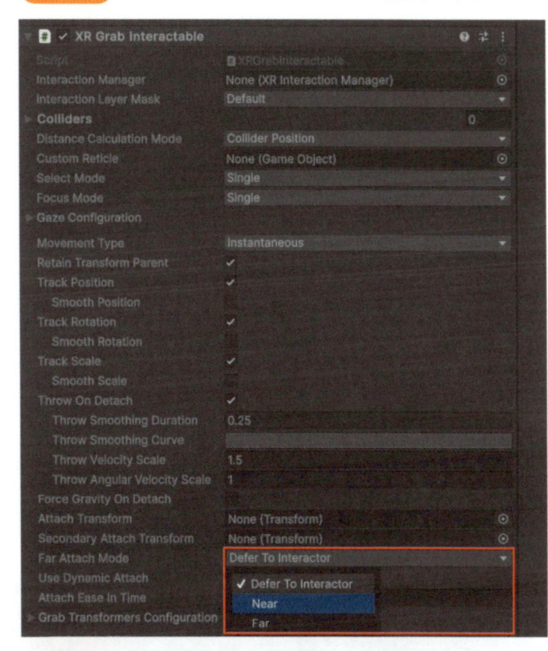

図6_9 現状のゴルフクラブの持ち方

クラブと腕の向きが垂直の関係になっていますね。ゴルフをするときの姿勢を思い浮かべてみると、腕の向きに対して平行にクラブを持つ形が自然だと思います。そこで、今度は掴んだ時の角度を調整してみましょう。Clubをプレハブモードで開き、AttachTransformの角度を図6_10のようにX：120、Y：-90、Z：0に調整します。

図6_10 持つ角度を調整する

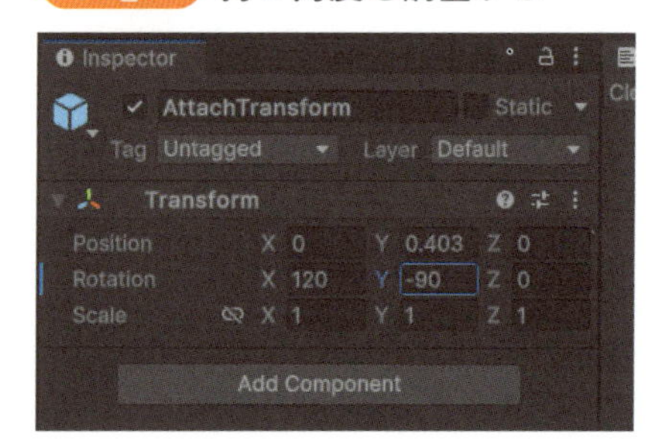

シーンを再生してみると、今度こそ自然な角度でクラブがつかめる状態になっていると思います（図6_11）。あとは、ご自身に合わせてゴルフクラブの大きさを調整してみてください。プレハブのScaleで調整ができます（図では分かりやすくするために、人型のオブジェクトを追加して撮影しています）。

図6_11 自分の身長に合わせて微修正する

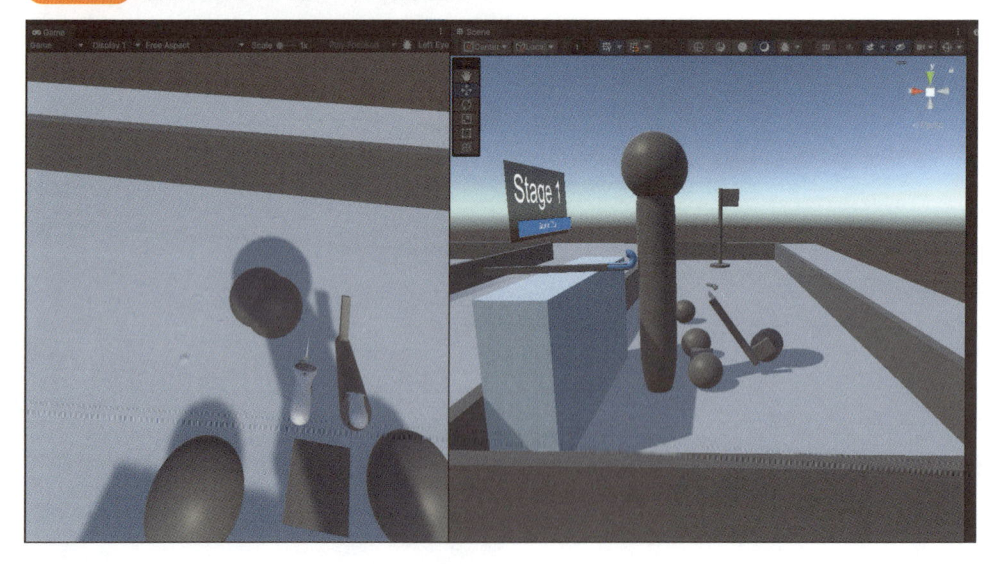

これでゴルフクラブを用意できました。スクリプトを書かなくても、最低限の動きはXRITで作成できることが伝わったと思います。XR Grab Interactableにはたくさんの設定項目がありますが、そのままでは意味が分かりづらいものもあるので、最新のドキュメントを参考にいろいろといじってみてください。

https://docs.unity3d.com/Packages/com.unity.xr.interaction.toolkit@3.0/manual/xr-grab-interactable.html

6-1-5 ボールを打てるようにしよう

ボールのプレハブを作る

　さて、次にボールを作っていきましょう。ゴルフクラブの時と同様に基本図形を使ってボールを作成します。といっても、今回は3D Object > Sphereをそのまま使えばOKです。Ballという名前にリネームし、Prefabsフォルダにドラッグアンドドロップしておきましょう（図6_12～13）。

図6_12 ボールを作成する

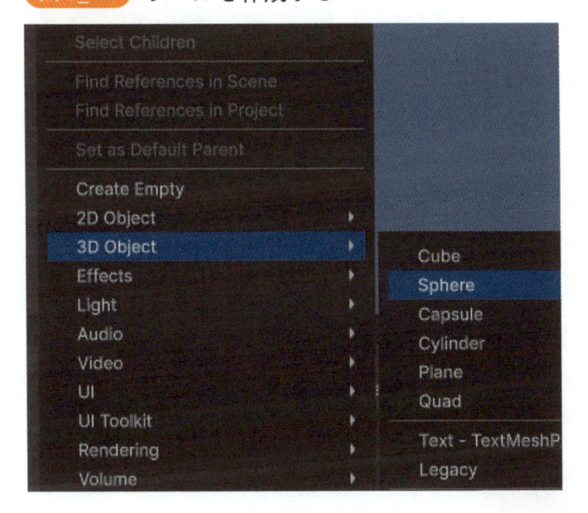

図6_13 Prefabsフォルダに置く

　ボールのサイズを調整します。ボールをプレハブモードで開き、ScaleをX、Y、Zすべて0.3くらいに合わせます。実際のボールよりはかなり大きいですが、VRで操作するならある程度大きい方が扱いやすいと思います。ちなみに、Scaleの右側にある割っか2つのアイコンをクリックしておくと、XYZのどれか一つをいじるだけですべての値を連動させてくれるようになります。（図6_14）便利な機能なのでぜひ使ってみてください。

図6_14 わっかアイコンの位置

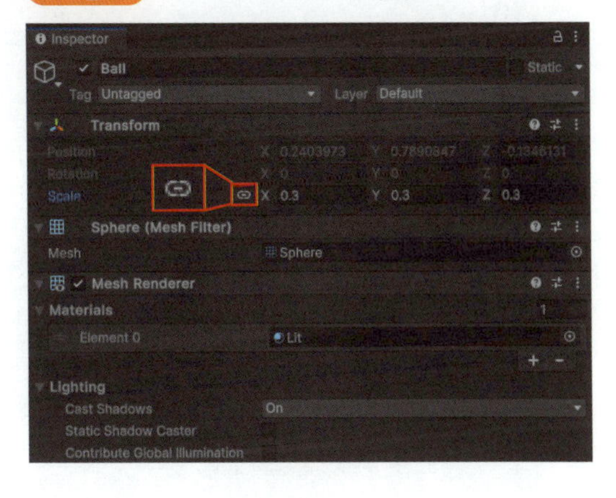

次に、ボールに物理挙動の設定をします。今回はプレイヤーが直接ボールを触ったり掴んだりしない想定とするため、XR grab Interactableは付与しません。ということは、Rigidbodyが自動で付与もされないので、プレハブモードで開いた状態でBallを選択し、Attach ComponentからRigidBodyを手動で追加してください。これで、ボールが転がったり、重力が効く状態になりました。

図6_15 ボールにTag付けする

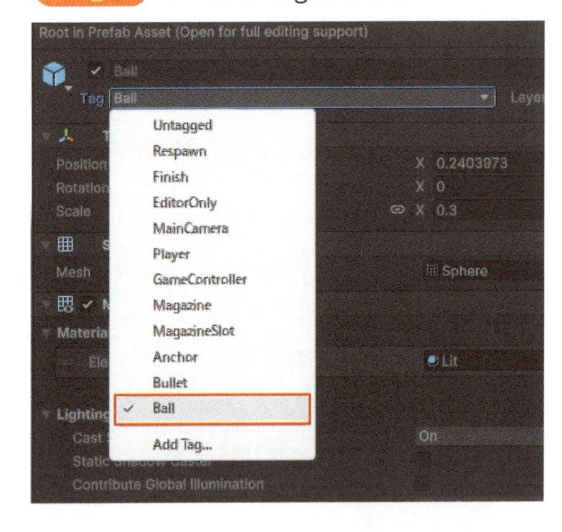

また、Tagも設定しておきましょう。Tagとは、ゲームオブジェクトを分類するために付けるラベルのようなもののことです。プレハブを選択した状態でInspectorウィンドウからTagをBallに設定します（図6_15）。今回のサンプルプロジェクトではあらかじめBallタグが追加済みでしたが、新規プロジェクトの場合は「Add Tag」から追加しておく必要があります。

最後にボールをステージ上に配置しましょう。動作確認をやりやすくするため、ステージ上に複数個を配置しておくといいでしょう。ボール同士が重ならないよう、適度に間隔をあけて配置してみてください（図6_16）。

図6_16 ボールをステージに配置する

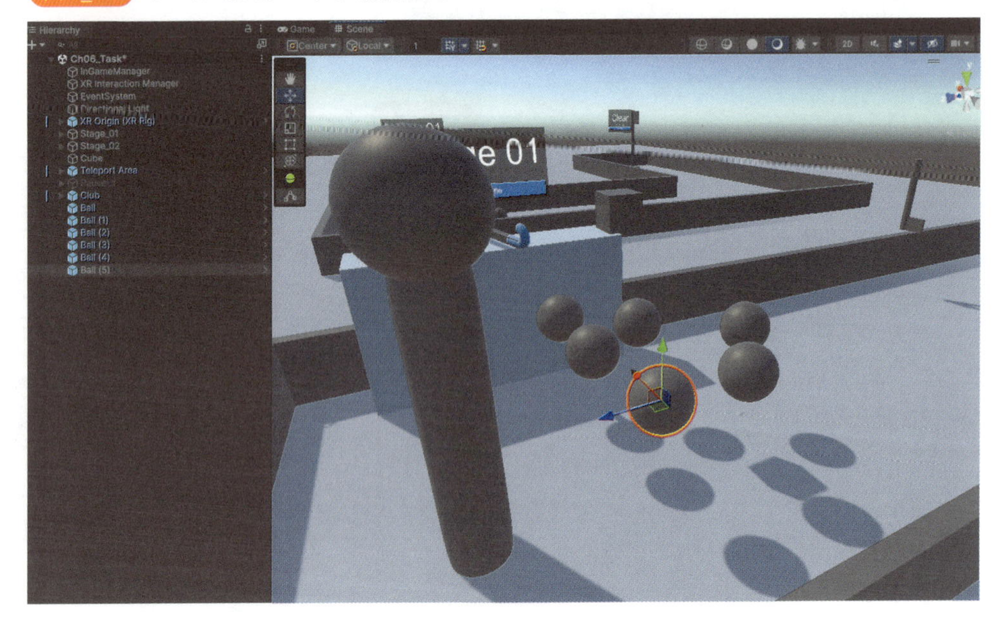

クラブでボールを打ってみる

さて、では試し打ちをしてみましょう。シーンを再生し、早速ゴルフクラブでボールを打ってみましょう。

いかがでしょうか？　少しイメージとは違う動きをしたんじゃないかなと思います。違和感の原因はこのあたりでしょうか。

- ボールにあたった時の動きがもったりしている
- 早く振るとすり抜ける

物理エンジンの挙動は現実の挙動をある程度簡単に再現してくれますが、思い通りの動きにならなかったり、ゲームらしい気持ち良い動きにならないこともよくあります。そこで、ショットの瞬間に少しわかりやすくインパクトを与える形に修正したいと思います。こういった複雑な修正の場合、スクリプトを書く必要がでてきます。

ボールが飛ぶようにしよう

ゴルフクラブにぶつかったボールが勢いよく飛んでいくスクリプトを書いてみましょう。まずは振った時の勢いなどは考慮せず、クラブがボールに衝突したときに一定のパワーで飛ぶようにしてみます。

まずはClubのプレハブを開き、ヘッド部分のBox ColliderのIsTriggerにチェックを入れておきましょう（図6_17）。かんたんな説明に留めますが、「Collider（コライダー）」とはいわゆる当たり判定を制御するための機能です。IsTriggerをオンにすると、Clubが他のオブジェクトと衝突しなくなるため、ボールと接触した時にはすり抜けるような挙動になります。これには今までの衝突による物理挙動とスクリプトによる制御が二重に働かないようにする意図があります。

図6_17　Is Triggerのチェックを外す

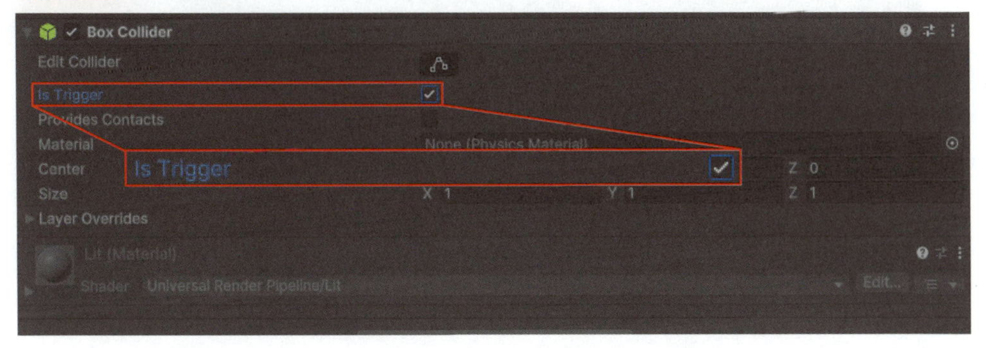

なお、クラブの柄の部分のCapsule ColliderのIsTriggerは、チェックはしないようにしてください。これにチェックをすると、手がクラブをすり抜けてしまい、クラブを手で掴めなくなってしまいます。また念のため、ショットの時のボールに干渉しないようにCapsule Colliderのセンター位置をY：0.5に調整し、柄の上のほうしか手で掴めない／柄の下のほうにボールが当たってもすり抜けるようにしておきましょう（図6_18）。

図6_18 Capsule Colliderの位置を調整

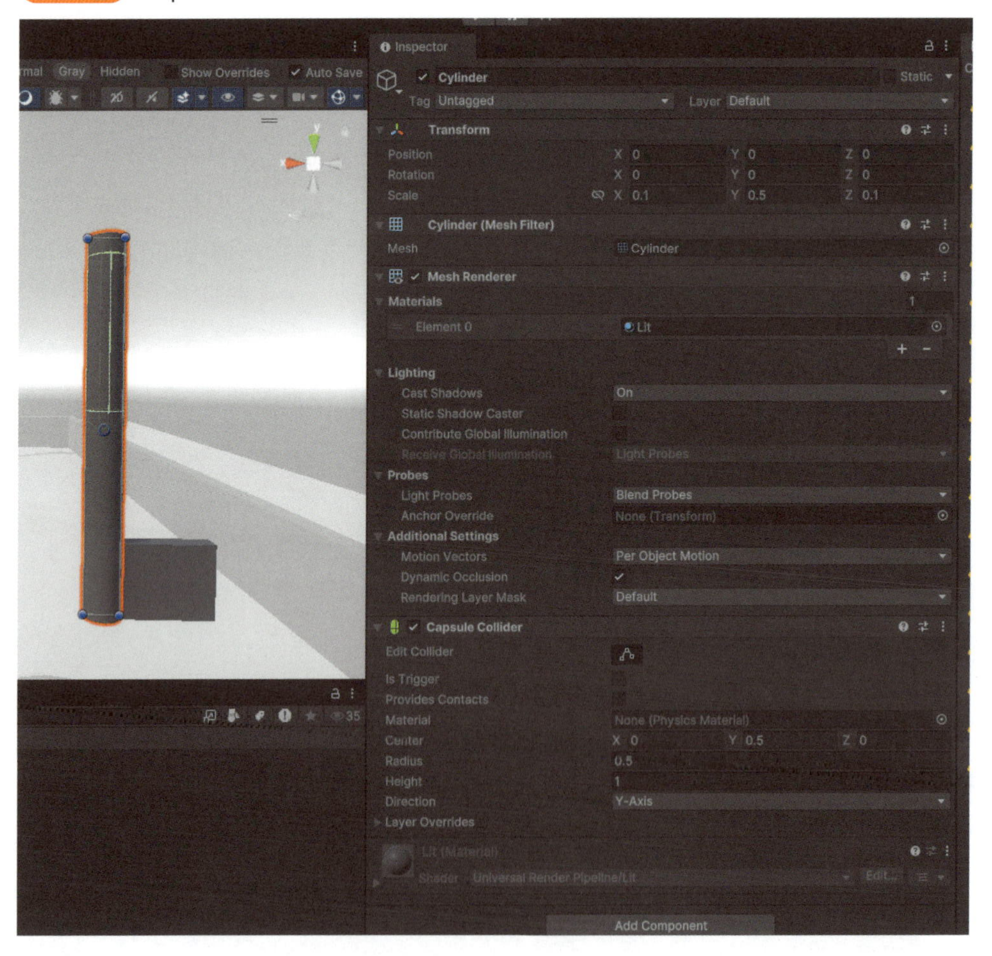

次にScriptsフォルダにClubというスクリプトを追加し、下記のように書き換えてください。

コード6_1 ボールを飛ばすスクリプト

```
01 public class Club: MonoBehaviour
02 {
03     [SerializeField] float power = 10;
04 
05     void OnTriggerEnter(Collider other)
06     {
07         // ボール以外は無視
08         if (!other.CompareTag("Ball"))
09         {
10             return;
11         }
12 
13         var ballRigidBody = other.gameObject.
   GetComponent<Rigidbody>();
14         // ボールが移動中は叩けない
15         if (ballRigidBody.linearVelocity.sqrMagnitude >
   Mathf.Epsilon)
16         {
17             return;
18         }
19 
20         // クラブの正面方向を力の方向とする
21         var velocity = -transform.forward;
22         ballRigidBody.AddForce(velocity * power,
   ForceMode.Impulse);
23     }
24 }
```

スクリプトの中身では、Unityの物理エンジンからBallとClubというオブジェクト同士の衝突を検知するために、イベント関数を記述しています。

コード6_1（部分）

```
05    void OnTriggerEnter(Collider other)
```

Unityで接触を検知するためには、OnCollision~関数を使う場合とOnTrigger~関数を使う場合の大きく二つの方法があります。スクリプトなどで指定をしない場合、通常のコライダーの衝突ではOnCollision~関数が呼ばれるのですが、IsTriggerにチェックが入っているコライダーが衝突した場合は、代わりにOnTrigger~関数が呼ばれます。今回はクラブが衝突しないようにIsTriggerを有効にしているため、後者のOnTrigger~関数を使うことにします。

OnTriggerEnterは、Triggerオブジェクト内に他のオブジェクトが接触したことを検知するための関数になっています。引数のotherは、接触したオブジェクトの参照が入っています。

次に、コードの以下の部分を見てください。クラブはボールに対してインパクトを加えたいため、ボール以外には何もしないようにしておきたいです。そこで、接触したオブジェクトのtag情報をみて、ボール以外の時はreturnするようにしています。

コード6_1（部分）

```
07        // ボール以外は無視
08        if (!other.CompareTag($"Ball"))
09        {
10            return;
11        }
```

ボールに勢いを加える箇所は以下です。

コード6_1（部分）

```
13        var ballRigidBody = other.gameObject.
   GetComponent<Rigidbody>();
14        // ボールが移動中は叩けない
15        if (ballRigidBody.velocity.sqrMagnitude > Mathf.
   Epsilon)
16        {
```

```
17              return;
18          }
19
20          // クラブの正面方向を力の方向とする
21          var velocity = -transform.forward;
22          ballRigidBody.AddForce(velocity * power, ForceMode.
    Impulse);
```

13行目でボールのRigidbodyを取得しています。Rigidbodyは少し前に設定した、GameObjectに対して物理挙動を加えるためのコンポーネントです。

14～18行目では、力を加えられない状態を判定しています。実際のゴルフ同様に、ボールが転がっている間は干渉できないようにしています。

20行目では、力を与える方向を定義しています。理想的には振りかぶった向きを取得したいところですが、今回は簡易的にクラブの正面方向にしています。

21行目が実際に力を加える処理です。AddForceという関数を使うと、スクリプトから物理の力を加えることができます。直接座標を動かしている訳ではなく物理挙動用の力を加えている点がポイントで、ボールが飛んだ先で壁などにぶつかった際にもきちんと物理挙動に従って跳ね返ったりしてくれます。第二引数のForceMode.Impulseは、一度だけ力を加えるという意味です。

また、加える力の大きさはpowerという変数で調整できるようにしています。この辺りはSerializeFieldという形で記述しています。これによりInspecter上に「power」の変数を記述する欄が加わるようになり、いちいちスクリプトを開くことなく、Hierarchy上からも調整することができます。実際にシーンをプレイしながら、適切な値を探ってみてください。

コード6_1（部分）

```
03      [SerializeField] float power = 10;
```

さて、これでクラブをボールにぶつけると勢いよく飛んでくれるようになりましたが、今のままだと手の勢いが反映されません。そこで、次のように書き換えて、実行してみましょう。

コード6_2 勢いを反映させるスクリプト

```
01 public class Club: MonoBehaviour
02 {
03     [SerializeField] float basePower = 2f;
04     [SerializeField] float swingSpeedMultiplier = 2f;
05     [SerializeField] float minimumSwingSpeed = 0.05f;
06 
07     Vector3 previousPosition;
08     Vector3 currentVelocity;
09 
10     void Start()
11     {
12         previousPosition = transform.position;
13     }
14 
15     void Update()
16     {
17         // クラブの速度を計算
18         currentVelocity = (transform.position - 
   previousPosition) / Time.deltaTime;
19         previousPosition = transform.position;
20     }
21 
22     void OnTriggerEnter(Collider other)
23     {
24         // ボール以外は無視
25         if (!other.CompareTag("Ball"))
26         {
27             return;
28         }
29 
30         var ballRigidbody = other.gameObject.
   GetComponent<Rigidbody>();
```

```
31	        // ボールが移動中は叩けない
32	        if (ballRigidbody.linearVelocity.sqrMagnitude > 
Mathf.Epsilon)
33	        {
34	            return;
35	        }
36	
37	        // クラブヘッドの速さを計算
38	        float swingSpeed = currentVelocity.magnitude;
39	
40	        // 最低速度未満の場合は打撃をキャンセル
41	        if (swingSpeed < minimumSwingSpeed)
42	        {
43	            return;
44	        }
45	
46	        // クラブの正面方向を力の方向とする
47	        var direction = -transform.forward;
48	
49	        // クラブの振りの速度を力に反映
50	        float totalPower = basePower * (1f + swingSpeed * 
swingSpeedMultiplier);
51	
52	        // ボールに力を加える
53	        ballRigidbody.AddForce(direction * totalPower, 
ForceMode.Impulse);
54	
55	        // デバッグ用(必要に応じて)
56	        Debug.Log($"Swing Speed: {swingSpeed}, Total 
Power: {totalPower}");
57	    }
58	}
```

ゴルフクラブを小さく動かすとボールが小さく動き、大きく動かすと大きく動くようになりました。いわゆるゴルフゲームらしい動きになったと思います。コードの内容を見てみましょう。書き換えたコードでは、手を振った勢いとしてcurrentVelocityを計算しています。手を振った勢いは、前フレームの位置と比較してどのくらい移動したかという情報を、時間で割ることで割り出しています。

コード6_2(部分)

```
09      Vector3 previousPosition;
10      Vector3 currentVelocity;
11
12      void Start()
13      {
14          previousPosition = transform.position;
15      }
16
17      void Update()
18      {
19          // クラブの速度を計算
20          currentVelocity = (transform.position - 
    previousPosition) / Time.deltaTime;
21          previousPosition = transform.position;
22      }
```

速度を出すためには「動いた距離 ÷ 時間」を計算する必要があります。ここでいう時間は前フレームから現在のフレームの間で経過している時間です。これは現在のFPSによって異なり、60FPSで動いている場合は1秒／60フレーム≒0.0166666667、72FPSで動いている場合は1秒／72フレーム≒0.0138888889となります。この数字はTime.deltaTimeという変数に入っているので、この値を使って速度を計算したのがcurrentVelocityになります。

この速度をショットに反映させているのが次の部分となります。

コード6_2(部分)

```
39          // クラブヘッドの速さを計算
40          float swingSpeed = currentVelocity.magnitude;
41
42          // 最低速度未満の場合は打撃をキャンセル
43          if (swingSpeed < minimumSwingSpeed)
44          {
45              return;
46          }
47
48          // クラブの正面方向を力の方向とする
49          var direction = -transform.forward;
50
51          // クラブの振りの速度を力に反映
52          float totalPower = basePower * (1f + swingSpeed * 
    swingSpeedMultiplier);
53
54          // ボールに力を加える
55          ballRigidbody.AddForce(direction * totalPower, 
    ForceMode.Impulse);
```

currentVelocityはVector3型として作成されています。Vector3とはUnityに用意されているデータ型で、座標やベクトルを表現するためによく使われます。ベクトルは向きと大きさを持ちますが、気持ちの良い動きにするため今回は大きさ(=スイングの速度)だけを使う形にしています。Vector3ではmagnitudeというメンバー変数で計算された値を取得できるので、この値を使いましょう。

この値を使って、totalPowerという値を計算しています。速度がそのまま反映されてしまうと自由すぎてしまうため、basePowerに対して補正する形で適用しています。このあたりの数字も調整しやすいよう、SerializeFieldアトリビュートをつけています。

6-1-6 クリアパートを作ろう

遊びを作る編の最終パートではクリアを作ります。ここではステージ単位でのクリア判定を作ってみましょう。

ゴール判定を作成する

まずはゴール用に、新しいプレハブを作ってみましょう。クラブと同じ要領で、3Dオブジェクトを組み合わせて旗のような形を作ってプレハブ化しておきましょう（図6_19）。

図6_19 旗を作る

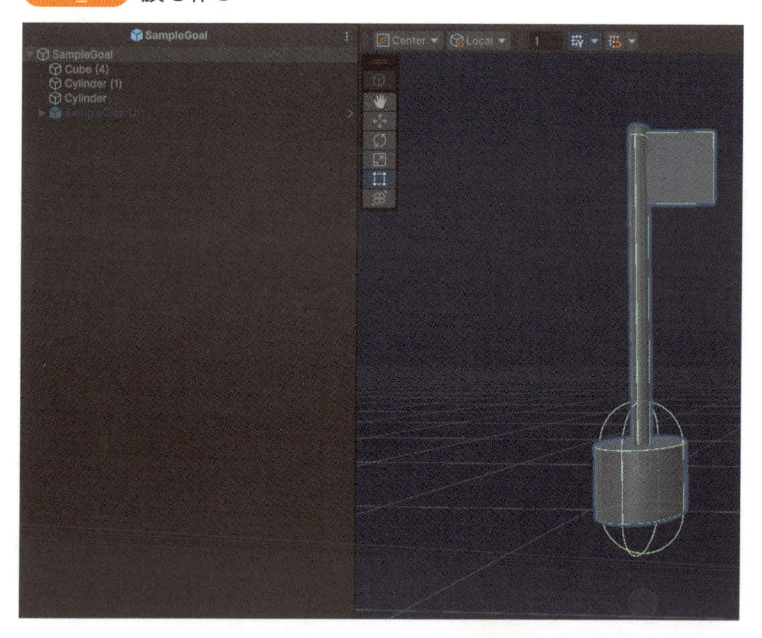

続いて、ゴールしたことをプレイヤーに知らせるためのUIを追加します。とはいっても、UIについては次章で改めて解説するので、今回は事前に用意してあるプレハブを使用します。Assets/Lectures/Ch06/Prefabs/SampleClearUI.prefabを、Goalプレハブ内にドラッグアンドドロップして追加し、位置調整をしておきましょう（図6_20）。

図6_20 UIの位置調整をする

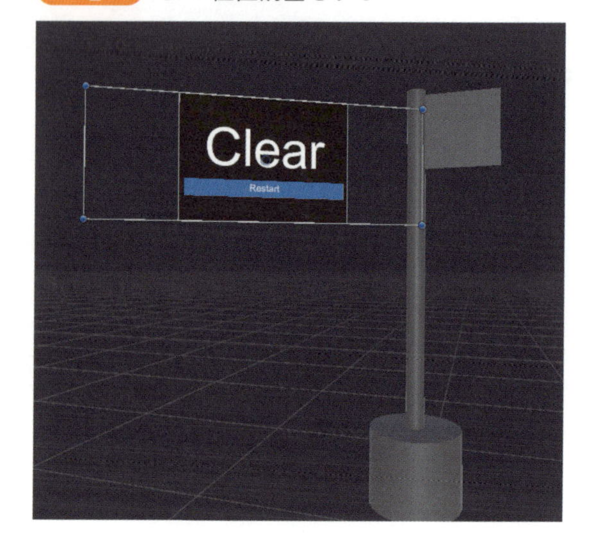

続いて、Goalというスクリプトを作成し、次のように書き換えてください。

コード6_3 Goal判定を行うスクリプト

```
01 /// <summary>
02 /// ゴールの当たり判定を行うクラス
03 /// </summary>
04 public class Goal : MonoBehaviour
05 {
06     [SerializeField] GameObject resultUI;
07 
08     void Start()
09     {
10         resultUI.SetActive(false);
11     }
12 
13     void OnCollisionEnter(Collision other)
14     {
15         if (!other.gameObject.CompareTag("Ball"))
16         {
17             return;
18         }
19 
20         Debug.Log("ステージクリア");
21         resultUI.SetActive(true);
22     }
23 
24     public void GoToTitle()
25     {
26         SceneManager.LoadScene("Ch07_Example_3_Title");
27     }
28 }
```

ほとんど今までの応用で出来ています。クリアの判定をしている部分はOnTriggerEnterで、衝突したオブジェクトがボールであればステージクリアとしています。

さらに、クリアしたことをプレイヤーに伝えるため、resultUIというオブジェクトに対して.SetActive(true)という操作をしています。これは、シーン上でUnity上のGameObject

の表示非表示を切り替えるためのメソッドです。引数にtrueを渡すと表示、falseを渡すと非表示になります。オブジェクトを破棄しているのではない点がポイントです。クリアした瞬間に、resultUIが表示されるように切り替えたいので、Start関数で以下の様に記述することで、あらかじめ非表示状態で初期化をしています。

コード6_3(部分)

```
08        void Start()
09        {
10            resultUI.SetActive(false);
11        }
```

このスクリプトを、先ほど作成したゴールプレハブにアタッチします。ここで一点注意してほしいのが、ゴールプレハブそのもの(親オブジェクト)ではなく、その中の当たり判定を付けたいオブジェクト(子オブジェクト)に対してアタッチする必要があることです。今回の場合は、土台として作成しているCylinderにつけておきました。最後に、ゴールプレハブのGoalコンポーネントのResultUIに対して、先ほど追加したSampleClearUIの参照を設定してください(図6_21)。

以上を設定できたらステージ上に配置し、実際にプレイしてみましょう。ボールを当ててクリアのUIが表示されたら成功です。クリアがあることでゲームのプレイに目的が生まれ、どうやってクリアをするかや、最短何手でクリアができるかなどの遊びに派生してきます。これで、「ボールを打ってゴールに当てる」という、最低限の遊びの部分が完成しました(図6_22)。

図6_21 参照を設定する

図6_22 クリアのUIが出たら成功

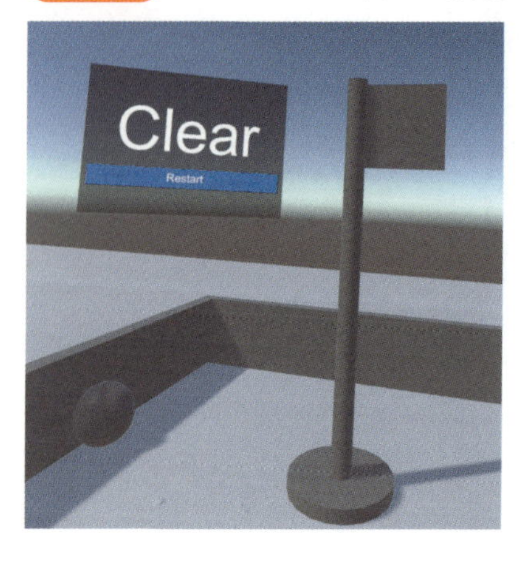

CHAPTER 6

2 ゲームの流れを作ろう

一般的なゲームはタイトル画面から始まり、ゲームをプレイし、クリア後には別のシーンへ遷移します。Chapter6の最後には、そんなシーンの流れを作ってみましょう。

6-2-1 ステージを自分で作ってみよう

現状は目の前にすぐゴールがあるステージのみですが、少し複雑なステージもあるとよりゲームらしくなります。ここで、サンプルの完成プロジェクトも見ながら、自分でいくつかオリジナルのステージを作ってみてください。

Prefabsフォルダに、壁用のSampleWallというプレハブを用意しておきました。1つポイントとして、これは低い壁に見せかけて、コライダー（衝突判定）がかなり高いところまで設定されています（図6_23）。

図6_23 コライダー(緑の部分)を高くしている

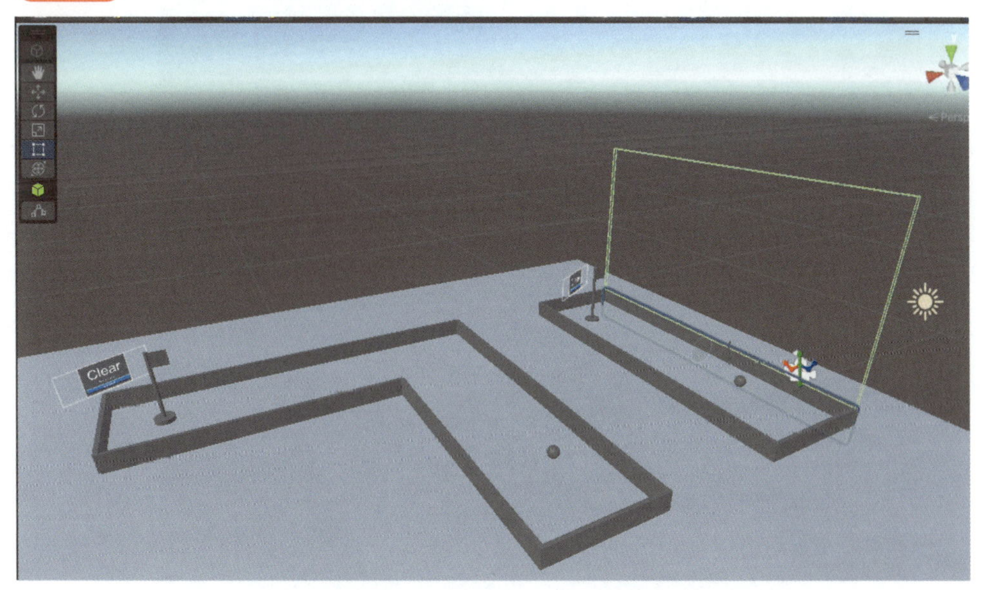

実際に壁が少ないステージを配置して遊んでみると分かるのですが、今回のゲームは、ボールを打ち上げてしまうと簡単にステージ外に飛んでいってしまいます。しかし、「打ち上げたボールが、壁に跳ね返って返ってくる」というほうが、ゲームとしてはダイナミックで面白いですよね。一方で、壁自体を高くしてしまうとボールを打つ際にかなり邪魔になります。そこで、見た目上は低い壁なのですが、実際には上まで当たり判定が続いているプレハブを作成しました。

ちなみに、Unity上のオブジェクトはすべて、「レイヤー」という機能を用いて任意に分類わけをすることができます（新規に作成したオブジェクトは、基本的に「Default」レイヤーに割り当てられます）。そして、各オブジェクトごとに、どのレイヤーと当たり判定が反応するかどうかを設定できます（図6_24）。この壁のコライダーはボールには衝突しますが、プレイヤーはすり抜けるようになっています。ゴルフゲームの主役はボールなので、プレイヤーはステージの地形にかかわらず自由に位置調整ができるような工夫になっています。

SampleWallやGoalを配置してオリジナルのステージができたら、このステップは完了です。

図6_24 レイヤーごとの当たり判定

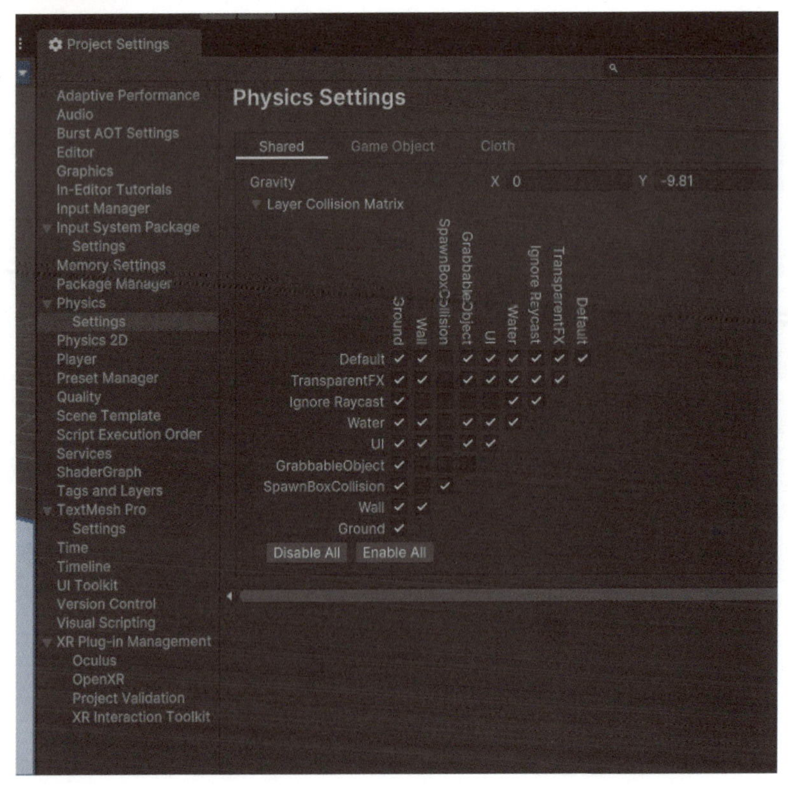

6-2-2 シーン遷移を作ろう

次にシーン遷移を作ってみましょう。タイトル画面を作り、先ほどのゲームシーン間で遷移できるようにしてみます。通常はタイトル画面用の新規シーンを作成するところから始めるのですが、今回はサンプルプロジェクトに入っているCh06_Task_Title.unityを使いましょう。

まず、ScriptフォルダにTitleManager.csを作成し、下記のように書き換えてください。

コード6_4 シーン遷移処理を行うスクリプト

```
01 using UnityEngine;
02 using UnityEngine.SceneManagement;
03 
04 public class TitleManager : MonoBehaviour
05 {
06     public void GoToGame()
07     {
08         SceneManager.LoadScene("Ch06_Task_Game");
09     }
```

このスクリプトは、GoToGame()メソッドが呼ばれると、シーン遷移処理が行われるようになっています。LoadSceneの引数に、遷移させたいシーン名を指定できます。

次に、シーンCh06_Task_Title.unityをProjectウィンドウから開きます。このシーンには、「Putter Golf Title」および「Start」というテキストが表示されているオブジェクトが、最初から作成されています。このシーンに空のオブジェクトを作成し、TitleManagerと名前を付けてください。先ほどのスクリプト、TitleManager.csを、今作ったTimeManagerにアタッチしておきます。

続いて、オブジェクトの「Start」ボタンを押した時に、GoToGame()メソッドが呼ばれるようにします。HierarchyウィンドウでCanvas > Group > SampleButtonを選択してください。InspectorからButtonコンポーネントを探し、その中のOnClickに対して設定をしていきます。これは、ボタンが押された時に実行されるイベントを登録することが出来る機能です。Onclick右下のプラスボタンをクリックし、先ほどのTitleManagerを追加します。ドロップダウンから今回実行するメソッド、TitleManager/GoToGame()を探して設定します(図6_25)。

この状態でシーンを再生してみましょう。目の前にあるStartボタンをレイでクリックすることで、ゲームシーンに遷移することが確認できると思います。

図6_25 GoToGame()を設定する

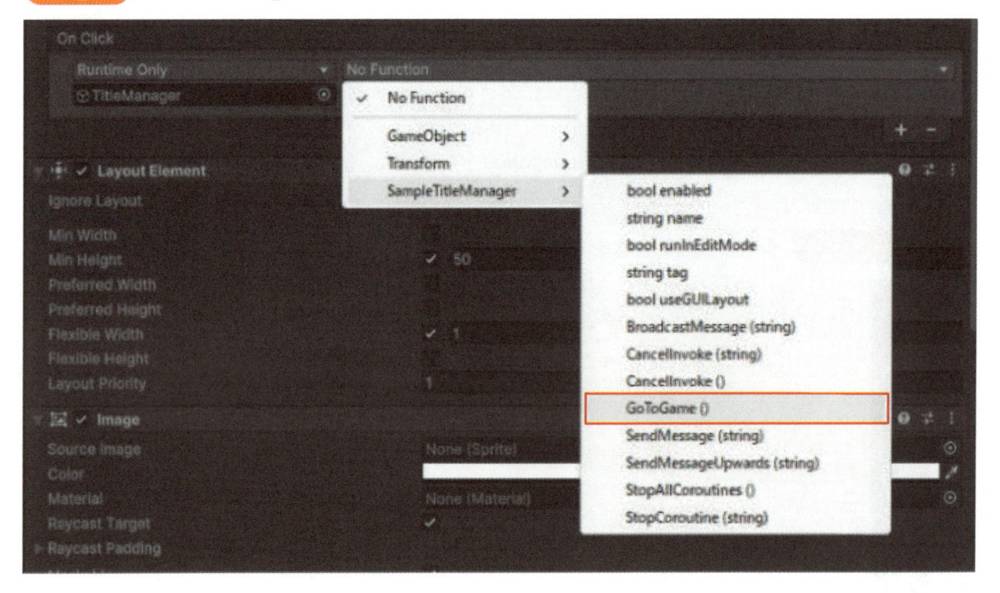

ゲームシーンからは、クリア後に表示されるボタンをクリックすることでタイトルシーンに遷移できるようにあらかじめしてあります。これで一通りの遷移ができるようになり、ゲームの一連の流れができるようになりました。

なお、VRでシーン遷移をする際には注意することがあります。一般にUnityでのシーン遷移は、次のシーンのデータなどを読み込む必要があるため、フレームレートが極端に下がることがあります。これは、VR酔いにつながる可能性があるため、慎重に実装する必要があります。詳しくはChapter10でも説明しているので、そちらもぜひ見てみてください。

今回作成したゴルフゲームをもう少し作りこんだ最終形をCh06_Example_4_Game_Complete.unityに用意しておきました。ステージを作りこんだり、スコアを表示してみるとよりゲームとしての面白さがましていくと思います。余裕があればぜひ自分で作ったゴルフシーンを作りこんでみてください。

CHAPTER 7

VRにおける UIの基本を学ぼう

ゲームにおいてかかせない要素の一つに、UIがあります。特にVRゲームにおいては、プレイヤー自身がゲームの世界に入り込んでいるという特徴上、通常のゲームよりも考えるべき点が変わります。そんなUIの種類を学んだうえで、シンプルなUIを作ってみましょう。

CHAPTER 7-1 VRでよく使われるUIを学ぼう～Diegetic UI

7-1-1 そもそもUIってなんだろう

本章では、VRにおけるUIについてかんたんに説明します。UI(User Interface)はアプリ開発においてよく使われる用語で、もっぱら「ユーザーが目にしたり触れたりする情報」と説明されます。ゲーム業界のUIといえば「プレイヤーの体力ゲージのバー」や「モバイルゲームのガチャの誘導と設計」についての解説を聞いたことのある方もいるのではないでしょうか。ざっくり区分けすると、ゲームにおけるUIは「プレイヤーに必要な情報を与える視覚的なサイン」と「プレイヤーの行動を制御する誘導およびインタラクション」の2種類の文脈で語られることが多いです。

VRゲームと平面のゲームの決定的な違いは、「VRの世界にあるものはすべて存在する」ことです。平面のゲームの画面端に映る体力ゲージは、ゲームの世界の中には存在しておらず、プレイヤーにだけ見えている情報のはずです(比喩的な意味だけではなく、内部処理も大抵そうなっています)。ゲームの世界が窓の向こう側に見える景色とするならば、UIは窓そのものに貼られているシールや落書きのようなものです。プレイヤーの目からは窓の向こうの景色と窓に貼られたシールは視覚的には同じ場所に映っていますが、プレイヤーは窓に貼られたシールを窓の向こうの景色とは別物だと認識できます。

しかし、VRというのは基本的にはプレイヤー自身がゲームの世界に入り込むわけです。そうなると、プレイヤーとゲームの世界を仕切る窓が存在しないので、ゲームの世界の中そのものにUIを配置する必要があるわけです。このようなUIのことを、Diegetic UI(ダイエジェティックUI)といいます。先ほどのChapter6で使用した、「Clear」と表示される看板も、Diegetic UIの一つです。

7-1-2 Diegetic UIの基本

Diegetic UIはVRゲームならではのものではなく、平面のビデオゲームでも歴史があるものです。Diegetic UIを取り上げるとき、必ずといっていいほど例に出されるゲームが『Dead Space』(EA, 2008)です。Dead Spaceは宇宙にある閉鎖空間を舞台としたサバイバルホラーで、主人公はずっと宇宙服のようなアーマーを着ています。この主人公が着ているアーマーの背骨の部分に縦長の体力ゲージが取り付けられているのです(図7_1)。プレイヤーがアイテムを整理したり買い替えたりするときのショップも、あくまで作中にある自動販売機とそのホログラムのモニターを操作することで実現しています(図7_2)。「プレイヤーにUIと認識される情報やサインは、ゲーム内の世界にもきちんと存在している」ルールを徹底することで、プレイヤーはゲームっぽい記号(UI)に邪魔されず、ゲームの世界に没頭できます。

図7_1 Dead Spaceプレイ画面(公式サイトから引用)

https://www.ea.com/ja/games/dead-space/dead-space-classic

図7_2 Dead Spaceショップ画面(公式サイトから引用)

https://www.ea.com/ja/games/dead-space/dead-space-classic

この『Dead Space』の例は、体力ゲージは「ゲームの世界に元から存在しているもの」とし、ショップやインベントリーは「ゲームらしいUIをゲームの世界の中に持ち込んでいる」として、違和感がないようにしていると言えるでしょう(「背中にゲージがある設計では、装着者は見れないのでは」という疑問は置いておきます)。

最低限でもUIを「なじませる」工夫は必要

『Dead Space』はSF世界を舞台としています。そのため、「体力ゲージ」などまるでゲームのようなUIと、ゲーム内世界との親和性がありました。しかし、ファンタジーや歴史を題材としたゲームでDiegetic UIを実装しようとするとどうなるのでしょうか？　体力ゲージをそのまま実装するわけにはいかず、工夫が必要になるはずです。ただ、案が思いつかない場合は、無理にゲーム内の世界に溶け込ませずとも、フォントや色をゲーム内の世界に馴染ませることで割り切る必要があるかと思います。

今述べた「馴染ませる」は、VRゲームでも同様です。たとえばChapter6のパターゴルフで使用したCLEARウィンドウは、サンプルのためあくまでごくシンプルなものを使用していましたが、「CLEARという表示とともに、ゴルフの成績表が表示される」といったUIにすると、よりゴルフらしいUIに変わるでしょう。2024年7月に発売された『進撃の巨人VR: Unbreakable』では、ゲーム内のオプションやゲームステージの選択を「本に書いてあるUIをペンでタップする」という操作として実装していました。本ではなくタブレット端末であったり単なる平面のUIだったりしても機能面としては変わりませんが、本にすることで、進撃の巨人の世界に近づくように合わせており、これも馴染ませるための工夫といえます。オリジナルのゲームを制作する際は、市販のゲームの工夫も参考にしつつ、その世界観らしいUIを作ってみることを心がけましょう。

CHAPTER 7

2 UnityでUIを作ってみよう～uGUIの基本

それではここからは、VRにおける代表的な2種類のUIを、Unityでシンプルに作ってみます。

7-2-1 ステージ固定のUIを作ってみよう

まずは前章で使用したCLEARウィンドウのような、ステージ固定の簡単なUIを作ります。UI作成には、Unity標準UIシステムuGUIを用います。これは通常2D画面での操作が想定されていますが、XR Interaction Toolkitを使うことで、VRでも操作が可能になります。

なお、Unityは新しいUIシステムとしてUI Toolkit(旧UI Element)をリリースしていますが、2025年2月時点では、3D空間に配置する機能(World Space)に正式対応していません(※)。本書では、uGUIベースでの解説をします。

※UI Toolkitのロードマップ上ではWolrd Spaceへの対応が進行中になっています
https://portal.productboard.com/rcczqdfvurr8zuws3eth2ift/c/290-display-ui-in-world-space

サンプルプロジェクトのCh07_Task.unityシーンにはあらかじめ、課題用のオブジェクトとカメラがセットアップされています。こちらを使いながら試すことをオススメします。

UI/Canvasを作成しよう

まずはHierarchyウィンドウ上で右クリックして、UIを配置するCanvasというオブジェクトを作成します。通常のゲームの場合はUI ＞ Canvasを用いるのですが、XR Interaction Toolkitが導入済みの場合はVR用にセットアップされたCanvasを使うのがオススメです。XR ＞ UI Canvasをクリックしましょう(図7_3)。

図7_3 UI Canvasをクリックする

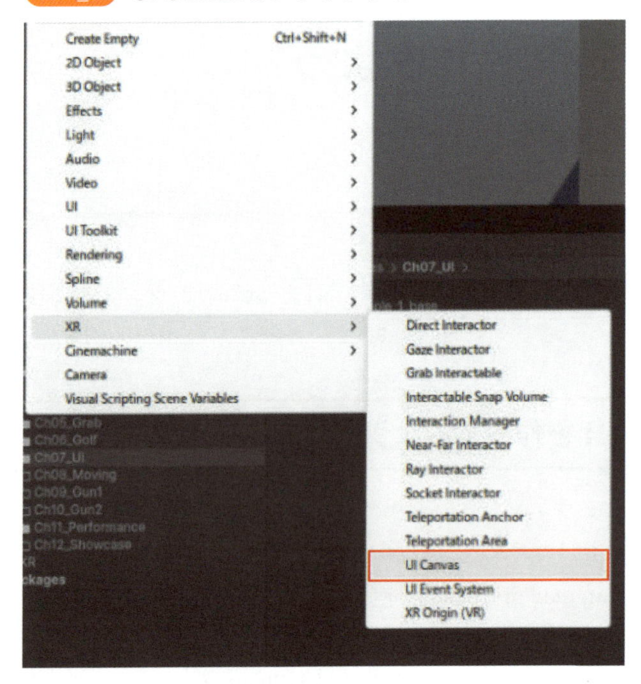

選択すると、CanvasとEventSystemが自動的に作成されます。次に、Canvasの大きさを設定しておきます。Canvasを選択してInspectorウィンドウを開き、RectTransformのWidthを800、Heightを500にしましょう（図7_4）。

図7_4 Canvasの大きさを修正する

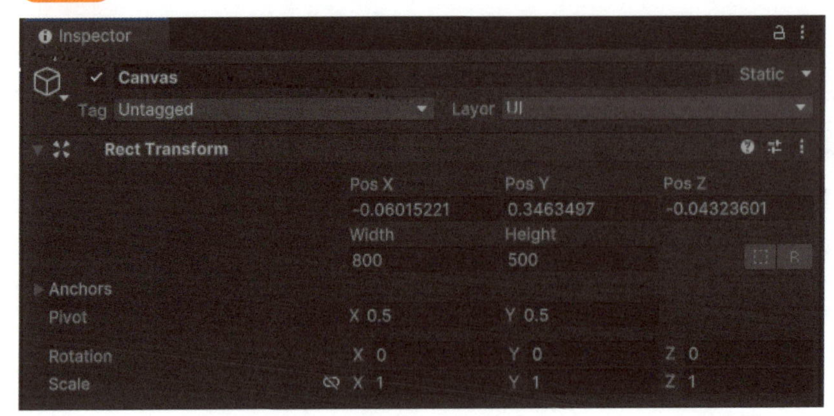

Canvas内の設定を見てみよう

Canvasを作ったら、InspectorウィンドウからCanvas内の設定を確認し、どこがVR向けにカスタマイズされているのかを見てみましょう。

Canvasには、Render Modeという設定が用意されています。これは、「そのCanvasが何を基準に描画するか」を決める設定で、Screen Space(画面基準)とWorld Space(空間基準)の大きく2種類が用意されています。通常のゲームの場合は前者のScreen Spaceを使うことが多く、ゲーム画面に対して固定位置で表示されます(たとえば「真ん中にCanvasを表示する」と決めたら、カメラの位置が変わっても、それに追従してゲーム画面上の真ん中にCanvasを映し続けます)。ただしVRにおいてはこのScreen Spaceは使用できないため、XR用にセットアップされたCanvasではWorld Spaceという、3D空間上に配置できるようにする(≒Diegetic UIにする)モードが選択されています(図7_5)。

図7_5 Render Modeを確認する

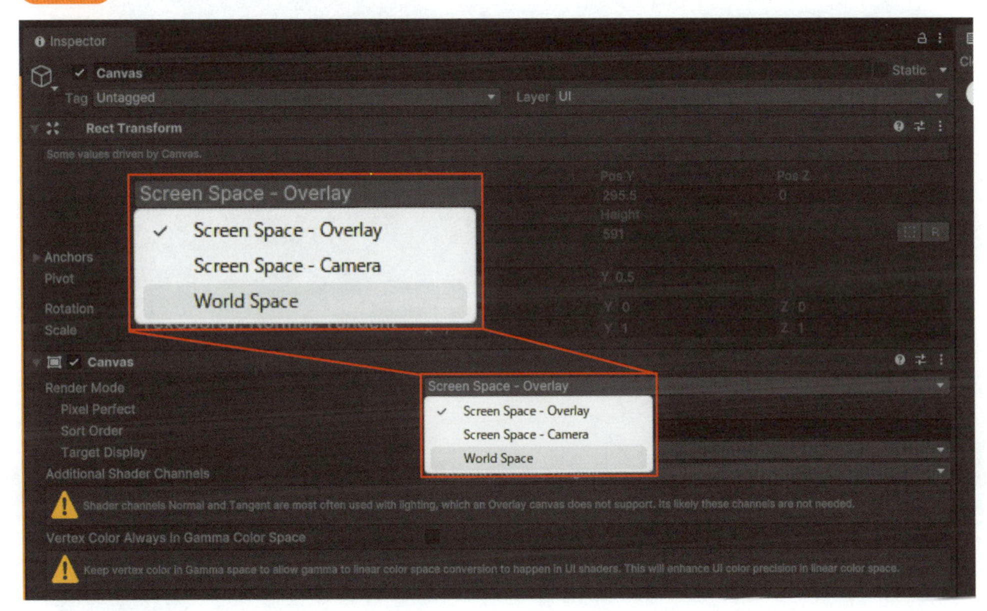

また、VR用にセットアップされたCanvasには、通常のCanvasのコンポーネントに加えて、Tracked Device Graphic Raycasterというコンポーネントがアタッチされていることも確認してください。このコンポーネントにより、uGUIがコントローラー越しの入力操作(ボタンのクリックやスライダー操作など)を受け取ることができるようになります。

Event Systemについても軽く確認しておきます。これは、プレイヤーから受け取った入力をUIに対して送信するために作成されるGameObjectです。通常のUIに付随して作成されるEvent Systemは、2D用の入力モジュールがデフォルトでアタッチされているのですが、XR用のEvent Systemの場合は代わりに、XR UI Input ModuleというXR用の入力モジュールがアタッチされています（図7_6）。

図7_6 Event Systemの中身

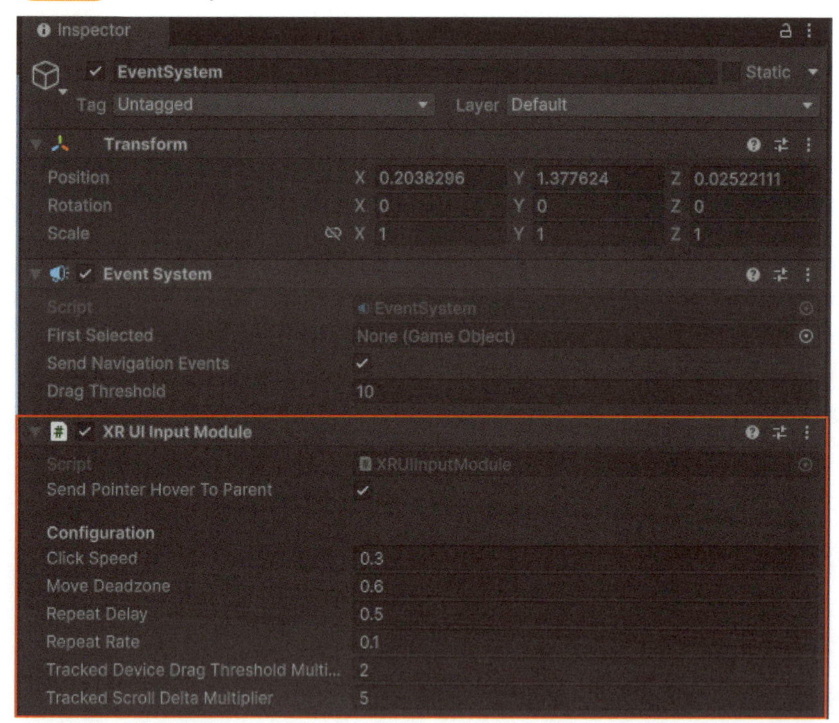

UIの位置調整をしよう

それでは、UI位置の調整をしましょう。Sceneビューを見ながら、自分にとって見やすい位置に来るように修正をしてみてください。調整の際にはRect Tool（図7_7）を選択しておくと、UIの表示領域が分かりやすくなるのでオススメです。なおuGUIでのレイアウト設定方法は慣れが必要なのですが、ひと言で言うと親UIとの相対座標を使って配置していくことが多いです。ただ、その操作方法はVRゲーム制作も一般的なゲーム制作も同様のため、本書では割愛します。公式情報やインターネット検索、別書籍などを参照してください。

図7_7 Rect Toolの場所

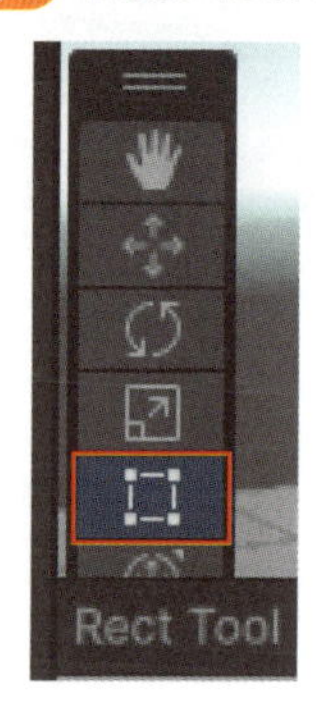

COLUMN UI位置調整の際のおススメ設定

ゲーム制作の工程において、制作が進んでからもUIを微調整したいこともあると思います。そんなときは、いくつかの設定をUI向けに切り替えると調整がしやすくなります(図7_8)。

- 2Dモード：XY平面を垂直にみた角度になります。Canvasは通常、XY平面上に配置するため、この設定によりUIを真正面から確認できるようになります。Canvas自体をXY平面から傾けて使用している場合には視認性がむしろ下がる恐れがあるため、状況に応じてオンオフを切り替えてください
- エフェクトボタン：SkyBoxなどのレンダリングエフェクトを非表示にできます

図7_8 2Dモードとエフェクトボタン

テキストと背景画像を設定しよう

続いて、Canvas上で右クリックをしてUI/Text- TextMeshProを追加します。Left、Right、Top、Pos Z、Bottomはすべて0にし、アンカーの位置をstretch／stretchにしてください(図7_9)。続いてテキストに「Hallo World」と入力し、テキスト色は青、Alignment(整列位置)が中央に来るように設定します(図7_10)。

図7_9 uGUIのText位置を調整する

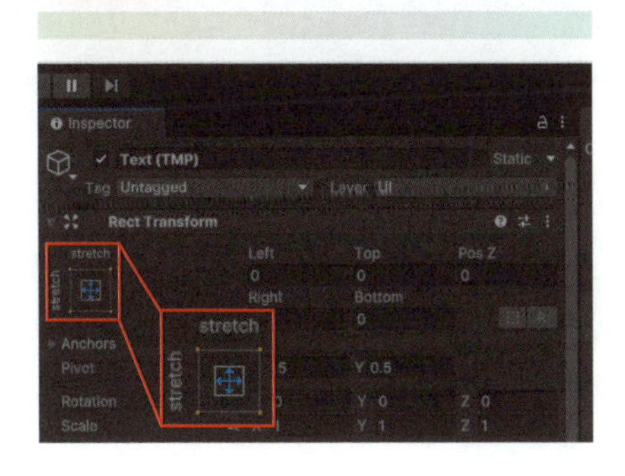

図7_10 整列位置等を調整

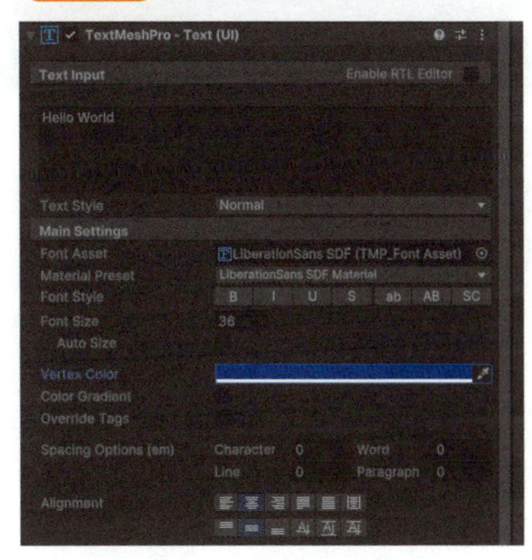

また、表示範囲を見やすくするために、背景に画像も配置しておきましょう。HierarchyウィンドウのCanvasの上で右クリックをして、UI/Imageを選択してください。「Image」というGameObjectができたら、それをHierarchyウィンドウ上でドラッグアンドドロップして、Text(TMP)の上に移動させておきましょう。uGUIでは下側に配置されているオブジェクトは手前に表示される仕様になっているため、この操作をしないと正しく背景が表示されません(図7_11)。

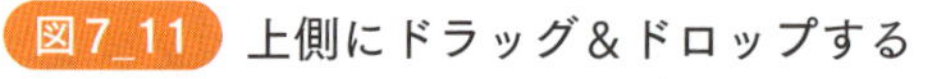
図7_11 上側にドラッグ&ドロップする

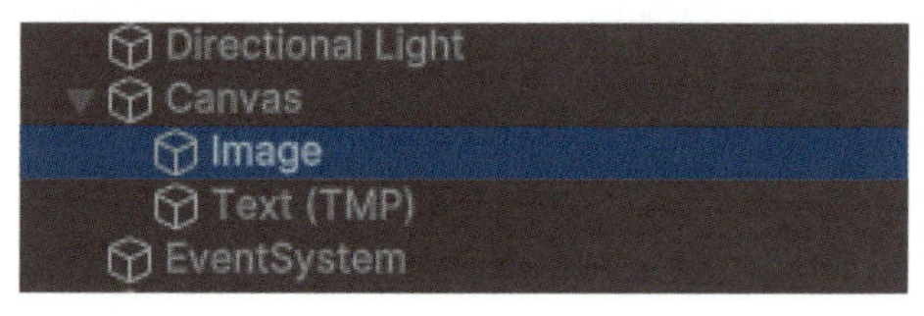

続いて、Imageの背景色を設定します。ImageのImageコンポーネント上、Colorに好きな色を選択してください。位置・サイズも、UI画面にぴったり合うように設定してみます(図7_12)。

図7_12 背景色とサイズを設定する

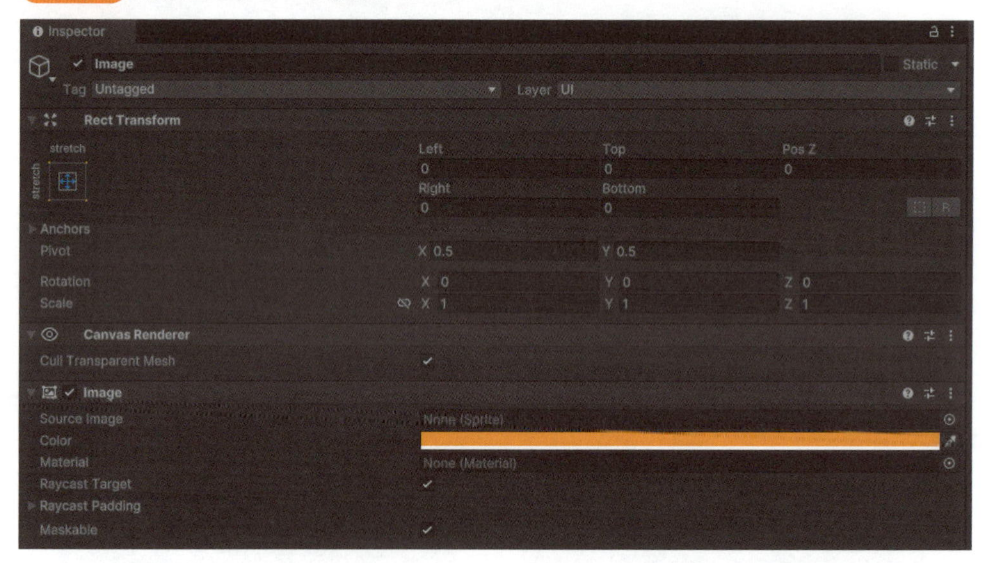

Canvas自体の3D空間上での位置も調整していきます。World SpaceのCanvasはそのままだと大きすぎるので、Scaleを調整します。World Spaceにおいては、表示したいCanvasの幅(メートル)÷表示したいCanvasのpxが、Scaleに入れるべき数値になります。たとえば1m幅で1000pxのUIを表示させたい場合は1/1000=0.001の倍率になります。表示させたいサイズに応じて調整してみてください。

https://docs.unity3d.com/ja/2023.2/Manual/HOWTO-UIWorldSpace.html

例では分かりやすいように、1m四方の箱を作り、その上部にUIを配置してみました（図7_13）。この状態でVRでプレビューをしてみましょう。VRで空間上にUIが表示されている様子が確認できると思います（図7_14）。

図7_13 Canvasの位置を調整する

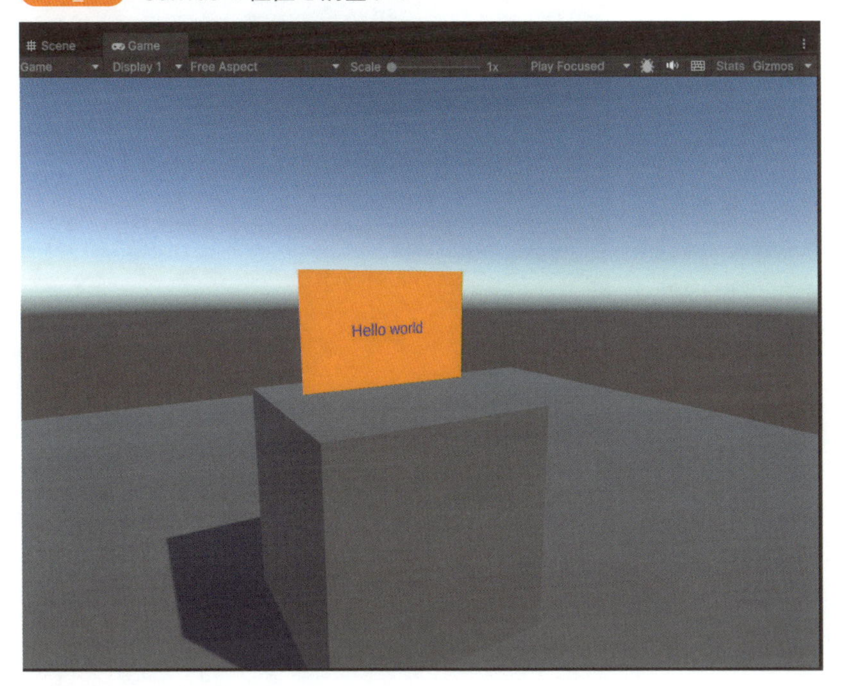

図7_14 VR上でのプレビュー画面

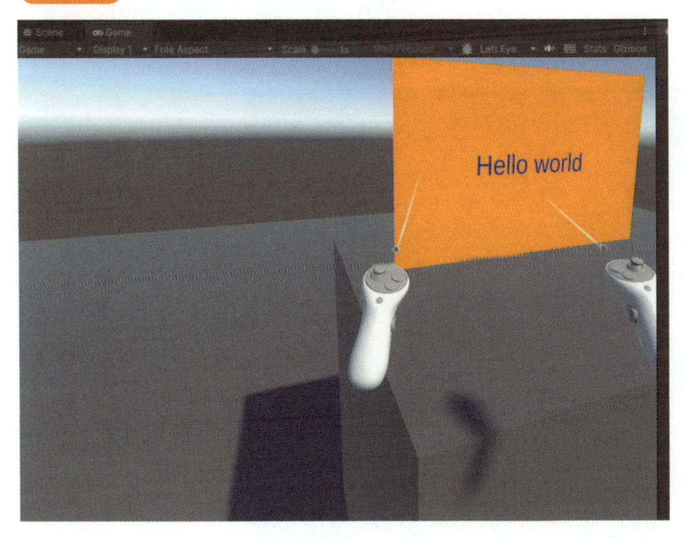

UIにボタンを配置しよう

図7_15 空GameObjectにVertical Layout Groupを追加

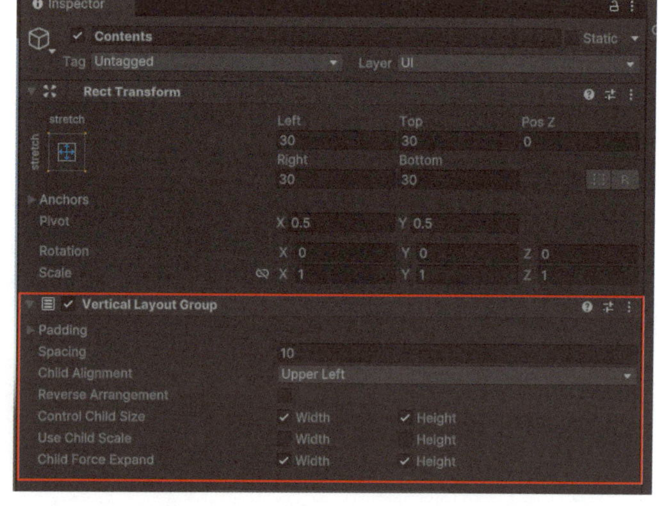

次にボタンを配置してみましょう。テキストとボタンをいい感じに配置するため、Vertical Layout Groupを使います。これは文字通り、オブジェクトを自動で垂直方向(Vertical)に整列配置してくれる機能です。Canvas上で右クリックをしてCreate Emptyを選びます。次にInspectorウィンドウでVertical Layout Groupをアタッチし、図7_15のようにパラメータを調整してください。

次に、「Hello World」テキストを今追加したVertical Layout Group以下に移動させてください。さらに、ボタンを追加します。Vertical Layout Group上で右クリックをして、UI/Button - TextMeshProを選択・追加してください(図7_16)。Vertical Layout Groupによって自動で垂直に配置されるはずです。ボタンの色やテキストサイズも、調整しておいてください。

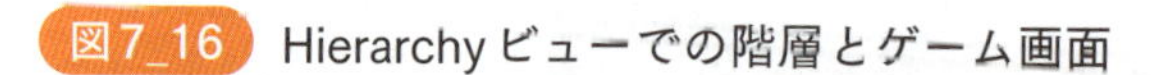
図7_16 Hierarchyビューでの階層とゲーム画面

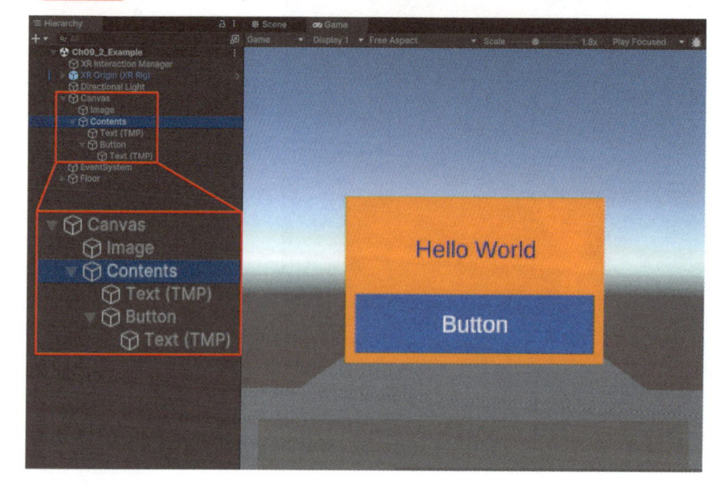

この状態でVRモードで動作確認してみましょう。コントローラーのレイをCanvas上にあるButtonに向けるとフォーカスされ、トリガーを引くことでボタンが反応するようになりました(図7_17)。このように、XR Interaction Toolkitを使うことでVRでも通常のuGUIのシステムを2D同様に扱えるようになります。

図7_17 VR上でのプレビュー画面

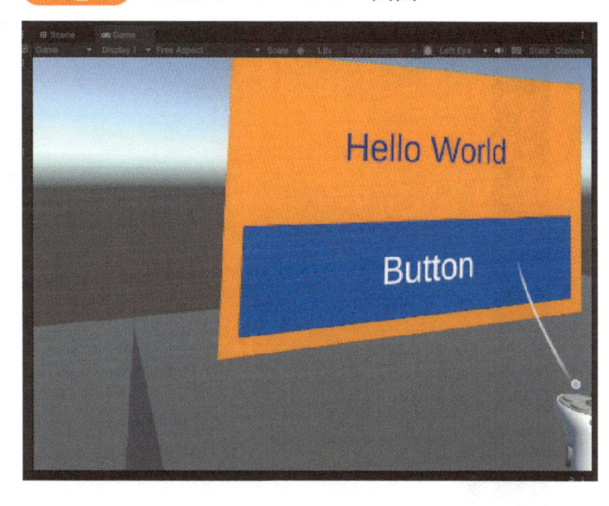

7-2-2 視点固定のUIを作ろう

先ほどは空間上に固定されたUIを作成しましたが、次は視界に固定されるUIを作成していきます。これはあまりVRに適したUIではないかもしれませんが、常に表示したいHUD系の情報やポーズメニュー・警告表示など、視界に固定した方が便利な場面(もしくは都合がいい場面)は存在します(図7_18)。

図7_18 追従してくるUIの見え方

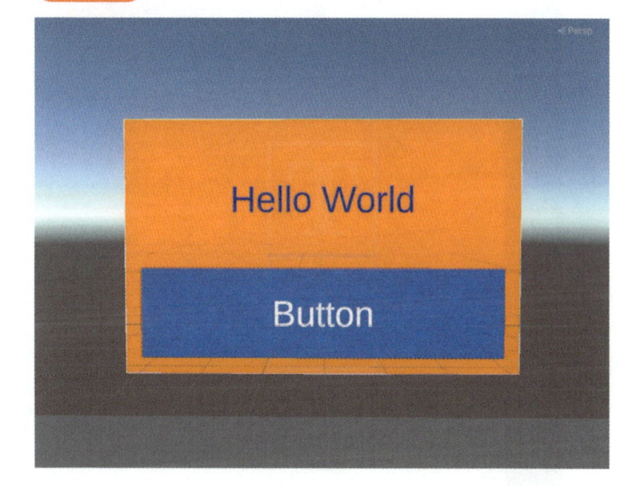

追従スクリプトを作成しよう

早速作ってみましょう。まずは追従させるためのスクリプトを用意します。FollowHUD.csというファイルを作成し、下記のように書き換えてみてください。

コード7_1 視点追従UIのスクリプト

```
01 using UnityEngine;
02 
03 
04 namespace App.Lecture.Ch09
05 {
06     public class FollowHUD : MonoBehaviour
07     {
08         [SerializeField] private Transform target;
09         [SerializeField] private float distance = 2;
10 
11 
12         private void LateUpdate()
13         {
14             UpdatePosition();
15             UpdateRotation();
16         }
17 
18 
19         private void UpdatePosition()
20         {
21             var targetPosition = GetTargetPosition();
22             transform.position = targetPosition;
23         }
24 
25 
26         private Vector3 GetTargetPosition()
27         {
28             return target.position + target.forward * 
distance;
29         }
30 
31 
32         private void UpdateRotation()
```

```
33        {
34            transform.rotation = Quaternion.
LookRotation(transform.position - target.position);
35        }
36    }
37 }
```

このスクリプトは、targetに対して一定の距離(distance)に自身を移動させるクラスになっています。今回は視界に対してUIを固定したいので、targetには頭の位置に追従するオブジェクトを指定します。また、プレイヤーの動きに追従できるよう毎フレームごとに自身の位置と角度を更新したいので、LateUpdate()(Updateよりもあとに呼ばれるイベントメソッド)の中でそれぞれの更新メソッドを呼んでいます。

空のGameObject(例では「FollowHUD」という名前にしました)に作成したスクリプトをアタッチし、TargetにはXR Originの中にあるMain Cameraをアタッチしてください(図7_19)。

図7_19 Main Cameraにアタッチする

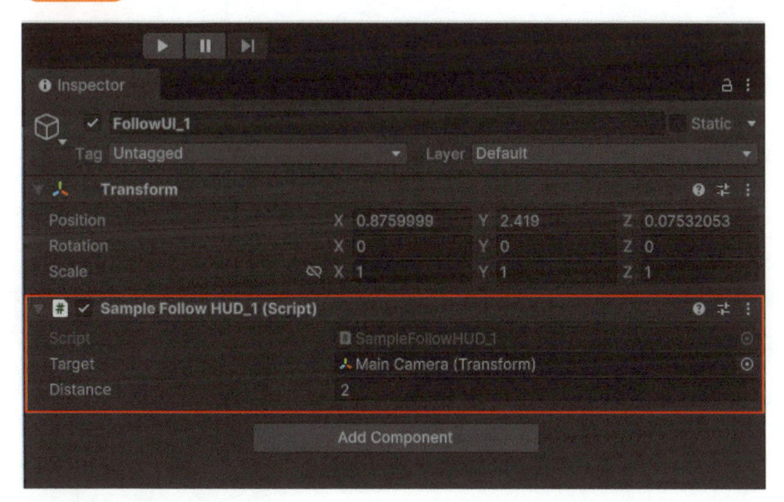

続いて、先ほど作ったCanvasをFollowHUDの子にし、PosとRotationをすべて0にします(図7_20)。

図7_20 Canvasの設定を変更する

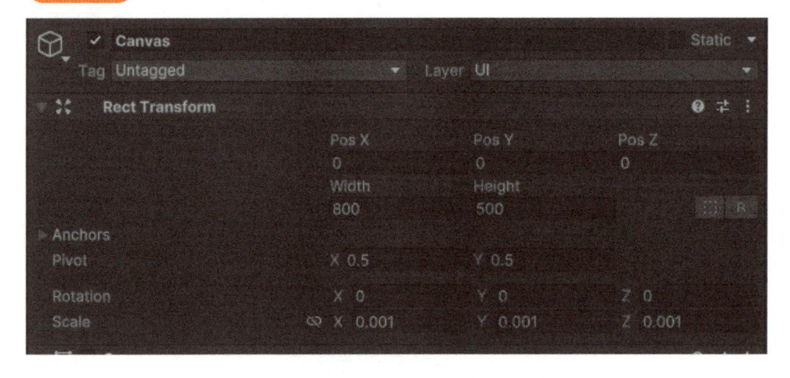

この状態でVRで再生してみてください。視界にUIが常に追従する様子が確認できると思います。しかし体験してみると分かると思うのですが、少し違和感がある見た目です。視界に対してぴったりと追従しているのでわずかな揺れも反映されてしまいますし、どこを見てもついてくるのでやや目障りにも感じるかなと思います。実はこのような完全に視界に追従させるUIはあまり好まれず、実際に使われているケースもほとんどないと思います。

遅れて追従するようにしてみよう

そこで、違和感を解消するために、次はやや遅れて追従してくるようにスクリプトを修正してみたいと思います。次のように書き換えてみてください。

コード7_2 遅れて追従するスクリプト

```
01 using UnityEngine;
02 
03 
04 namespace App.Lecture.Ch09
05 {
06     public class FollowHUD : MonoBehaviour
07     {
08         [SerializeField] private Transform target;
09         [SerializeField] private float distance;
10         [SerializeField] private float height = 1.4f;
11         [SerializeField] private float followMoveSpeed = 
   3f;
```

```
12
13
14        private void LateUpdate()
15        {
16            UpdatePosition();
17            UpdateRotation();
18        }
19
20
21        private void UpdatePosition()
22        {
23            var targetPosition = GetTargetPosition();
24            // 座標の更新を滑らかにする
25            transform.position = Vector3.Lerp(transform.position, targetPosition, Time.deltaTime * followMoveSpeed);
26        }
27
28
29        private Vector3 GetTargetPosition()
30        {
31            var pos = target.position + target.forward * distance;
32            // 高さを一定にする
33            pos.y = height;
34            return pos;
35        }
36
37
38        private void UpdateRotation()
39        {
40            transform.rotation = Quaternion.LookRotation(transform.position - target.position);
41        }
```

```
42        }
43    }
```

高さheightと追従スピードfollowMoveSpeedのパラメータが追加され、これらのパラメータを使ってやや遅れて更新されるように書き換えてみました。シーンに戻って再度VRで実行してみると、UIがやや遅れて追従するようになりました。先ほどよりもUI自体も見やすくなり、ストレスも減ったのではないでしょうか。

COLUMN 奥行き配置と深度違反

最後に、追従以外にもVRで視界固定のUIを作る際に気を付けるべきポイントについて、概説します。

視界固定のUIのアンチパターンとして、背景とUIの距離が離れすぎることが挙げられます。視界固定のUIは通常周囲の3D空間よりも手前に表示することになりますが、背景とUIの距離が離れていると目の焦点距離を大きく調整する必要が生まれます。特に字幕表示のように、UIと3Dモデル間で注視する対象が頻繁に入れ替わるようなコンテンツの場合、この焦点調整は眼の疲労およびVR体験自体に大きく影響を及ぼします。背景とUIは出来るだけ近い距離に配置することを意識してみてください。

応用として、視界中央当たりの背景までの距離に応じてUI距離を変動させるという方法もあります。頻繁に距離が変動する場合などに違和感が出ないように工夫する必要がありますが、眼に負担をかけない方法として検討してみるのもおすすめです。

また、UIを遠ざけると表示されているUI要素も小さくなってしまうため文字が読みづらい、ボタンが押しづらいという問題が発生すると思います。そこで、距離に応じてUIのスケールを調整する仕組みを作成しておくと便利です。実装例としてはMeta Questのホーム画面が分かりやすいです。Meta Questのホーム画面ではUIの奥行き距離をユーザー自身が調整できるのですが、距離に応じて見た目が同じくらいになるように自動でスケール調整をしてくれるようになっています。そのため、UIを近づけても離しても文字が見えづらくないようになっています。

図7_21～23は、それぞれ0.8m、2m、0.3mくらいの距離にあるUIウィンドウのスクリーンショットです。下部のバーの距離はすべて0.8mの位置にあります。距離が遠くなるほど大きくなり、距離が小さくなるほど小さくなるので、どの距離でも視界に対する大きさが同じくらいになっていることが確認できます。スクリー

ンショットでみると同じように見えますが、実際にVRで見ると焦点位置が異なるため見やすさが全然違います。

図7_21　0.8mのスクリーンショット

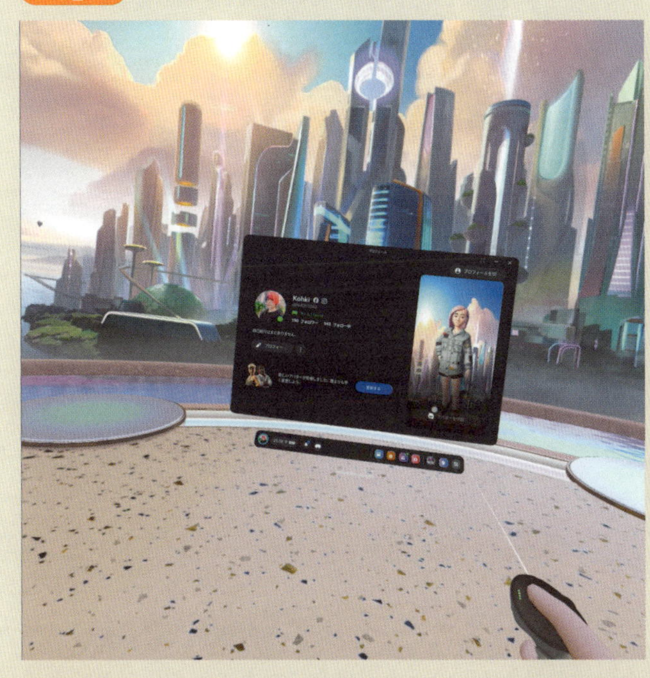

図7_22　2mのスクリーンショット

図7_23 0.3mのスクリーンショット

奥行き調整でもう一つ気を付けないといけないのが深度違反です。現実空間では当然、自分から見て直線状の奥と手前にそれぞれなにかものがおいてあるとき、奥側にあるものは手前にあるものによって一部が見えなくなります。ですが、デジタル3D空間では特定のものを常に手前に表示するという実装が可能です。UIのように必ず見える状態になってほしい場合には都合がよいのですが、現実ではあり得ない見た目になるため違和感や不快感につながる場合もあります。プレイヤーが自由に動き回れ、かつUIがそれに追従するコンテンツの場合は完全に防ぐことは難しいかもしれませんが、出来るだけ発生しないように注意してください。

CHAPTER 8

VR酔い対策の肝「移動」と「カメラ」の制御を学ぼう

現実の身体の動きと連動できるVRにおいて、検討しなければならないのは、プレイヤーの「移動」をどう実装するかです。この章ではVRにおける移動の方法と実装、気を付けるべきことを説明します。

CHAPTER 8-1 VRゲームにおける「移動」の種類を学ぼう

8-1-1 VRゲームにおける「移動」とは

この章ではVRにおける様々な移動方法やカメラ制御について、いくつかのパターンを実装例を示しながら説明します。また後半では、VR酔いのメカニズムや対策についても紹介します。

現行のVRゲームハードウェアは、基本的にVRヘッドセットと両手のハンドコントローラーで構成されたモノが多く、足の動きは認識していません。また、空間的制約から、(体育館を借りるなどしないかぎりは)VRデバイスを装着した状態で数メートルある広大な空間を歩き回ることもできません。そのためVR内では、あたかも広く移動しているかのような、疑似的な移動方法を実装する必要があるケースがほとんどだと思います。カメラの制御(＝プレイヤーの視界範囲の制御)に関しても同様です。

この「移動」と「カメラ制御」は、「VR酔い」への対策とも密接に関連しています。VR酔いとは、VRの体験中に発生する、車酔いなどに近い不快な感覚を指します。VR酔いはプレイ体験を損ねるだけでなく、VR体験自体を敬遠してしまう原因にもなりうる難しい問題です。

移動やカメラ制御に関するノウハウは、各プラットフォームの開発者向けの資料でも詳細に説明されていることが多いです。また、多くのプラットフォームではアプリのリリース審査の項目にも含まれているため、将来的にアプリを配信したい方にとっては必読の内容となっています(ただ実は、プラットフォームごとに「適切な移動」について考え方が微妙に違っています。面白くもあり悩ましいところです)。

特に、Meta社が公開しているVRコンテンツ開発者向けの資料はおすすめです。ユーモアのあるイラストとともに、様々な実装のメリットとデメリットを紹介しています。ぜひご一読ください。

https://developers.meta.com/horizon/resources/

8-1-2 VRにおける移動の種類

ここからは、VRゲームでよく使われる移動方式を説明します。移動方法によって様々なメリットやデメリットが存在しますが、万能の移動方法は存在しません。作りたいゲームジャンルに適した移動方法を検討してみてください。

静止、もしくはルームスケール

これは、移動を「行わない」という方法です。空間から大きく移動する必要がないゲームで採用されます。この方法は移動を原因としたVR酔いをするプレイヤーはほとんどいないメリットがある一方で、採用できるゲームジャンルはかなり絞られてきます(「空間の移動を伴わない」という制約が生まれるからです)。また、視界に映る光景や情報が変化しづらいぶん、迫力にかけるデメリットもあるかもしれません。

この方法を採用しやすいのはVRの音ゲー、リズムゲームです。たとえば『Beat Saber』はプレイヤーが切り刻むオブジェクトそのものがプレイヤーに向かって飛んでくることで、プレイヤーが移動しないながらもダイナミックなゲーム体験を実現しています(図8_1)。また『SUPERHOT VR』は回りの敵が迫ってくるという方式に加え、敵を倒すごとにプレイヤーの空間内での位置が頻繁に切り替わっていくという、ハイテンポなゲームになっています(図8_2)。もともとSuperhotはVRではないオリジナルのFPSがありましたが、VR版を作るにあたってステージの形状や敵の配置をすべてVR用に作り直しています。

図8_1 『Beat Saber』 ゲーム画面(公式サイトより引用)

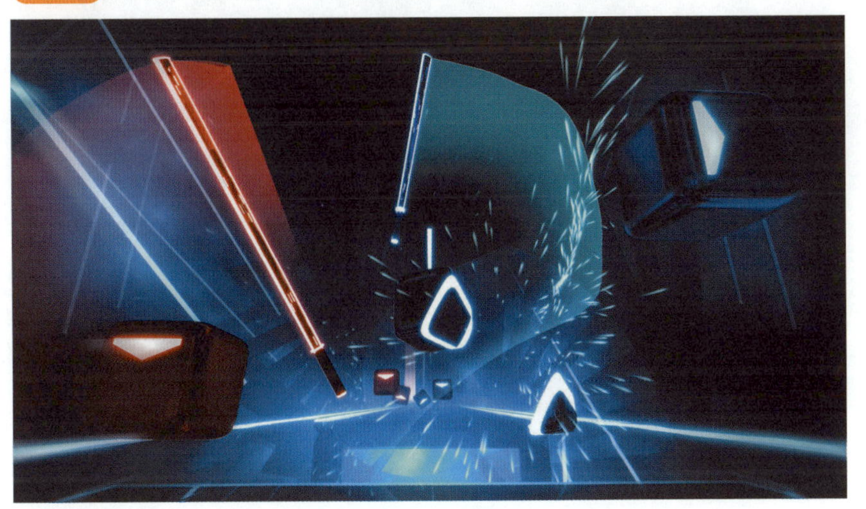

https://store.steampowered.com/app/620980/Beat_Saber/?l=japanese

図8_2 『SUPERHOT VR』 ゲーム画面（公式サイトより引用）

https://store.steampowered.com/app/617830/SUPERHOT_VR/?l=japanese

こうした静止しながらも迫力があるタイトルがある一方で、VR脱出ゲームの『I Expect You to Die』シリーズは、「密室に閉じ込めた」という設定にすることで、プレイヤーを移動させないようにしています（図8_3）。これによって、プレイヤーはその空間に閉じ込められている感覚を強調されるのです。

図8_3 『I Expect You to Die』 ゲーム画面（公式サイトより引用）

https://www.meta.com/ja-jp/experiences/i-expect-you-to-die/1987283631365460/

自動移動

これは移動はするものの、プレイヤーによるコントローラー操作には依らない、という方式です。ジェットコースターなどのシミュレーションや一部のシューティングで採用される方法であり、採用例は少ないものの使いようはあります。VRゲームは視点を自由に動かせるため、プレイヤーに特定の場所を注目させるのが難しいのですが、自動移動においては進行方向を見ていることが期待でき、演出などがしやすいメリットがあります。ただ一方で、この方法は、激しい移動が伴うためにVR酔いしやすい方法でもあります。

この移動法を採用したタイトルごとに、VR酔いへの向き合い方は様々です。たとえばジェットコースターのようなコンテンツではあえてVR酔いが起こることも許容することで、迫力のある短時間の体験をさせるようなものもあります。また『Pistol Whops』というVRシューティングリズムゲームでは、正面方向に一定のスピードで常に移動しつづけるようになっています(図8_4)。移動を単調にすることで、予測性を高めて酔いを軽減しているといえるでしょう。『Beat Saber』がプレイヤーのもとに対象が近づいてくるなら、『Pistol Whip』はプレイヤーが自動的に対象に近づいていきます。また、『Rez Infinite』というゲームは広大な空間を縦横無尽に移動しながらプレイするレールシューティングと呼ばれるジャンルの中で、ゲーム全編を通じてほとんどのオブジェクトを点と線のみで構成するという工夫をしています(図8_5)。これにより、広い空間かつ対比物の存在感が薄くなり、移動による刺激がかなり軽減されています。

図8_4 『Pistol Whops』 ゲーム画面

https://store.steampowered.com/app/1079800/Pistol_Whip/?l=japanese

図8_5 『Rez Infinite』 ゲーム画面

https://store.steampowered.com/app/636450/Rez_Infinite/?l=japanese

スムーズ移動

スムーズ移動(英語だとContinuous Movementと表記することも)は一般的なビデオゲームと同じく、スティックを倒した方向にプレイヤーが移動する手法です。かつて「慣れないうちはVR酔いが激しいメリットがある」としてVRゲーム黎明期の2010年代は避けられていたことがありましたが、次第にVRゲームの補正が進歩したりユーザー側がVRに適応していったりしたことであまり忌避されなくなりました。とはいえ、VR酔いへの適正は人によるので、スムーズ移動がVR酔いを誘発するリスクそのものは現在もまだ残っていることに注意が必要です。

テレポート移動

前述のスムーズ移動がVR酔いを誘発するとして考案されたのが「テレポート移動」です。右コントローラないし左コントローラの先端から放物線(アーク)が射出され、放物線が着いた地面のポジションにプレイヤーが一瞬で移動します。

これはVR酔いが起きにくい代わりに、いくつかのデメリットを抱えています。方向感覚を失いやすく没入感がそがれること、人間同士が対戦するシューターのように競技性の高いジャンルではテレポート移動を導入するとゲームバランスが崩壊してしまうため採用できないこと(追い詰めてもテレポートで逃げてしまうプレイヤーをどうやって仕留められるでしょうか?)、先述のように多くのVRゲーマーがスムーズ移動に慣れたこともあって年々人気が減少しています。逆に、一人プレイ専用のVRゲームであればテレポート移動とスムーズ移動をどちらも使えることもあります。

VR上での「移動」を実装しよう

8-2-1 サンプルプロジェクトから基本の移動を見てみよう

先ほど解説した移動の仕方は、実はXR Interaxtion Toolkitを導入した時点で、「スムーズ移動」がデフォルトで使用できるようになっています（視界の旋回もできます）。それをそのまま使うだけでもゲーム開発は可能ですが、さらにカスタムしていくことで、自分なりの移動方法を実装していくことも可能です。たとえば、専用の当たり判定を実装すれば、「テレポート移動」はかんたんに実現できます。

まずはUnityが用意してくれているXR Interaction Toolkitのサンプルシーンから、実際にさまざまな移動を体験してみましょう。Assets/Samples/XR Interaction Toolkit/3.0.5/Starter Assets/DemoScene.unityを開き、VRで再生してみてください（図8_6）。このシーンでは下記のような移動と回転を試すことができます。

図8_6 XR Interaction Toolkitのサンプルシーン画面

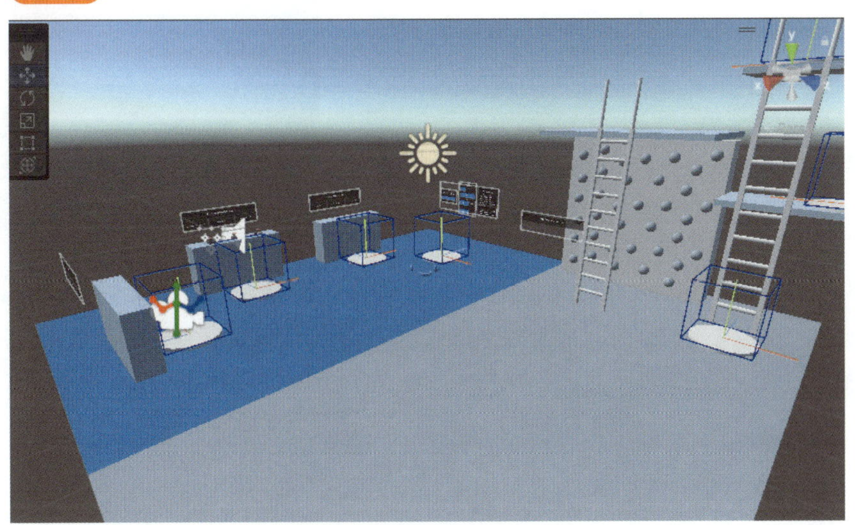

※Unityのバージョンによっては、Assets/App以下にXR interaxtion Toolkitが入っていることがあります。また「3.0.5」部分は、お使いのバージョンの数字が表示されます

視線回転

右スティックを左右に倒すとスナップ回転、手前に倒すと後ろ正面方向に180度回転します。これは標準で機能が搭載されています。この機能のカスタマイズは後述の「VRゲームにおけるカメラ制御」で解説します。

スムーズ移動

左スティックで前後左右に平行移動します。この機能も標準で搭載されており、ほとんどの地形やシチュエーションで利用できるでしょう。なお、標準ではプレイヤーの視界正面方向を基準として前後左右に移動するようになっています。もし手を基準に移動させたい場合は、プレイヤーveにあるDynamic Move ProviderにあるMovement DirectionのLeftHandMovementDirectionをHead RelativeからHand Relativeに切り換えてください。

テレポート移動（方向自由）

右スティックを前に倒しながら、右手から表示されるレイを白い床の中に向けた状態で指を離すと瞬間移動します。白い床はTeleportAreaというGameObjectになっており、Teleportattion AreaコンポーネントのCollidersにテレポート移動に対応させたい床のコリジョンを追加することで、そこのコリジョンの上はテレポート移動が可能になります（図8_7~8）。逆にいえば、この処理をしていない床にはテレポート移動できません（Demo Scene上では、青い床はこの処理がされていないためテレポート移動できないようになっています）。

テレポート移動の機能は標準で搭載されていますが、これを使うためには、今述べたような実装をする必要があります。

図8_7 TeleportAreaのHierarchy画面

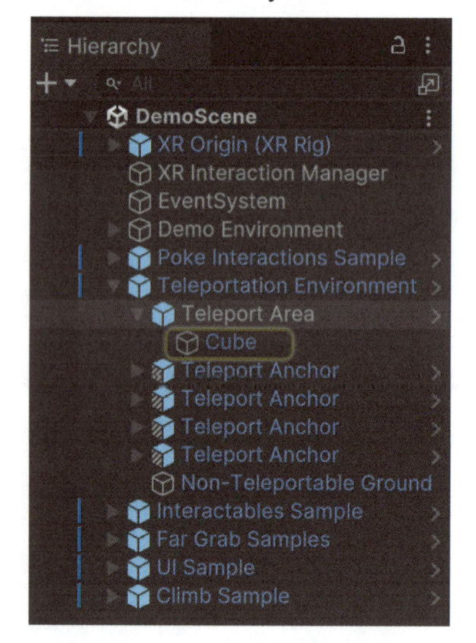

- テレポートエリアを管理する空のGameObjectを作成する（デモではTeleportArea）
- そのGameObjectに、Teleportation Areaコンポーネントを追加する
- Teleportation AreaコンポーネントのColliders上に、テレポートさせたいエリアのコリジョンを追加する

図8_8 Teleportation Areaに床のコリジョンを追加する

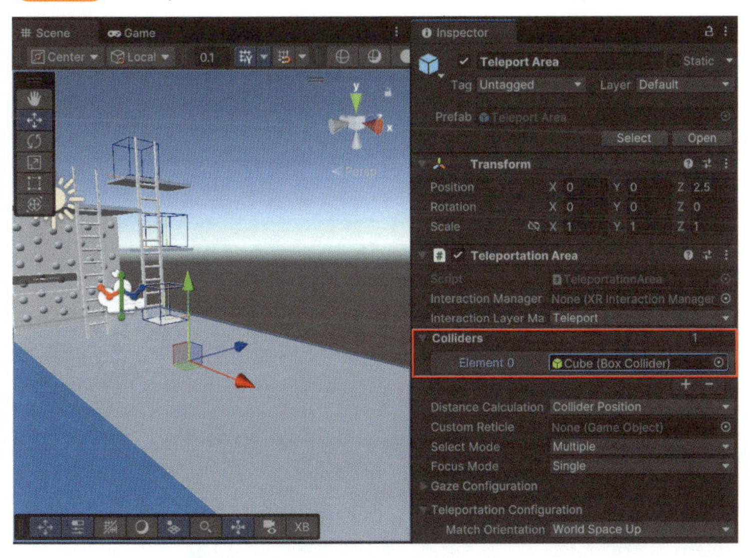

テレポート移動（方向固定）

右スティックを前に倒しながら、右手から表示されるレイを丸い床「Teleportation Anchor」の中に向けた状態で指を離すと、その床の位置に瞬間移動します（図8_9）。特定のオブジェクトを見せたいという強い意志があるときにこれを配置すると、プレイヤーがいちいちオブジェクトに移動する手間が省けて有効です。プレイヤーの視界の方向を強制的に固定させることをせずに、自然意志で特定の位置を向いてもらうことにも使えます。このTeleport Anchorも、方向自由の場合と同じ要領でTeleportation Anchorコンポーネントを用いて、開発者が任意の場所へあらかじめ配置する必要があります。

図8_9 方向固定のテレポート移動

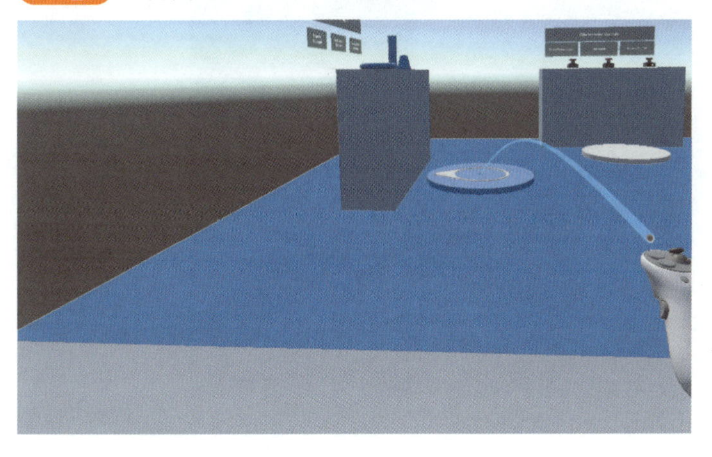

COLUMN テレポート移動のカスタマイズテクニック

Unity XRITのテレポート移動は、テレポート移動のアークを出した後、スティックを倒し続けたままそのスティックを右や左に回転させると、テレポート移動後の正面方向を回転させることができます。

しかし、筆者が実際にVRゲームの開発に携わった際には、テレポート移動と同時にテレポート移動後の視界方向を決める操作を入れてもユーザーの体験が快適にならず、むしろ「スティックを正面に倒しているのに、ちゃんと正面方向を向くことができない」という場合を考慮して、機能をオミットしたことがありました。

この機能を有効、無効化して実態を検証したい場合はRIght Controller/Left Controller ＞ Teleport InteractorのXR Ray Interactorにある"Manipulate Attach Transform"のチェックマークを切り換えてください(図8_10)。

図8_10 Manipulate Attach Transformの場所

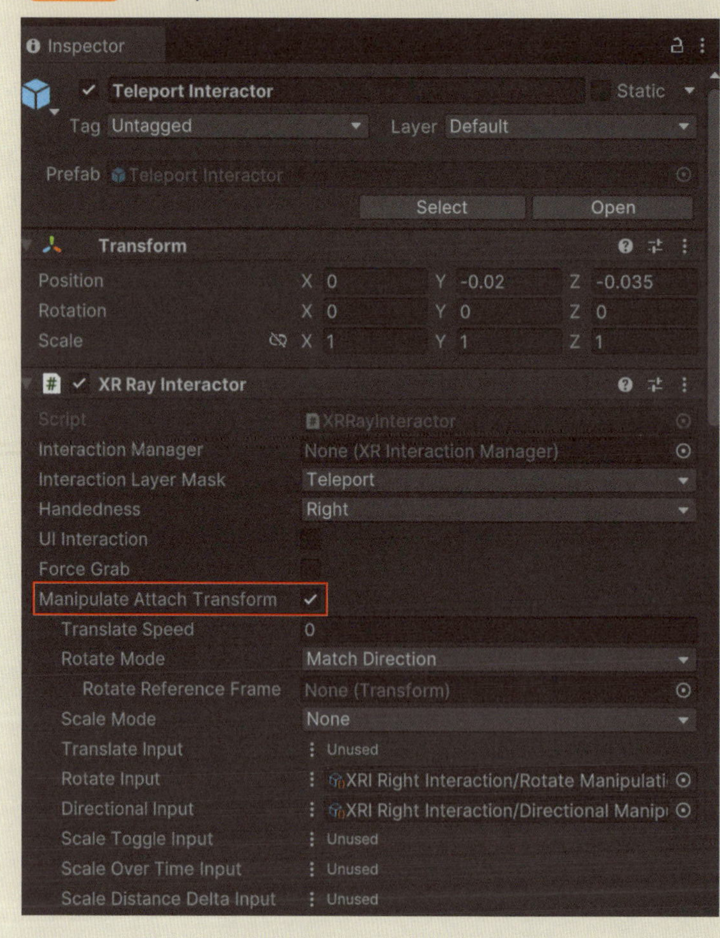

8-2-2 オプショナルな移動方法

続いて解説する3つは、採用事例は少ないですが、知っておくとゲーム開発のヒントになるでしょう。

梯子でテレポート移動

右スティックを前に倒しながら、右手から表示されるレイを梯子に向けた状態で円形ゲージが溜まるのを待ち、指を離すと梯子の上に瞬間移動します(図8_11)。同様の実装がされているVRゲームもなくはないですが、数は少ないです。あくまでオプショナルな機能として参考にしてください。

図8_11 梯子でテレポート移動

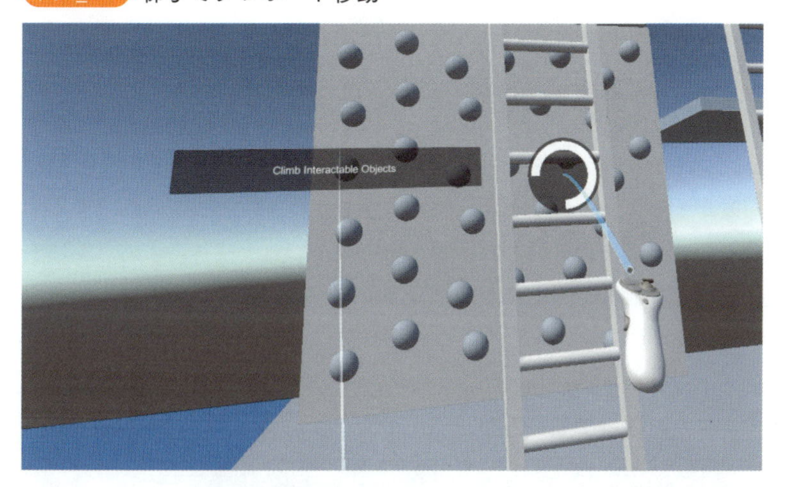

梯子を掴んで登る移動

梯子の前に移動し、コントローラーを梯子に当てた状態でトリガーを引くと掴んだ位置を基準に身体を動かせるようになります(図8_12)。これを使うことで、左右の手を使って上部に移動することができます。設定によっては、これの移動方向を上下から左右に切り換えることもできます。こちらもオプショナルな選択肢として考えましょう。

図8_12 梯子をつかんで登る移動

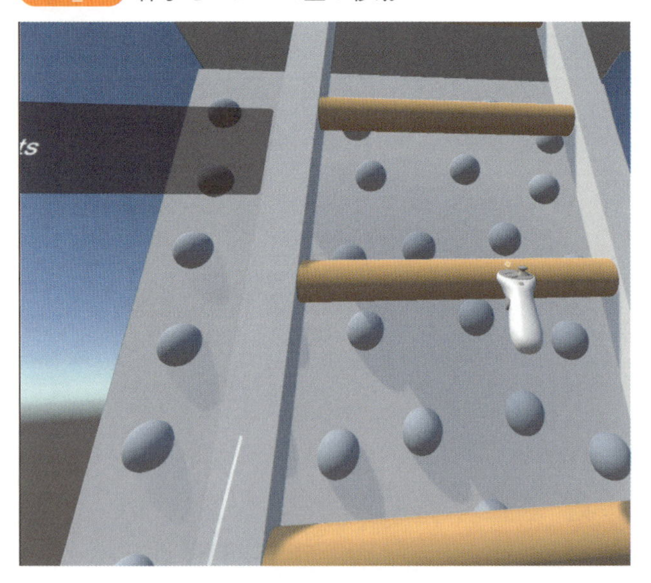

壁のでっぱりを掴んで登る移動

壁の前に移動し、コントローラーをでっぱりに当てた状態でトリガーを引くと掴んだ位置を基準に身体を動かせるようになります。左右の手を使うと、上部に移動できます。同じ「壁を登る」でも、一般的なVRゲームでは壁一面を掴んで前後左右に移動可能にすることが多く、壁のでっぱりを掴んで移動するのはならではの実装です。オプショナルな選択肢として検討してください。

図8_13 壁のでっぱりを掴んで登る移動

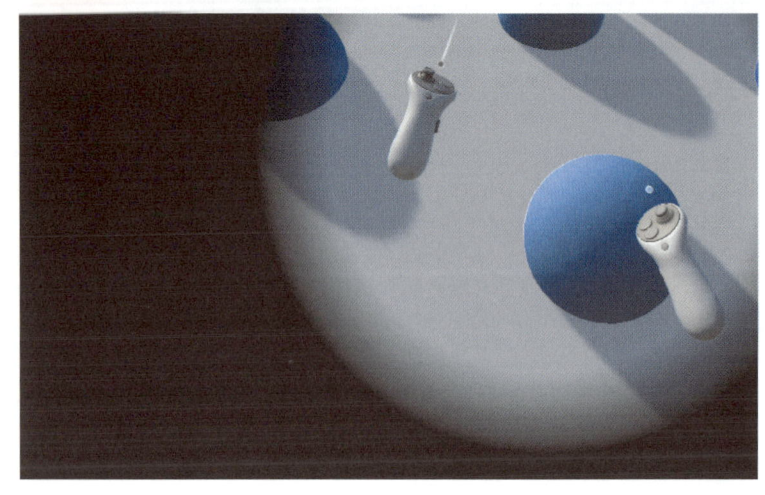

CHAPTER 8

3 VRゲームにおけるカメラ制御を学ぼう

VRゲームのカメラの制御は、通常のビデオゲームとは異なる点があります。それは、VRでは基本的に左右方向の旋回しかできず、上や下を向く場合はプレイヤー自身が上下に頭を向けて見る必要があることです。なぜこういった仕様なのかというと、人間は上下の旋回に弱く、VRにおいてプレイヤーの視線を上や下に向けさせつづけると、平衡感覚が狂ってVR酔いを引き起こしてしまうからです。

一方で、人間は工夫しだいで左右のカメラの旋回には耐えたり慣れたりすることがわかっています。そこで本節では、VRにおいてカメラを旋回させる方法の種類や、調整法について解説します。

8-3-1 VRにおけるカメラの回転種類

回転なし

Unity XR Interaction Toolkitにおいて、VRのカメラそのものはCamera Offset ＞ Main Cameraが司り、VRのカメラ制御はXR Origin (XR Rig) ＞ Locomotion ＞ Turnが行っています。コントローラを使ってカメラを動かすときには、Turnの機能にお世話になります(図8_14)。

図8_14 Turnの場所

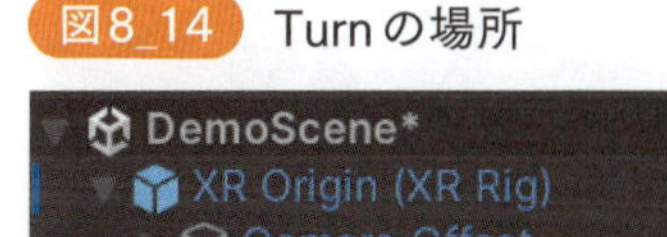

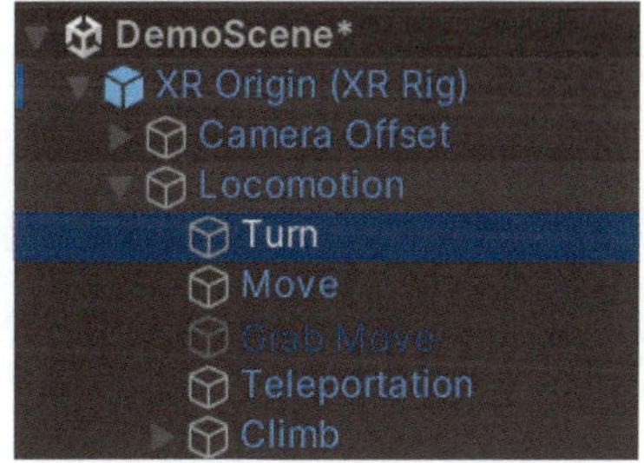

前章で説明した「静止／ルームスケール」のVRゲームを作りたい、さらにはプレイヤーからコントローラ入力がなされてもカメラを動かしたくない場合は、TurnのGameObjectそのものを無効化してしまうことでカメラの制御を止めることができます。GameObjectを無効化するには､Inspectorから左上のチェックマークを外しましょう(図8_15)。スクリプトを使って、GameObjectにSetActive(false)をプログラムすることでも、無効化は可能です。

図8_15 左上のチェックマークを外す

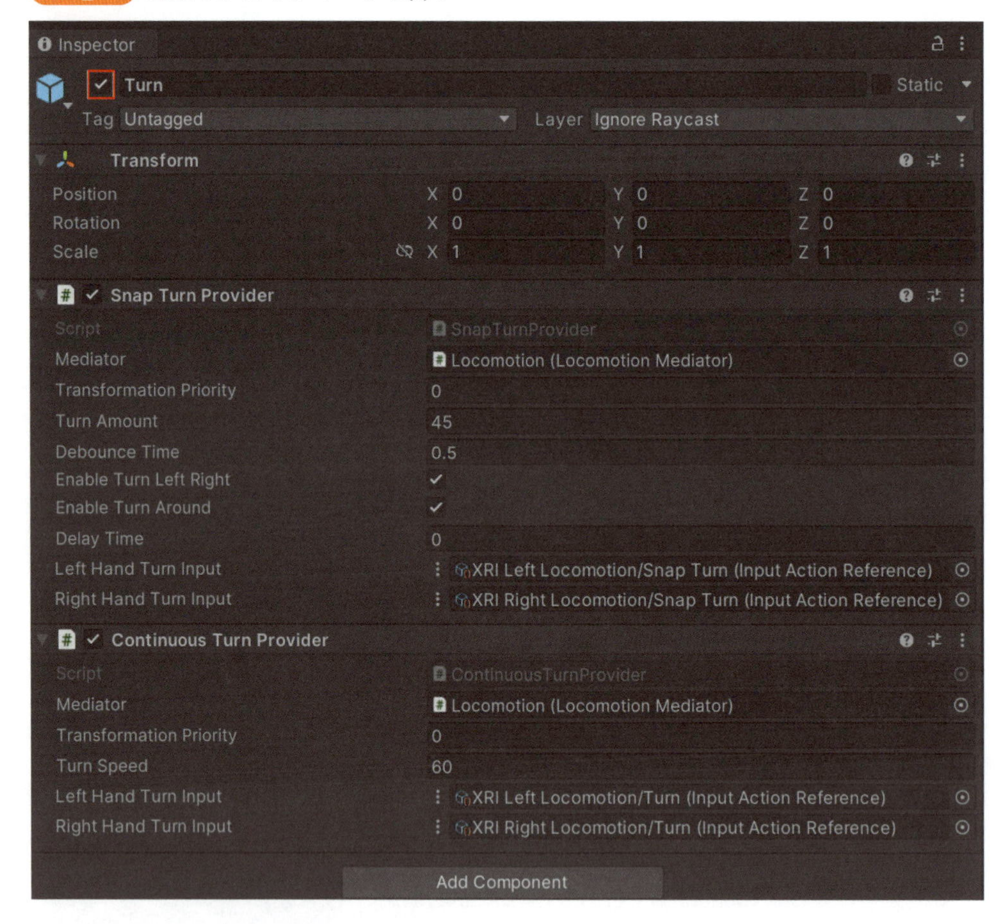

スナップターン

スナップターンは頭を横方向に一定の角度ごとで回転させる手法です。現実では起こりえない視界の挙動のため、VR未経験者には多少の慣れが必要ですが、スナップターンはVR酔いが生じるリスクが少ないとされています。一般的にVRゲームにおいてはスナップターンが実装されていることがほとんどであり、大抵のVRゲームでは右コントローラにある親指スティックを左右に倒したときにカメラが回転します。Unity XR Interaction Toolkitでも、初期状態でスナップターンをサポートしており、XR Origin (XR Rig) > Locomotion > TurnにデフォルトでSnap Turn Providerコンポーネントがついています(図8_16)。

図8_16 Snap Turn Providerコンポーネント

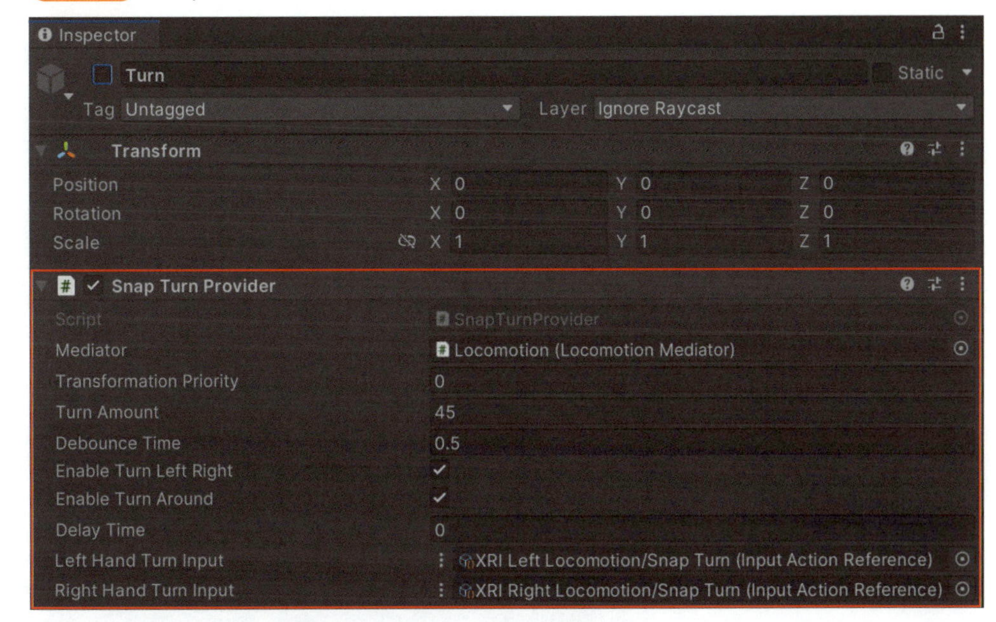

スナップターンの回転角度はTurn Amountから調整できます。一般的なVRゲームではスナップターンの角度を30度、45度、60度、90度の4つから選べることが多いので、可能な限りVRゲーム内のオプションから選べるようにしておくとよいでしょう。

Enable TurnAroundは、プレイヤーがスティックを下方向に倒したときにプレイヤーの真後ろに向く機能です。Unity XR Interactionではこれが標準で機能がONになっていますが、筆者としてはOFFにすることを推奨します。プレイヤーが意図せずスティックに触れて真後ろに向いてしまったときに方向感覚を失う危険性がありますし、実際にほとんどのVRゲームでは真後ろに向く機能は実装されていません。ゲームエンジンで標準搭載されている機能や操作が必ずしも製品に搭載されるわけではないことは、よく覚えておきましょう。

スムーズターン（Continuous Turn）

スムーズターンは通常のビデオゲームのように左右に連続的に回転する手法です（図8_17）。スムーズターンはVR酔いが生じるリスクが高まりますが、ある程度の訓練を重ねれば、スムーズターンでもVR酔いが生じにくくなることがあります（いくら努力しても慣れない場合もあります）。

図8_17 スムーズターンコンポーネント

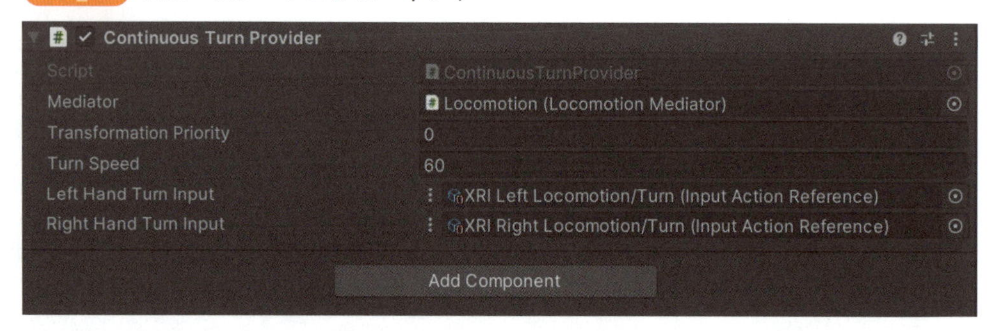

プロモーション映像の撮影やゲーム実況の配信など、VRゲームの画面映像を活用する場合はスムーズターンが有効です。とはいえ、もしもあなたが開発しているVRゲームのカメラ制御にスムーズターンしか実装されていなかったとしたら、ユーザーから苦情が来ることは覚悟しておいてください。

Unity XR Interaction Toolkitでは、スナップターンとスムーズターンをRight ControllerとLeft Controllerの「Controller Input Action Manager」から切り替えられます。右手のController Input Action ManagerにあるLocomotionSettings > SmoothTurnEnabledにチェックマークを入れることで、スナップターンからスムーズターンに切り換えることができます（図8_18）。

図8_18 SmoothTurnEnabledにチェックを入れる

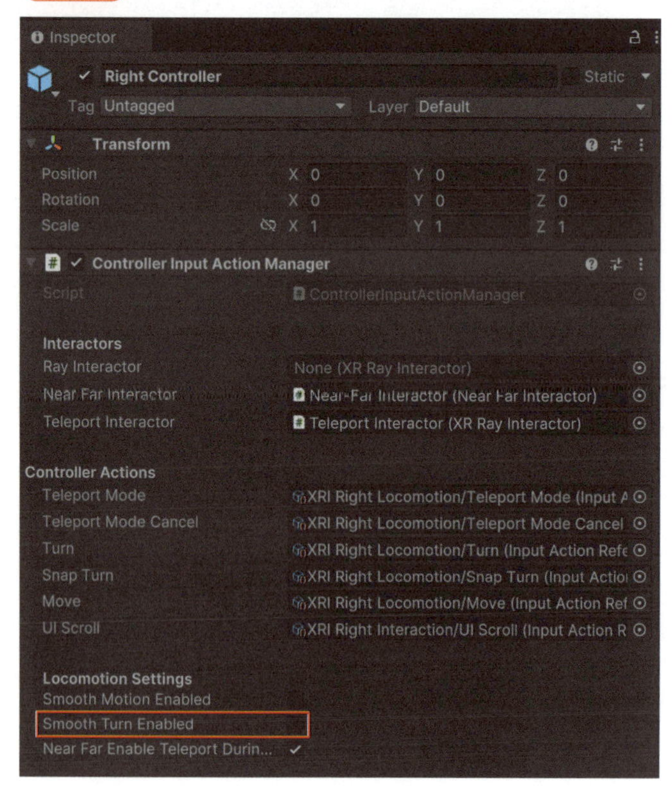

とはいえ、基本的にはゲーム内でオプション画面から切り換えられるようにしたいはずです。これらをスクリプトから制御したい場合は、以下のコードを参考に変数を呼び出して変更してみてください。

コード8_1 スナップターンとスムーズターンを切り替えるスクリプト

```
01 using UnityEngine;
02 
03 // SnapTurnとSmoothTurnの角度・各速度を呼び出す
04 using UnityEngine.XR.Interaction.Toolkit.Locomotion.
   Turning;
05 
06 // SnapTurnとSmoothTurnの切り換え、およびSmooth
07 using UnityEngine.XR.Interaction.Toolkit.Samples.
   StarterAssets;
08 
09 
10 public class SwitchSmoothControls : MonoBehaviour
11 {
12     // RightHandとLeftHandを代入してボタン(スティック)の制御方法を得
   る
13     public ControllerInputActionManager rightHand = null!;
14     public ControllerInputActionManager leftHand = null!;
15 
16     // Turnを代入してSnapTurnとContinuousTurnの数値を得る
17     public SnapTurnProvider snapTurn = null!;
18     public ContinuousTurnProvider continuousTurn = null!;
19 
20     // Inspectorからボタン(スティック)の制御方法を変更できるようにする
21     public bool enableSmoothTurn = false;
22     public bool enableSmoothMotion = false;
23 
24     // InspectorからSnapTurnとContinuousTurnの角度・角速度を調整
   できるようにする
25     public float snapTurnAmount = 45.0f;
26     public float turnSpeed = 60.0f;
27 
28     // Start is called once before the first execution of
   Update after the MonoBehaviour is created
```

```
29      void Update()
30      {
31          // Inspectorでチェックマークの有無と数値を変更すると、リアルタイムに反映される
32          rightHand.smoothTurnEnabled = enableSmoothTurn;
33          leftHand.smoothMotionEnabled = enableSmoothMotion;
34          snapTurn.turnAmount = snapTurnAmount;
35          continuousTurn.turnSpeed = turnSpeed;
36      }
37  }
```

ちなみに、SMoothTurnEnabledの上には、スムーズ移動を有効化するSmoothMotionEnabledがあります。これを無効化した場合、その手にあるコントローラのスティックはカメラの回転とテレポート移動を行うようになります。逆にいえば、スムーズ移動とカメラ回転・テレポート移動を同じ手で同時に操作することはできません。

なお、UnityではContinuous Turnという表記を採用していますが、英語圏でも厳密にContinuous Turnで統一されているわけではありません。検索する際などは注意してください。

ヴィネット

ヴィネットとは、VRで移動やカメラの旋回を行うときに、視界の周辺を暗くすることで視野を狭め、視界の情報量を減らすことでVR酔いを低減させる機能です。Unity XRITのVersion 3.0.0以降のBasicシーンに入っているXR Origin(XR Rig)プレハブには、この機能は標準では付属していません。使いたい場合は、以下のディレクトリからプレハブ「Tunneling Vignette」を取り出し、XR Origin(XR Rig) > Camera Offset > Cameraの子オブジェクトとして挿入する必要があります。

\Assets\Samples\XR Interaction Toolkit\3.0.5\Starter Assets\Tunneling Vignette

一方で、Unity XRITのDemoSceneやSampleSceneではTunnering Vignetteプレハブが XR Origin(XR Rig)に組み込まれています。Tunneling Cignette ControllerのLocomotion Vignette Providersにスナップターンやスムーズターン、スムーズ移動などを適用することで、ヴィネットが生じるようになります(図8_19)。

図8_19 Locomotion Vignette Providersにスナップターンなどを適用する

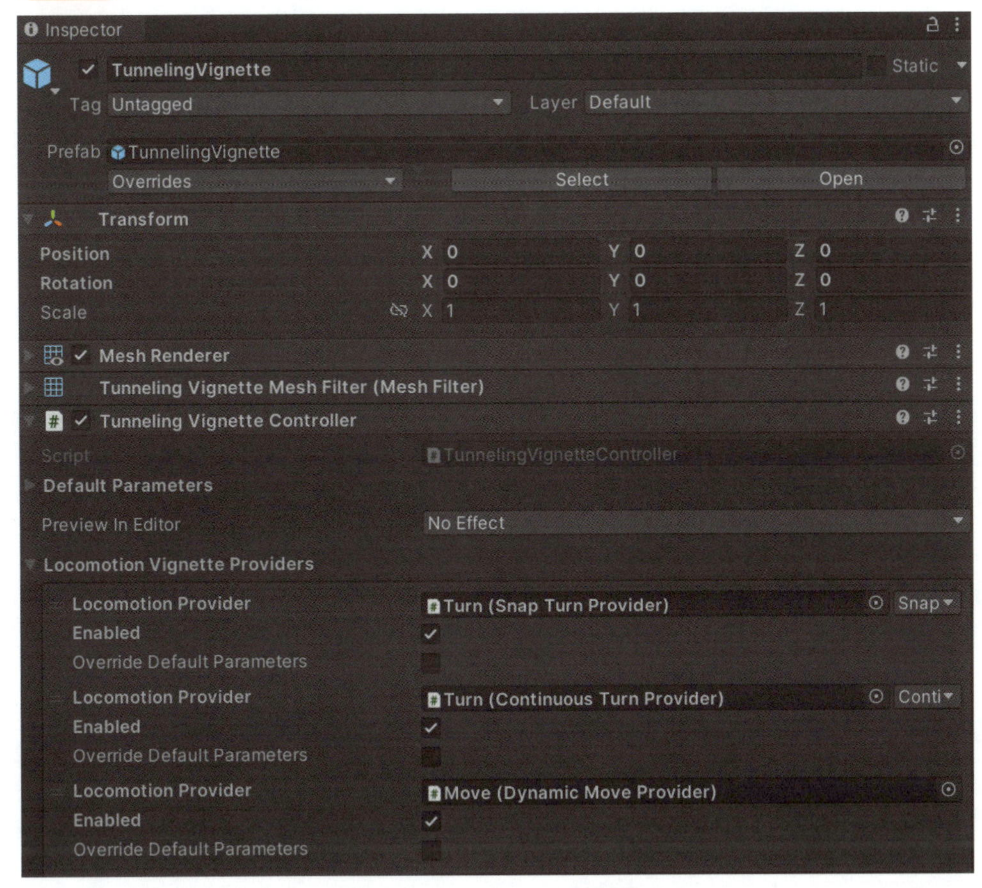

8-3-2 立ちながら／座りながらのプレイを考慮しよう

移動やカメラ制御に関連して、想定するプレイスタイルが「立ちながら」なのか「座りながら」なのかを考慮することも非常に重要です。実際に、Meta Questプラットフォーム上では、各ゲームの詳細に「対応プレイヤーモード」という項目があり、中には座りながらのプレイが非推奨のタイトルもあります。

これはユーザーの体験や快適さに大きな影響を与えると共に、ターゲット人口にも影響します。VRゲームとはいえ常時立った状態でプレイを求めてしまうと、一部のユーザーには敬遠されてしまうかもしれません。それぞれのプレイスタイルについてのメリットとデメリットを考慮して、設計時にどちらをサポートするかを慎重に検討する必要があります（表8_1、表8_2）。

表8_1 立ちながらのプレイ

メリット	デメリット
現実世界の動きに近い姿勢なので、自然で動きやすい	座っているよりも疲れるため、長時間のプレイには不向き
全身を使ってプレイできるため、より強い没入感を得られる	ある程度大きなスペースが必要
全身を使ってプレイするため、運動になる	激しい動きになると、プレイヤーが周囲の障害物や家具にぶつかるリスクが高まる

表8_2 座りながらのプレイ

メリット	デメリット
長時間のプレイでも疲れづらい	全身を使わないので没入感が下がる
小さなスペースでも遊べる	全身を使ったインタラクションがやりづらい

VRゲームの中には、立ちながらと座りながらの両方のプレイスタイルをサポートしているハイブリッドなタイトルもあります。プレイヤーが遊びたいスタイルで遊べるのはいいことですが、それぞれのプレイスタイル向けに調整が必要なことも多く、ゲームデザインや開発コストの面で負担になることにも注意してください。

VRゲーム内における身長と高さの設定

ところで、プレイヤーの身長には個体差があります。たとえば日本の20歳の成人男性は身長が平均170cm、成人女性は160cmといわれており、当然VRでもプレイヤーによってモノの見える高さや手に取る高さが異なることになります。身長の個体差はもっと大きいものですが、ゲームを作る側としては身長によってVRゲームの体験に差ができすぎてしまうと困る場合もあるでしょう。

そこで、Unity XRITにはプレイヤーのVR内の目線の高さを調整する機能があります。XR Origin中にあるコンポーネントに“Tracking Origin Mode”と“Camera Y Offset”と呼ばれる変数が用意してあり、Camera Y Offsetの数値を「プレイヤーのVR内の目線の高さ」にすることができます(図8_20)。

図8_20 Tracking Origin ModeとCamera Y Offset

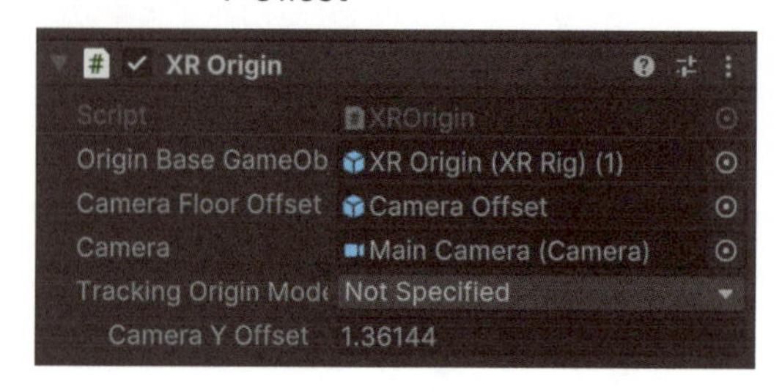

通常、どんなVRデバイスにも「キャリブレーション(リセンター)」という機能がついています。これにより、プレイヤーは、各VRデバイスのメニューから、VR上の視点や立

ち位置をリセットできます。これを次に述べるTracking Origin Modeの設定と組み合わせることで、目線の高さの調整が可能です。

Tracking Origin ModeにはNone Specific、Device、Floorの3種類があります。デフォルトだとNone Specific（VRデバイス側の設定に合わせる）に設定されていますが、Deviceにすることで、キャリブレーション時にプレイヤーの目線の高さがCamera Y Offsetと同じになります。たとえばCamera Y Offsetを1.36mにしたうえでこのモードをDeviceにし、キャリブレーションすると、どんな身長のプレイヤーもVR内での目線の高さが1.36mになります。

またFloorモードだと、VRデバイスに設定されている床の高さに合わせ、目線の高さが作られます。座っていたら座っているときの床に合わせた目線の高さですし、立っていたら立っているときの床の高さに合わせられます。Floorモードは座りながらプレイできるVRゲームには向いていませんが、立ったままプレイするVRゲームや、現実空間の大きさに合わせたVR空間を必要とするゲームでは有効です。

また、ゲーム内に「ワンボタンでしゃがめる」とか「スティックを倒すことで任意の高さまでしゃがめる」といった機能を実装することもあるかもしれません。そういった場合は、以下に述べるようなスクリプトを用いて、特定のボタンを押したときにCamera Y Offsetの値を「しゃがんでいる時の目線の高さ」に上書きするとよいでしょう。とはいえ、ゲーム内でしゃがむ機能を実装する手間を惜しむ場合は、ゲーム内のあらゆる動作がすべて「ゲーム内の初期状態の高さ」でプレイできるようにすることを検討したほうがいいかもしれません。

コード8_2 しゃがんだ時の目線の高さを調整するスクリプト

```
01 using Unity.XR.CoreUtils;
02 using UnityEngine;
03 
04 public class Crouch : MonoBehaviour
05 {
06     public XROrigin XROrigin = null!;
07     // VR内で立っているときの目線の高さ
08     public float standHeight = 1.7f;
09     // VR内でしゃがんでいるときの目線の高さ
10     public float crouchHeight = 0.9f;
11     // VR内のプレイヤーはしゃがんでいるか？
12     private bool isCrouching;
```

```
13
14      private void Awake()
15      {
16          // トラッキングの基準を床ではなくデバイスにする
17          XROrigin.RequestedTrackingOriginMode = XROrigin.
    TrackingOriginMode.Device;
18          // VR内のプレイヤーの目線の高さを「立っているとき」にする
19          XROrigin.CameraYOffset = standHeight;
20          // VR内のプレイヤーの目線の高さを「しゃがんでいるとき」にする
21          isCrouch = false;
22      }
23      // Update is called once per frame
24      void Update()
25      {
26          if (右スティックを押し込んだとき())
27          {
28              // しゃがんでいるか？
29              if (isCrouching)
30              {
31                  // 立っているときの目線の高さにする
32                  XROrigin.CameraYOffset = crouchHeight;
33                  isCrouching = false;
34              }
35              else
36              {
37                  // しゃがんでいるときの目線の高さにする
38                  XROrigin.CameraYOffset = standHeight;
39                  isCrouching = true;
40              }
41          }
42      }
43  }
```

Meta Questのボタン入力を取得する方法は、Chapter5_2を確認してください。

CHAPTER 8 4 「VR酔い」を深掘りして理解しよう

VRゲームを作成するにあたって気を付けなければいけない「VR酔い」という概念があります。何度か説明の通り、VRの体験中に発生する、車酔いなどに近い不快な感覚を指します。3D酔い、映像酔い、シミュレーター酔いなどとも呼ばれていて、主に移動や動きが激しいゲームで発生しやすいです。

このVR酔いですが、VRゲームを体験したことがある人であれば、一度は感じたことがある人が多いのではないでしょうか。体験中には気にならなくても、終わった後に気持ち悪さを感じることもあります。当然のことながら、遊んでいて不快に感じるゲームは遊び続けたいと思われづらいですし、次に遊ぶ時にも敬遠される原因となる可能性もあります。VRゲーム開発者としては、できるだけVR酔いが発生しないように意識をしましょう。

8-4-1 VR酔いのメカニズム

VR酔いが発生する原因を知っておくと、VR酔いに対する対策が立てやすくなります。VR酔いは様々な要因がありますが、最もよくいわれている原因は、視界と感覚が不一致になることによるものです。通常人間が歩いて移動をすると、視界が変化して平衡感覚が変化します。しかしVRゲームにおける移動で変化するのは視界のみなので、現実との矛盾が発生してしまいます。また、詳しくは省略しますが、VRヘッドセットで実現している疑似的な立体視も、焦点距離に対する眼球の筋肉の動き方が、現実でモノを見ている時とは差異があります。このように、(少なくとも現状では)VRゲームと現実の感覚には技術的な差があり、ある程度避けられない側面があります。

この不一致は、「予測性」によって軽減できることが知られています(※)。現実においてVR酔いと似ている酔いに車酔いがありますが、助手席や後部座席に乗っている人と比べて運転手は車酔いをしづらいです。これは運転手自身がこれから発生する刺激を予測しやすい(例：右折すると左側に遠心力が働くと事前に分かる)ことや、これまでの運転経験による「慣れ」によって車に乗っている時に発生しうる刺激を知っていることで説明ができます。

※Lin,J.J.W.,D.E.Parker,M.Lahav,andT.A.Furness,“Unobtrusivevehiclemotionprediction cues reduced simulator sickness during passive travel in a driving simulator ”, Ergonomics 48(6), 608-624, 2005.

VR酔いに関していえば、プレイヤーの想像通りの移動ができれば酔いが発生しやすく、逆に「思ったよりも早く動いた」「まっすぐ進もうとしたのに進行方向がずれた」場合などは酔いやすいです。「慣れ」に関しては、過去に3DゲームやFPSゲームをたくさん経験してきたプレイヤーは酔いづらいですし、普段あまりゲームをやらないようなプレイヤーは酔いづらい傾向があるといえます。

プレイヤーの属性によっても酔い耐性の平均値は変わるので、商業施設内でのVR体験など幅広い属性の人がプレイする状況では斬新な移動方法は避けた方がいいですし、逆にコアゲーマー向きのVRゲームであれば激しい移動でも許容されるかもしれません。

一般にプレイヤー自身が移動をしないVRゲーム(例:『Beat Saber』)は酔いづらく、移動が激しいほど酔いやすいとされています。このように「VR酔い」と「移動」はトレードオフの関係にありますが、過度に移動を避ける必要もありません。たとえば『Gorilla Tag』というタイトルはかなり激しく移動するゲームですが、多くのユーザーに遊ばれています。ゲームの面白さとVR酔いの不快感を天秤にかけてどうバランスをとるか模索することが大切だと思います。

移動によりVR酔いは発生しやすくなりますが、その移動方法によって酔いの程度が変わります。また、工夫次第で酔いの発生を抑える方法もあります。作りたいVRゲームによって適した方法があると思うので、本書で紹介する方法を参考にしながらぜひいろいろと試行錯誤をしてみてください。

8-4-2 VR酔いを軽減する方法

VR酔いの基本を押さえたところで、具体的な対策について解説します。

フレームレートの維持

フレームレートはVRゲームの体験において非常に重要な項目です。ほとんどのプラットフォームのガイドラインでも厳格に定められていることが多いです。具体的には、60〜90FPSを求められます。

FPSとは Frame per secondのことで、1秒間に何回画面の描画を更新するかという基準です。アニメでは24FPS、テレビ放送や一般的なビデオゲームでは30FPSが標準的で、格闘ゲームやシューターなどわずかな時間が勝敗に影響するような一部ゲームでは60〜120FPSに対応しています。

VRの場合は現実に近い視界であることから、30FPS程度ではかなり視界がカクついて見えてしまう人がほとんどだと思います。これはVR酔いの発生の原因にもなり、高いフレームレートを目指す必要があります。

また、高いフレームレートと同じようにフレームレートを安定させることも大切です。これは似ているようですが、原因や対策も変わってくることが多いです。ゲーム開発では瞬間的に重い処理があり画面が一時的に固まってしまうことがあるのですが、これもVR酔いに影響を与えます。

この項目への対応は技術的に少し高度な内容を含むので、Chapter11で詳しく解説します。

移動の速度と加速度

VR酔いには予測ができるかどうかが影響してくるという話をしましたが、移動速度や加速の仕方はその「予測」に大きく影響するパラメータです。人間の普段の動きから大きくかけ離れた移動方法はVR酔いしやすい移動だといえるでしょう。たとえばスティックを傾けた瞬間に高速で移動をしはじめると、くらっとするような感覚になる人が多いと思います。同様に、加速に関しても予測がしづらくなる要因で、基本的には一定の速度で移動させるのがオススメです。これら移動速度に関するパラメータはUnity XRITのデフォルトのもので、VR酔いは発生しにくくなっています。

なお、プレイヤーの入力以外をトリガーに移動させることも避けた方がよいです。移動開始のタイミングが分からないと急に動き出したように感じ、不快感に繋がりやすいです。

視覚的な工夫（ヴィネット、固視点など）

VRにおける移動は、実際には移動していないのに体が動いているような没入感があります。これはベクションと呼ばれる視覚特性が大きく影響しているのですが、このベクションは没入感を生むのと同時にVR酔いの原因にもなっています。このベクションですが、人間の視野の外側の周辺視野と呼ばれる部分の刺激によって発現することが知られています。目で注視している回りの景色が動くことで、自分も動いている感覚になるということです。止まっている電車の中にいるとき、隣の車両の電車が動き出した時に自分の乗っている電車が動きだした錯覚をしたことがある人もいると思いますが、これもベクションによるものです。

このベクションは、周辺視野の刺激を減らすことで抑制することができます。よくある例では、移動の時だけヴィネットと呼ばれるエフェクトで画面の周辺を単純に暗くしてしまう方法です。ベクションを大きく抑えられる一方で、没入感がやや下がってしまったり、ゲームプレイの邪魔になってしまう場合もあります。

また、集中線のようなエフェクトを入れることでも同じような効果が見込めます。ヴィネットほど目立たないので、プレイヤーの違和感が少ない方法ですが、ヴィネットと比べるとVR酔い防止の効果は薄くなります。

VRゲームによってはこれらのエフェクトの有無や強さをオプションで設定できる場合もあります。VRゲームになれたプレイヤーはVR酔いをしないことが多く邪魔に感じる人も多いので、余裕があれば組み込んで置きたい項目だと言えるでしょう。また、視野の中に固視点を作っておくこともVR酔いの防止になります。コックピット風のUIや、銃のレティクルなどで現在の視界の向きを推測しやすくすることで軽減されるようです。

ただし、ヴィネットは近年のVRゲームに入っていないことが珍しくありません。ヴィネットが実装されているVRゲームでも、ユーザーがある程度VR酔いへの耐性がついたことを見越してか、初期設定ではヴィネットを無効化しているケースがあります。とはいえ、ユーザーにとっての選択肢はあるに越したことはないので、ヴィネットを実装する余地があるなら前向きに検討してもよいものかと思います。

システムによる回転をしない

回転方向の中にも、人間が酔いやすい回転、酔いづらい回転というものがあります。

回転方向はプレイヤーの向いている向きによって変わるので、ロール・ピッチ・ヨーという3種類で表現されます。ロールはプレイヤーから見てX軸回りの回転を指し、ピッチはY軸回り、ヨーはZ軸回りという具合です(図8_21)。

図8_21 ロール、ピッチ、ヨー

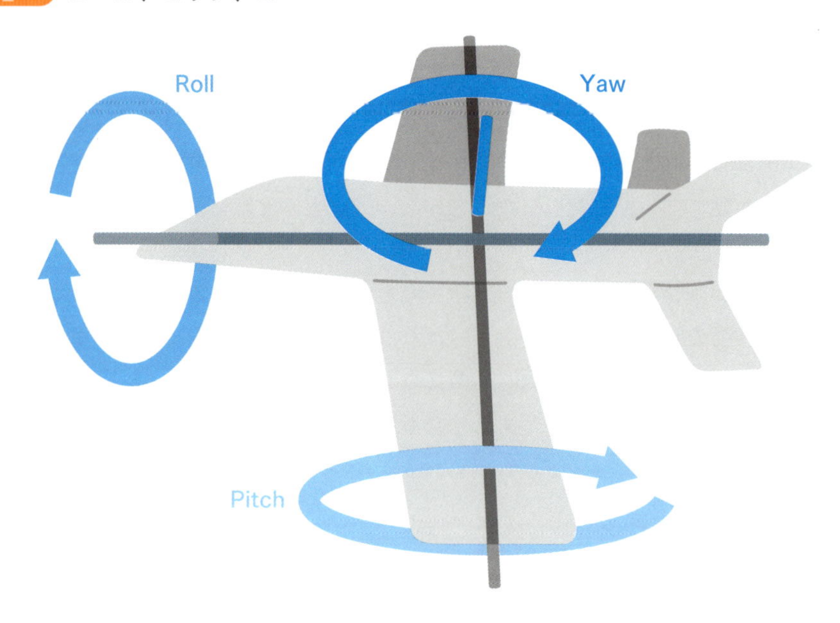

ロール・ピッチ・ヨーの中でもヨー軸回りの回転に関しては比較的酔いを感じづらく、ロール回りの回転は酔いを感じやすいです。VRゲームでは基本的にプレイヤーの視界＝回転角度なのですが、左右や後ろを見るためにわざわざ体全体を動かすのは大変なので左右方向の回転をコントローラーで行えることが多いです。この場合はヨー回転なので酔いづらいですが、もしそれ以外の回転を実装する場合は注意してください。

また、移動同様にプレイヤー入力以外のタイミングで回転を行うことは避けた方がよいです。

回転の仕方についてはカメラ制御でも説明した通りスナップターンやスムーズターンなどの方式があります。連続した回転よりは瞬間的な回転の方が酔いは発生しづらいですが、瞬間的に回転をすると空間のどこをみていたか分からなくなるといった悪影響もあります。VRゲームのジャンルによってはゲームデザインに影響する部分になるので、よく検討してみてください。

この回転方式や、一度に回転する角度についてもゲーム内でプレイヤーが選択できることも多いです。

ちなみに、ヨー回転をしながらピッチ回転もしくはロール回転する刺激はコリオリ刺激と呼ばれ、特に強い酔いが発生することが知られています。遊園地のコーヒーカップをしながら頭を前後に振るような動きがこれに該当します。絶対にやらないようにしましょう。

CHAPTER 9

実践！ VR空間で銃を撃ってみよう

VRシューターは強い人気を誇ります。狙って撃ったり、自分で銃を手に持って標的を狙ったり、自分の手でマガジンを入れ替えたりするのが楽しいからです。しかしそこがVRでシューターを作るにあたっての難関でもあります。

簡単な銃を作ろう：トリガーを引いて弾を撃つ

銃における必要最低限の機能は、いわずとも「引き金を引いたら弾が出る」ですね。つまり、銃を手に持ってトリガーを引いたら撃てればいいわけです。これを実装するだけなら非常に簡単です。「引き金を引いたら弾が出る」という前提条件を、Unityで実装するために必要になる具体的な要件を書き出してみましょう。

- 銃のグリップを持つことができる
- 人差し指をかけるトリガーを引くと、銃口から弾がスポーンされる
- 発射された弾は銃口の前方向へ飛んでいく

とりあえず、これらが満たされたら必要最低限の機能をそなえた銃とみなしてよさそうです。Assets/Lectures/Ch09からCh09Task.Unityを開き、まずは銃を作成していきましょう。

9-1-1 弾と銃本体を作ろう

まずは、銃弾のプレハブを作ります。といっても、Sphereを作り、適当なサイズに調整したうえでRigidbodyをアタッチすれば大丈夫です。本書では、ScaleのXYZをいずれも0.02≒直径2cmとしました（図9_1）。

図9_1 弾を制作する

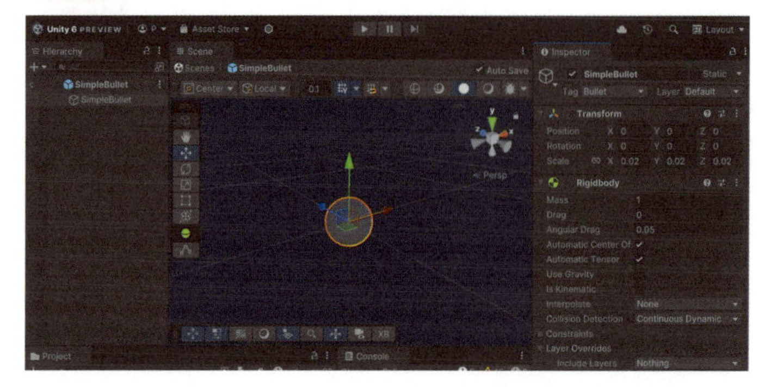

つぎに、銃本体のプレハブを作ります。本当に最低限の体裁なら、「銃身部分」と「グリップ部分」の2つのキューブを用意してL字の形に繋げるだけで充分です（図9_2〜3）。適当な名前の空ゲームオブジェクト（本書では“SimpleGun”）を作成し、その子オブジェクトとして2つのCubeを用意し、それぞれ名前を“Slide”（≒銃身）、“Grip”（≒グリップ）とします。サンプルでは、銃身の座標をX：0、Y：0.03、Z：0.045、ScaleはX：0.04、Y：0.03、Z：0.2に。グリップの座標をX：0、Y：-0.015、Z：-0.035、ScaleはX：0.04、Y：0.06、Z：0.04としています。また、後々やりやすいように、銃身とグリップのコリジョンは無効化しておきましょう。

図9_2 銃身部分を制作する

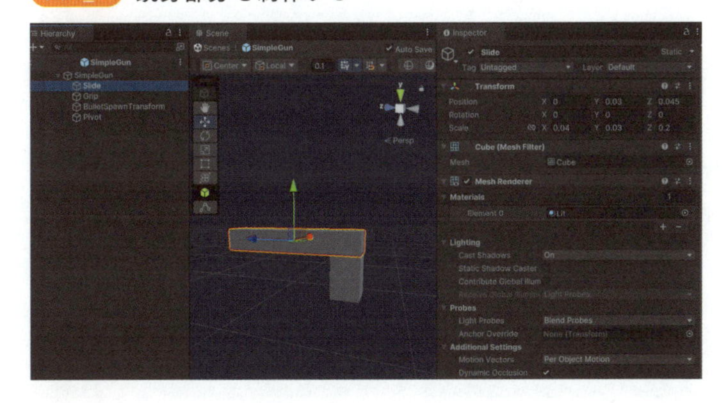

図9_3 グリップ部分を制作する

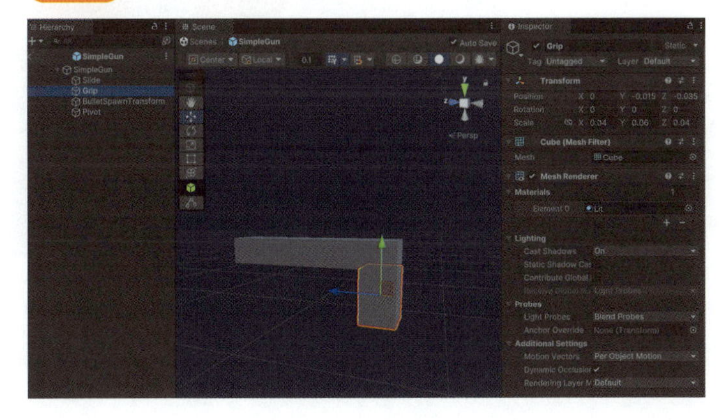

続いて、それらを取りまとめるSimpleGunの設定を作っていきます。まずは、銃身とグリップのコリジョンを、このSimpleGunに統合します。SimpleGunにBox Colliderを2つ新規に追加します。片方のBox Colliderの「Center」に銃身の座標、「Size」に銃身のScaleの数字を入れます。もう片方には、グリップの数字を入れてください（図9_4）。このよう

に、SimpleGunの中にコリジョンをまとめてしまうのは、銃身とグリップが別々にコリジョンを持つとプレイヤーが銃を手に取る処理が複雑になってしまうからです。

図9_4 SimpleGunにコリジョンをまとめる

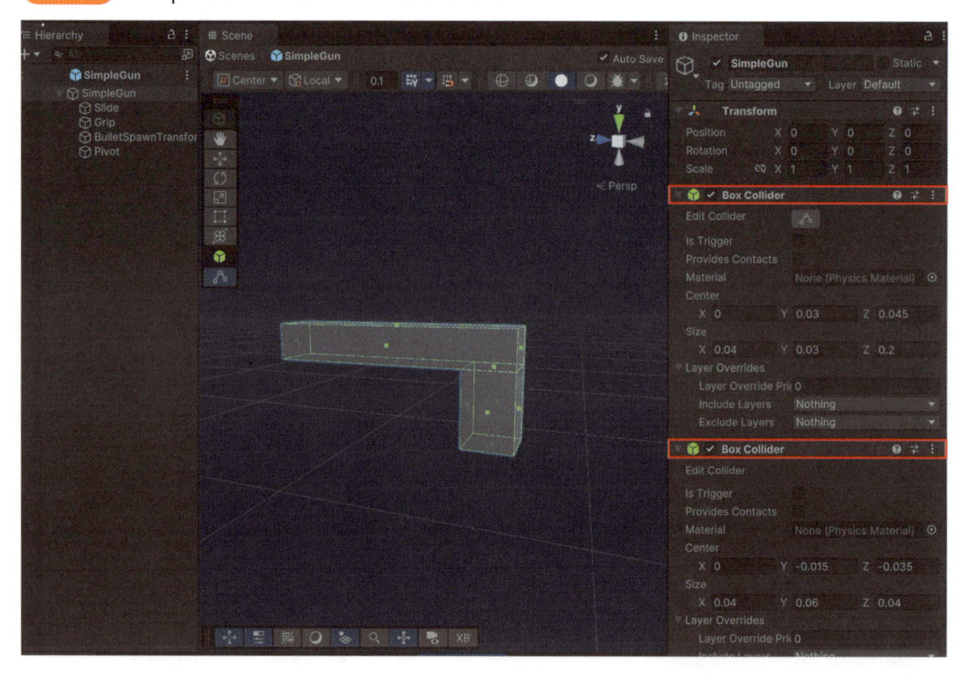

また、プレイヤーがVRのコントローラで触ったり握ったりできるようにするため、XR Grab Interactableのスクリプトを SimpleGunに追加します。しかし、ただスクリプトを追加するだけだと、銃を変な位置で持つことになってしまいます。そこで、持ち手の座標を定める空ゲームオブジェクト"Pivot"を作成し、XR Grab Interactableのパラメータ"Attach Transform"にPivotを追加しておきます。本書ではPivotのTransformの座標をX：0、Y：-0.01、Z：-0.015としていますが、これは実際にVRデバイスを通して銃を握りながら、納得のいく座標を探してみてください。忘れがちですが、Z軸の正の方向が、コントローラに向かって正面となります。次項の手順も行って、図9_5の構成になっていればひとまず銃の完成です。

図9_5 SimpleGunの構成

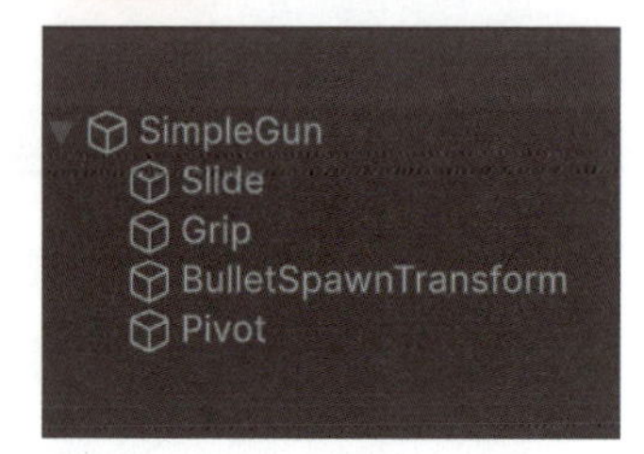

9-1-2 銃を発射できるようにしよう

ここまで銃と弾ができました。ただ、「銃から弾を発射する」という機能を作らなければ、当然ながら今作ったSimpleGunは銃として機能しません。ということで、弾が出てくる座標を指定するための空ゲームオブジェクト、BulletSpawnTransformをまず作成します。本書では座標をX：0、Y：0.03、Z：0.1766としていますが、あなたの納得がゆくまで調整してください。

以上が済んだら、以下弾を発射するスクリプトを作成し、SimpleGunにアタッチしてください。

コード9_1 弾を発射するスクリプト

```
01 using UnityEngine;
02 
03 public class SimpleGunManager : MonoBehaviour
04 {
05     // 弾を発射する座標を入れる変数
06     public Transform bulletSpawnTransform = null!;
07 
08     // 弾のプレハブを入れる変数
09     public GameObject bulletPrefab = null!;
10 
11     // 弾の射出速度の変数
12     public float m_bulletSpeed = 10.0f;
13 
14     // 弾の寿命時間の変数
15     public float m_bulletLife = 5.0f;
16 
17     // 弾の重力の有無
18     public bool m_bulletGravity;
19 
20     public void Fire()
21     {
22         // IInstantiateで弾のPrefabを複製し、弾の射出座標に配置する
23         var newBullet = Instantiate(bulletPrefab,
   bulletSpawnTransform);
24 
25         // 弾は銃から独立したオブジェクトであることを保証する
```

```
26            newBullet.gameObject.transform.parent = null;
27
28            // 弾の物理演算に干渉するため、弾のRigidbodyを呼び出す
29            var rbBullet = newBullet.
    GetComponent<Rigidbody>();
30
31            // 弾の重力設定に作用する
32            rbBullet.useGravity = m_bulletGravity;
33
34            // 弾を弾の正面方向（ローカル座標のZ軸の正、青い矢印）に向かって
    AddForceのImpulseで射出する
35            rbBullet.AddForce(newBullet.transform.forward *
    m_bulletSpeed, ForceMode.Impulse);
36
37            // 弾が寿命を迎えたら消滅させる
38            Destroy(newBullet, m_bulletLife);
39        }
40    }
```

このスクリプトでやっていることを見ていきましょう。まずは、必要なゲームオブジェクトを挿入したり、あとから手触りを調整したりするために必要な変数を揃えます。ここでは、「弾を発射する座標」「弾のプレハブ」「弾の射出速度」「弾の寿命時間」「弾の重力」を挿入、設定できるようにしています。そして、それら変数を用い、弾を精製し、射出させ、弾が消滅するまでをスクリプト内で実行しています。弾の寿命時間、つまり発射してから消滅するまでの時間を設定する理由としては、発射した弾がゲーム内にいつまでも残り続けてしまうことでゲームの処理の負荷となることを避けるためです。

またスクリプト内では、「弾が銃から独立したオブジェクトであることを保証する」コードを入れています。このスクリプトでは弾がスポーンする場所を銃の子ゲームオブジェクトのtransformにしているのですが、これと銃がプレイヤーの手の子オブジェクトであることが合わさって、弾を銃から独立させないと銃弾がプレイヤーの手の子オブジェクトになってしまうためです。この記述がないと、銃弾がプレイヤーの手の位置や角度に追従する変な挙動となってしまい、まともにプレイできなくなります。

COLUMN シンプルな銃も使いよう

なお、この項目で作った銃はほんとうに最低限の機能しかありませんが、これだけでも工夫しだいで面白いVRシューターを作ることはできます。たとえば2017年に発売されたVRゲーム『SUPERHOT VR』は「プレイヤーが頭や手を動かした量に応じてゲーム内の時間も進む」というスローモーションシューターなのですが、そこで使われる銃と今実装した銃の違いは「弾数が決まっているかどうか」だけといっても過言ではありません。このゲームに出てくる銃器は最初から弾数が決まっており、弾が切れたら銃そのものを敵に投げつけて倒します。これにより、限られた武器をいつ何に対して使うかというパズル的な思考が求められます。

ほかにも、2016年に旧OculusとEpic Gamesが共同開発、販売したVRゲーム『Robo Recall』も、同じく弾数が決まっているゲームです。こちらはプレイヤーの両腰にピストルが2丁ぶらさがっており、プレイヤーが銃を取り出すと一定時間後に自動的に腰に銃が補充される、というデザインになっています。つまり、プレイヤーが弾を早打ちしすぎると替えの銃がなくなってしまい無防備になってしまうため、プレイヤーは弾を無駄遣いしないような立ち回りが求められます。このようにゲームデザインしだいで、シンプルな実装でも面白いゲームプレイを実現することは可能です。なお、本章ではここから銃にマガジン機能などを追加しますが、実装難易度も急激に上がります。ここまでで次章に入っても、ゲームは制作できるため、難しそうであれば飛ばしていただいても構いません。

9-1-3 マガジンを装填できるようにしよう

銃から弾を発射するためには、弾そのものの容器、つまりマガジンを銃に装填する必要があります。最初にマガジン本体を作ります。これ自体は難しくないのですが、後から必要になる下ごしらえをしておきます。まずはシーンに空のゲームオブジェクトを作成し、適当な名前（本書ではSimpleMagazine）をつけてプレハブ化しましょう。

続いて、今作ったプレハブをクリックし、編集画面を開きます。Hierarchyを右クリックし3D Object ＞ Cubeからキューブを子オブジェクトとして追加しましょう。キューブのTransformの座標をX：0、Y：0.04、Z：0、ScaleをX：0.02、Y：0.08、Z:0.03にして、当たり判定となるBox Colliderは無効化してください（図9_6）。また、親ゲームオブジェクトであるSimpleMagazineにRigidbodyをアタッチすることを忘れずに。これを忘れると、オブジェクトが物理演算に沿って動いてくれません。

図9_6 キューブの座標を調整する

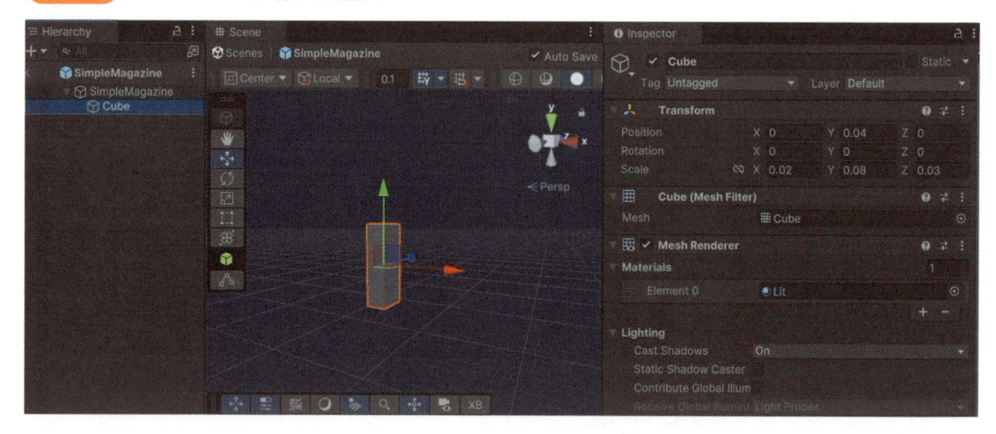

それが済んだら、親ゲームオブジェクトであるSimpleMagazineに、子ゲームオブジェクトのキューブの形状に合うようにしながらBox Colliderを追加します。座標はX：0、Y：0.04：Z：0、SizeをX：0.02、Y：0.08、Z：0.03としてください。また、プレイヤーがマガジンを手に取るために欠かせない、XR Grab Interactableもアタッチしておきましょう（図9_7）。キューブのBox Colliderをそのまま利用しようとすると、のちのち別のオブジェクトを入れる際に、そのBox Colliderのスケールに合わせないといけないという不便が生じます。そのため、空のゲームオブジェクトをプレハブの親にしてからそれにBox Colliderを追加しています。

図9_7 Box Colliderを追加する

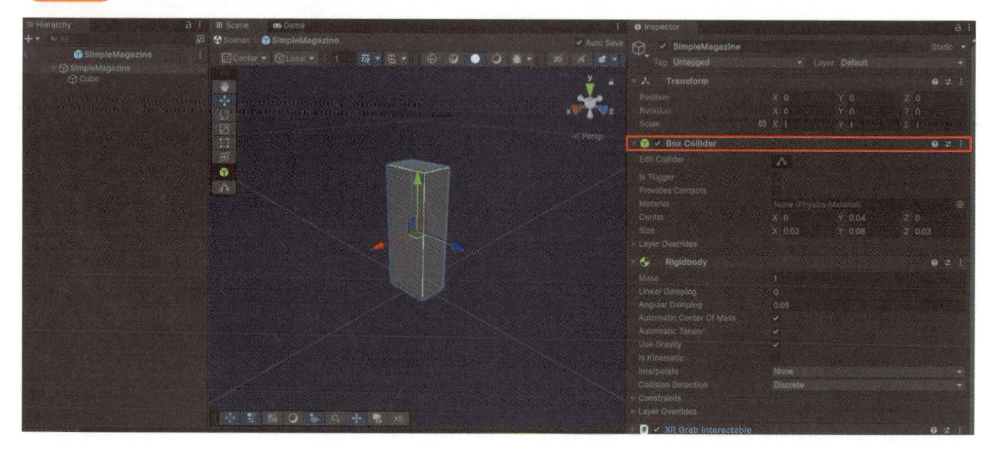

マガジンのスクリプトを作る

さらに、マガジンのスクリプトを作っておきましょう。マガジンに必要な機能は「今は弾が何発入っているのかを銃に伝える」「外部のスクリプトから任意の数だけ残弾を増やしたり減らしたりできるようにする」の2つです。後者は、変数をpublicとして実装するという手もなくはないですが、ここではGet関数とSet関数を使い、外部から直接変数をいじれないようにしておきます。本書冒頭や別の資料でC#ほかプログラミングの基礎を触った方ならご存じかもしれませんが、変数というものは本来むやみやたらにpublicにしてはいけません（UnityではInspectorでパラメータを調整するために多用しがちではありますが）。あくまで変数はprivateにして他のスクリプトから直接触れないようにし、Get関数で変数の中身を渡したりSet関数で変数の中身を変えさせる必要があります。

Get関数とSet関数を挟むことによって「いつどこで何の関数が動いたのか」を後から検知できるようにもなります。逆にいえば、様々なスクリプトから同一のpublic変数を直接いじりまくると、後から「この変数はどこから触ったっけ？」と調べようとしても把握できなくなってしまうのです。

以下のスクリプトはSimple Magazineの親ゲームオブジェクトにアタッチしてください。

コード9_2 マガジンを管理するスクリプト

```
01 using UnityEngine;
02 
03 public class SimpleMagazineManager : MonoBehaviour
04 {
05     // Magazineの最大弾数
06     public int MagazineBulletNumMax = 13;
07 
08     // Magazineの現時点の弾数
09     int magazineBulletNumCurrent;
10 
11     void Start()
12     {
13         // 現時点の弾数を最大弾数に初期化
14         magazineBulletNumCurrent = MagazineBulletNumMax;
15     }
16 
17     // Pistolに現時点の弾数を渡すGet関数
18     public int GetBulletNum()
19     {
20         return magazineBulletNumCurrent;
```

```
21      }
22
23      // Pistolから弾数の加算減算を受け取って現時点の弾数にするSet関数
24      public void SetBulletNum(int pistolBulletNum)
25      {
26          magazineBulletNumCurrent = pistolBulletNum;
27      }
28
29      public void RemoveFromParent()
30      {
31          gameObject.transform.parent = null;
32      }
33  }
```

ソケットを制作する

次に、銃にマガジンを差し込むためのソケットを「XR Socket Interactor」で作りましょう。「ソケット(Socket)」とは、一般的に何かしらの差し込み口を指す言葉です(例：電球のソケット)。XR Socket Interactorはあるゲームオブジェクトを特定の箇所に差し込んだり保持したりするときに使います。具体的には、鍵穴に鍵を差し込むとか、アイテムボックスにアイテムを入れていつでも取り出せるようにするなどです。今回は銃のグリップ部分の下部にソケットを作り、ここにマガジンを近づけるとグリップにあるソケットの位置にマガジンが収納されるようにしましょう。

Simple Gunの子オブジェクトとして空のゲームオブジェクトを作り、適当な名称(本書ではMagazine Socket)を付け、コンポーネント「XR Socket Interactor」と「Box Collider」を登録します。Magazine Socketの座標は、銃のグリップの下に来るように調整しましょう。本書では、Magazine Socketの座標をX：0、Y：0.03、Z：-0.0365、BoxColliderのisTriggerをTrue、CenterをX：0、Y：-0.1、X 0、SizeはX、Y、Zすべて0.05に設定しました。また、ソケットに収納されたオブジェクトの中心位置を指定するための空ゲームオブジェクト、“SocketTransform”も用意して、XR Socket InteractorのAttach Transformに代入します。本書ではSocketTransformの座標をX：0、Y：-0.0471、Z：-0.0365としています(図9_8)。こちらも、おのおのが納得いくまで調整してみてください。

図9_8 ソケットを制作する

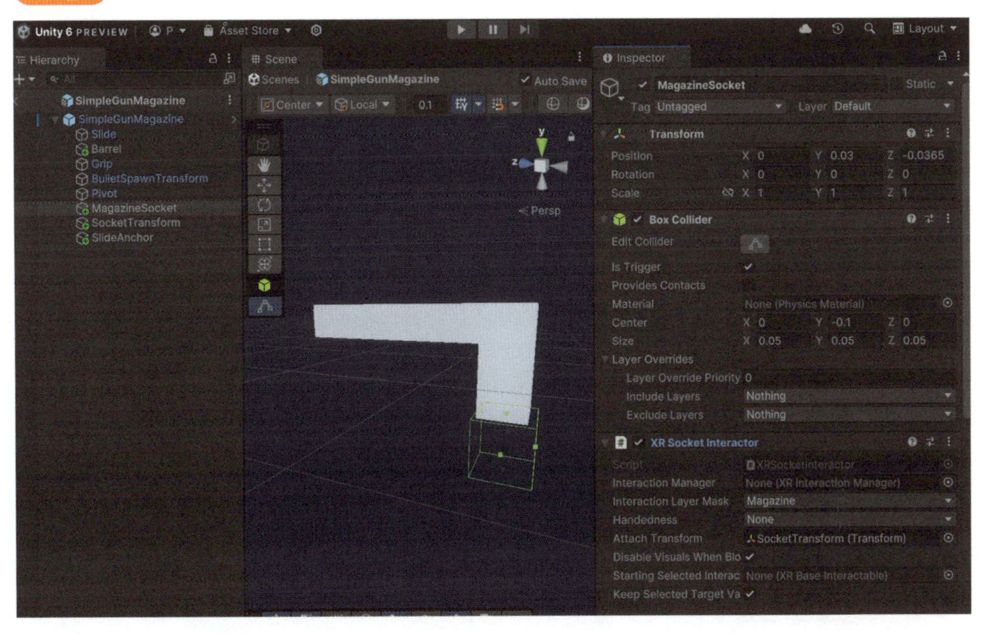

また以上が済んだら、今作ったSimple Gunを、新規にプレハブ化しておきましょう。ソケットを付与したSimpleGunのプレハブをProjectウィンドウにドラッグ&ドロップします。すると、「Original Prefab」か「Prefab Variant」のどちらを作成するか聞かれるので、前者を選択してください。後者を作った場合は親に依存する子プレハブができますが、Original Prefabはあくまで別物のプレハブとして扱われます。サンプルでは、ソケットを付与した銃を「SimpleGunMagazine」という名前のプレハブにしています。マガジンのほかにもこれから銃に機能を追加しますが、その段階ごとにプレハブ化するとよいでしょう。

9-1-4 レイヤーを設定しよう

以上の設定が済んだら、意図通りに動くか確認すべく、さっそくプレイしてみましょう。片手で銃を持ち、もう片方の手でマガジンを持って、銃のグリップの底にマガジンを近づけるとスルっと吸着されたら成功です。しかしこの実装だと、銃とマガジンがソケットによって無理やり合体したことにより、銃とマガジンの物理演算が相互干渉しています。プレイヤーが銃を手から離した瞬間にあらぬ方向へと飛んで行ったり、ランダムな方向へブルブルと震えが止まらなくなっており、これでは使いものになりません。

そこで、銃とマガジンの物理演算が干渉しないようにしましょう。もっとも簡単な方法は、銃とマガジンがぶつからなくなるようにすることです。Unityにはレイヤーという便利な機能があり、そのレイヤーごとにオブジェクトを管理できます。たとえば、「レイヤー

Aとレイヤー Bのオブジェクト同士は物理的に干渉しなくなる」といったことが設定可能です。本書では、簡潔に実装するため「プレイヤーが掴むオブジェクト（GrabbableObject）同士は干渉しなくなる」とします。

マガジンとして設定しているゲームオブジェクト（SimpleMagazine）のInspector欄、一番上にあるLayerをクリックし、AddLayerをクリックします（図9_9）。すると、マガジンに登録されているLayerの一覧が出てきます（図9_10）。User Layerの欄に、「GrabbableObject」など任意のレイヤー名を、新しいレイヤーとして登録しましょう。同じように、SimpleGunのほうのレイヤーも「GrabbableObject」に揃えます。

図9_9 レイヤー欄からAdd Layerを選択する

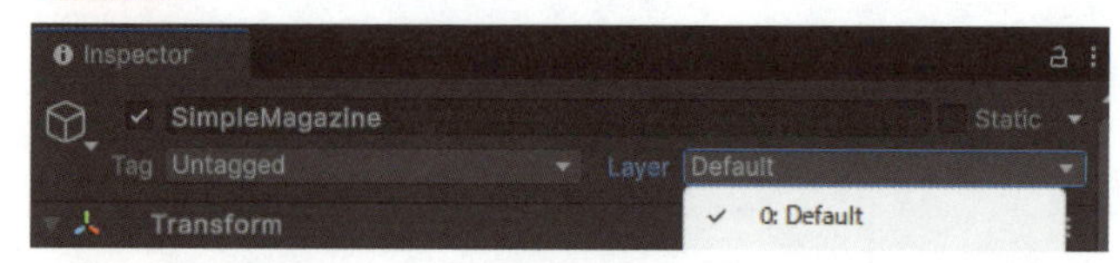

図9_10 新規レイヤーを追加する

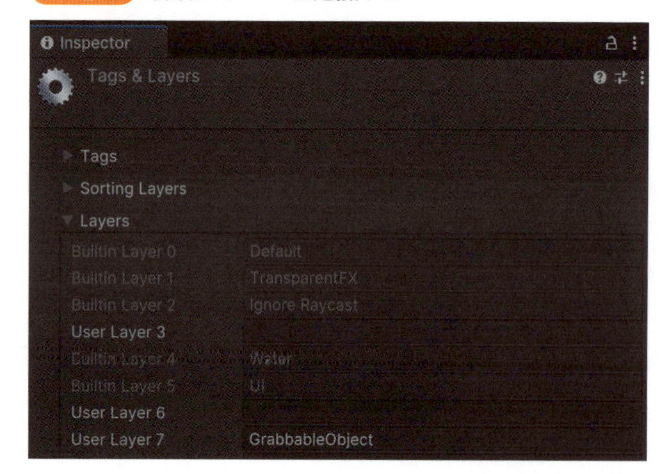

次に、メニューバーのEdit ＞ Project Settingsから、Physics ＞ Layerの欄を見ます。ここにはマトリクス表があり、MagazineとGunの互いの干渉箇所のチェックマークを外すことで物理的干渉をなくせます（図9_11）。

図9_11 Project SettingsのLayerのマトリクス表

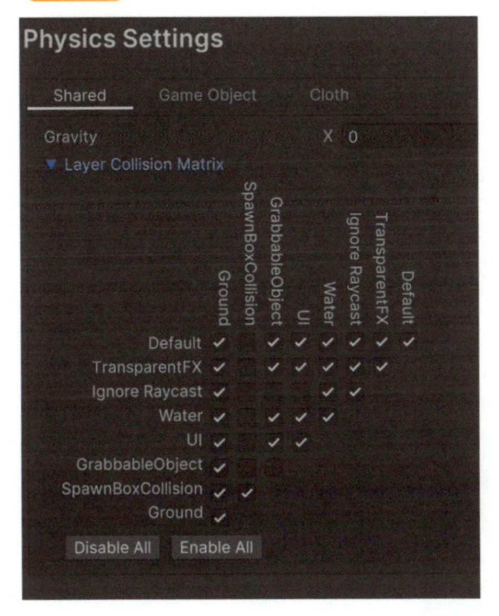

ただし、これを正常に動かすには「Interaction Layer Mask」の適切な設定が欠かせません。Near-Far InteractorやSocket Interactor、XR Grab InteractableなどInteractorには「どのレイヤーのオブジェクトに反応するか」を設定する欄「Interaction Layer Mask」があり、これを適切に設定しないと銃のソケットにマガジン以外のものが挿されてしまったり、レイヤーを変えたオブジェクトが手に持てなくなったりしてしまいます。対処としては、まずはマガジンのXR Grab InteractableのInteraction Layer Maskに「Magazine」を追加します。そして、銃のソケットのSocket InteractorのInteraction Layer Maskに「Magazine」を選択すると、銃のソケットがマガジンにだけ反応するようになります。ただし、これだけだとプレイヤーのInteractorが新規に追加されたMagazineに反応できないため、プレイヤーの手にあるNear-Far Interactorの Sphere Interaction Caster（直接つかむための判定）と、Curve Interaction Caster（遠くから掴むための判定）にある Filtering Settings > Raycast Maskに「Magazine」を追加しましょう（図9_12）。いよいよマガジンを手に持って銃に装填できるようになりましたね。

図9_12 つかみたいオブジェクトのレイヤーを設定する

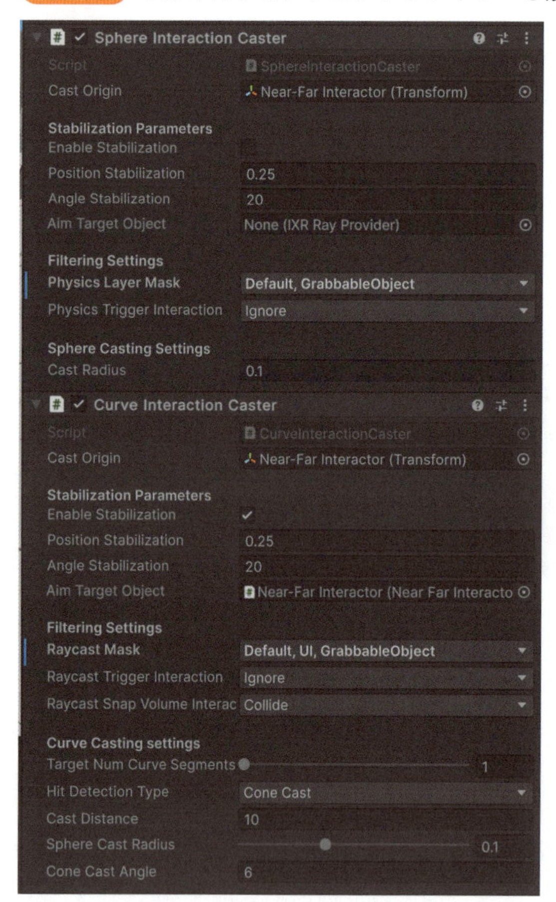

9-1-5 マガジンと銃を連携させよう

銃とマガジンのレイヤーの問題を解決したら、今後はマガジンの弾数の情報を銃に伝えられるようにしましょう。それにより、「銃の引き金を引いたらマガジンから弾を1つ取り出して発射する」「マガジンが空の状態だと銃の引き金を引いても弾が出なくなる」ことができるようにします。

まずは、銃のソケットに付与するスクリプトを用意しましょう。必要なのは「ソケットに入っているオブジェクト」という情報を引き出すことです。ここでマガジンを挿入するための銃のソケットのInspectorからXR Socket Interactorの中身を見てみてください。「今ソケットに入っているゲームオブジェクトは何か？」を示す変数がないことに気が付いたでしょうか。困りましたね。

これをなんとかするためには、拡張クラスを使います。実はXR Socket InteractorはXR

Select Interactorを継承したクラスであり、XR Select Interactorに用意された拡張クラス“GetOldestInteractableSelected(IXRSelectInteractor)”を使うことでSelectorの中身を知ることができます。なお、ネット記事などによっては「拡張クラス“SelectTarget”で中身を取り出す」と記述があるかもしれませんが、残念ながらその方法は本書籍発行時点の最新バージョンで使うことができませんので、ご注意ください。

https://docs.unity3d.com/Packages/com.unity.xr.interaction.toolkit@3.0/api/UnityEngine.XR.Interaction.Toolkit.Interactors.XRSelectInteractorExtensions.html

また、マガジンに弾が何発入っているのかを銃に伝えるためには、マガジンが挿入されたソケットから銃本体に「今ソケットに入っているマガジンはこれですよ」という情報を伝達する必要があります。

ややこしい点として、これはマガジンのスクリプトだけではなく、銃本体と銃のソケットのスクリプトを同時に編集しなければいけません。具体的には、マガジンの情報を受け取るための変数を銃本体のスクリプトに追加する必要があります。ここではm_magazineCacheというGameObject変数に、銃のソケットに刺さっているマガジンの情報を保持させ、m_magazineCacheおよびマガジンにのちほどSimpleMagazineManagerというスクリプトを割り当てることで解決します。

コード9_3 ソケットに付与するスクリプト

```
01 using UnityEngine;
02 using UnityEngine.XR.Interaction.Toolkit.Interactables;
03 using UnityEngine.XR.Interaction.Toolkit.Interactors;
04 
05 public class SocketDetectionMagazine : MonoBehaviour
06 {
07     // Socketの情報を格納する変数
08     public XRSocketInteractor magSocket;
09     // Socketの情報をピストルに伝達するための変数
10     // SimpleGunMagazineManagerの入っているゲームオブジェクトのみ受
   け付ける
11     public SImpleGunMagazineManager gun;
12     // スクリプト内でソケット内のゲームオブジェクトの情報を保つ
13     private IXRSelectInteractable socketObject;
14 
```

```
15        private bool isForceEject = false;
16        private float timer = 0.0f;
17        public float socketTimer = 0.8f;
18
19
20        // Start is called before the first frame update
21        void Start()
22        {
23            magSocket = GetComponent<XRSocketInteractor>();
24        }
25
26        // Update is called once per frame
27        void Update()
28        {
29            // ソケットは利き手を判定する情報を持たないので
30            // 銃の利き手の情報をソケットで再利用する
31            // 銃が右手で持たれているときは、ソケットはAボタンに反応する
32
33            if (gun.xrgInt.IsSelectedByRight() &&
   InputManagerLR.PrimaryButtonR_OnPress())
34            {
35                ForceEjectSocket();
36            }
37
38            // 銃が左手で持たれているときは、ソケットはXボタンに反応する
39
40            if (gun.xrgInt.IsSelectedByLeft()&&
   InputManagerLR.PrimaryButtonL_OnPress())
41            {
42                ForceEjectSocket();
43            }
44
45            // ForceEjectSocketを実行したら、ソケットの当たり判定を無効
   化するタイマーを用意する
```

```
46          if (isForceEject == true)
47          {
48              timer += Time.deltaTime;
49          }
50
51          // タイマーが指定時間を超えたら、ソケットの当たり判定を復活させる
52          if (timer > socketTimer)
53          {
54              Debug.Log(“ Socket復活”);
55              timer = 0.0f;
56              isForceEject=false;
57              this.transform.GetComponent<BoxCollider>().
    enabled = true;
58          }
59      }
60
61      public void SocketCheck()
62      {
63
64          // Socketの中身を特定する関数は
    GetOldestInteractableSelected()
65          socketObject = magSocket.GetOldestInteractableSele
    cted();
66          if (socketObject != null )
67          {
68              Debug.Log($”magSocket:“  + socketObject.
    transform.gameObject.name);
69          }
70          else
71          {
72              Debug.Log(“ magSocket is null”);
73          }
74      }
75
```

```
76      public void SendSocketInfo()
77      {
78          // ソケットに挿入されたマガジンの情報を銃本体に送る
79          if (gun != null && socketObject != null)
80          {
81              gun.m_MagazineCache = socketObject.transform.
    gameObject;
82          }
83          else if (gun == null)
84          {
85              Debug.Log(this.gameObject.name +" のSocketの親と
    なる銃が登録されていません");
86          }
87          else
88          {
89              Debug.Log(this.gameObject.name +" のSocketの中の
    ゲームオブジェクトはnullです");
90          }
91      }
92
93      public void ResetSocketInfo()
94      {
95          // マガジンを強制イジェクトしたときに
96          gun.m_MagazineCache = null;
97          socketObject = null;
98          Debug.Log(" Socket情報をリセット");
99      }
100
101     public void ForceEjectSocket()
102     {
103         if (socketObject == null)
104         {
105             Debug.Log(" socketの中身がnullなので強制排出できない");
106             return;
```

```
107            }
108            // 特定の条件でソケットを強制無効化、中身を排出
109            Debug.Log(" ForceEjectSocket実行");
110            magSocket.interactionManager.SelectExit(magSocket, 
socketObject);
111            this.transform.GetComponent<BoxCollider>().enabled 
= false;
112            isForceEject = true;
113
114            // Socketからマガジンの情報を強制的に削除
115            ResetSocketInfo();
116        }
117 }
```


以上のスクリプトは、「9_1_3　マガジンを装填できるようにしよう」で作ったソケット用ゲームオブジェクト（本書では“Magazine Socket”）にアタッチしてください。また、プレイヤーがマガジンをソケットに挿入したとき、そのマガジンの情報を銃本体に送るために、MagazineSocketのイベント“Select Entered（ソケットに挿入したとき）”と“Select Exited（ソケットから外されたとき）”にSocketDetectionのSocketCheckとSendSocketInfoが発生するように設定しておきましょう。

かんたんにコードの説明をしておきます。ソケットには「情報を伝える銃本体」とソケットの中身を知るための「ソケット自身」の情報を与える必要があります。そこで、まずpublicでスクリプト名と同名の変数を用意することで「銃のスクリプトが入っているゲームオブジェクト」「ソケットのスクリプトが入っているゲームオブジェクト」をUnityエディタから与えられるようになります(※)。

また、プレイヤーがボタンを押したときにマガジンが強制的に排出されるようにするため、ForceEjectSocket()という関数を用意しました。プレイヤーが銃本体を右手で持ちながら右コントローラのAボタンを押したときか、銃本体を左手で持ちながらXボタンを押したときに、マガジンが排出されるようにしています。現実の銃にもマガジンの排出ボタンはついており、VRのシューターでマガジンの排出ボタンがないものは少数派と言えます。マガジンの管理が必要なVRゲームなら、マガジン排出ボタンは可能な限り入れておきましょう。

利き手の判定のため、XR Grab Interactableに対しIsSelectedByRight()とIsSelectedByLeft()という関数を使っています。これにより、利き手をbool値で取得することができます。

実はこの関数はUnity XRITのVersion 3.0.0から追加されたもので、それまでのバージョンには利き手を判別する機能は入っておらず、ユーザーが独自に用意する必要がありました。Near-Far InteractorやPoke Interactor、Teleport Interactorなど各種InteractorのHandednessに利き手(Right, Left, None)の情報が含まれており、各種InteractableはInteractorにSelectされているときにこの情報を取得できます(図9_13)。

※publicで変数としてスクリプト名を書くと、そのスクリプトが入っているゲームオブジェクトのみ変数で扱えるようになります。これが使えないときは、"ゲームオブジェクト名".GetComponent()<"スクリプト名">、if("ゲームオブジェクト名".TryGetComponent<"スクリプト名">(out var getComponent))などがあります。

図9_13 Handednessに情報が入っている

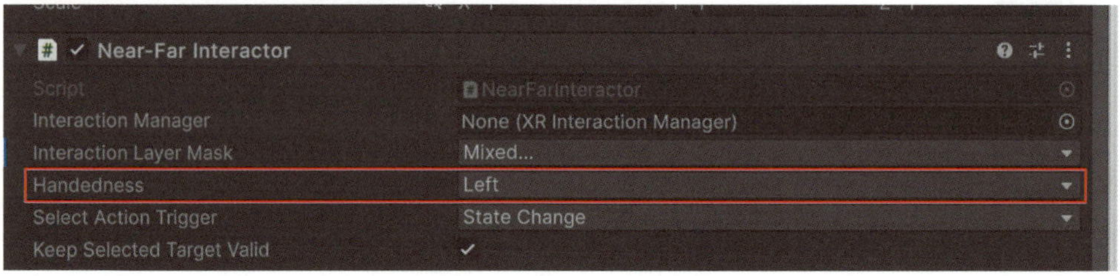

Near-Far Interactor	
Script	NearFarInteractor
Interaction Manager	None (XR Interaction Manager)
Interaction Layer Mask	Mixed...
Handedness	Left
Select Action Trigger	State Change
Keep Selected Target Valid	✓

9-1-6 残弾を管理しよう

次は、銃のスクリプトを改変して、銃を発射するときにマガジンから弾が減るようにしてみましょう。

必要なことを整理すると「プレイヤーが引き金を引いたとき」に「(1)そもそもマガジンが銃に入っていない場合は、弾は撃てない」「(2)マガジンが入っている場合は、マガジンに弾が入っているかを確認する」「(3a)弾がまだ入っていたら、弾を発射して、マガジンから弾を減らす」「(3b)弾が入っていなかったら、弾は発射されないし、マガジンの中は変わらず空のままにする」です。引き金を引いたときに弾数とマガジンの有無を条件に判定するというのがミソです。SimpleGunManagerにマガジンの情報を与えて条件分岐をさせる「SimpleGunMagazineManager」を以下新たに用意しました。

コード9_4 SimpleGunMagazineManagerのスクリプト

```
01 using System.Collections;
02 using System.Collections.Generic;
03 using UnityEngine;
04 
05 public class SimpleGunMagazineManager : MonoBehaviour
```

```
06 {
07     // 弾を発射する座標を入れる変数
08     public Transform bulletSpawnTransform = null!;
09     // 弾のプレハブを入れる変数
10     public ゲームオブジェクト bulletPrefab = null!;
11     // 弾の射出速度の変数
12     public float m_bulletSpeed = 10.0f;
13     // 弾の寿命時間の変数
14     public float m_bulletLife = 5.0f;
15     // 弾の重力の有無
16     public bool m_bulletGravity = false;
17 
18     // Magazine関連
19     // Magazineの情報をキャッシュ（一時保存）
20     public GameObject m_MagazineCache;
21     // Magazineに入っている弾の数
22     public int m_PistolBulletNum;
23 
24 
25     public void Fire()
26     {
27         if (m_MagazineCache == null)
28         {
29             Debug.Log(this.gameObject.name +“ のマガジンが
nullなので撃てない”);
30             return;
31         }
32         Debug.Log(“ SocketMagがnullではない”);
33         if (m_MagazineCache.TryGetComponent<SimpleMagazine
Manager>(out var socketMag))
34         {
35             // 弾が1発未満のときは、撃てない
36             if(socketMag.GetBulletNum() < 1)
37             {
```

```
38                Debug.Log(socketMag.gameObject.name +“ は撃てない、弾の数が” + socketMag.GetBulletNum());
39                return;
40            }
41            else
42            {
43                socketMag.SetBulletNum(socketMag.GetBulletNum() - 1);
44            }
45        };
46        Debug.Log(socketMag.gameObject.name +“ は撃った、弾の数は” + socketMag.GetBulletNum());
47
48        // IInstantiateで弾のPrefabを複製し、弾の射出座標に配置する
49        var newBullet = Instantiate(bulletPrefab, bulletSpawnTransform);
50        // null対策
51        if (newBullet == null)
52        {
53            Debug.Log(“ Simple: newBulletがnull”);
54            return;
55        }
56
57        // 弾は銃から独立したオブジェクトであることを保証する
58        newBullet.gameObject.transform.parent = null;
59
60        if (newBullet.gameObject.transform.parent == null)
61        {
62            Debug.Log(newBullet.gameObject.name +“ の親はnull”);
63        }
64        else
65        {
```

```
66              Debug.Log(newBullet.gameObject.name +“ の親は” +
    newBullet.gameObject.transform.parent);
67          }
68
69
70          // 弾の物理演算に干渉するため、弾のRigidbodyを呼び出す
71          var rbBullet = newBullet.
    GetComponent<Rigidbody>();
72
73          // 弾の重力設定に作用する
74          rbBullet.useGravity = m_bulletGravity;
75
76          // 弾を弾の正面方向（ローカル座標のZ軸の正、青い矢印）に向かって
    AddForceのImpulseで射出する
77          rbBullet.AddForce(newBullet.transform.forward *
    m_bulletSpeed, ForceMode.Impulse);
78
79          // 弾が寿命を迎えたら消滅させる
80          Destroy(newBullet, m_bulletLife);
81
82      }
83  }
```

VRではないビデオゲームでも、おそらく似たような条件分岐になっていることでしょう。ふつうのビデオゲームだったら、弾数がゼロかどうか、そうでなければ何発入っているかさえ情報があれば十分に遊びになります（ミリタリー系かつリアルさを重視したFPSでは、マガジンが個別に存在することもあります）。しかし、VRらしい遊びと深みを出すためには、この条件分岐では足りません。次はVRらしく、プレイヤーに手遊びと現実のような手ごたえを与える計算を入れてみましょう。

CHAPTER 9

2 より銃らしい銃にしよう

9-2-1 銃の構造を理解しよう

さきほどのスクリプトには「スライド」と「チャンバー」が足りていません。実際のところ、筆者がVRゲームをプレイしてきた限りではマガジンを実装しているVRゲームはまず間違いなくスライドとチャンバーを両方とも実装しています。ほかのゲームが実装しているからといって自分の作るゲームでも先例に習って実装しなければいけないことはないですが、広く採用されている実装にはそれだけの必要性や需要があります。

ここで、銃の構造を簡単に説明します。銃には薬室、別称"チェンバー"という部位があります。銃にマガジンを差し込んでも、銃弾が自動的に装填されることはありません。一度スライドという部位を手で引くことにより、マガジンから薬室に弾が一発装填されます。薬室に弾が入っている状態で撃つと、次の弾がマガジンから自動的に補給されます。このため、「銃の薬室が空の状態のところにマガジンを差し込み、銃のスライドを引いて銃に弾を入れる」「マガジンに弾が残っている限り、引き金を引いて弾を撃つたびにマガジンから銃に弾が補填される」「マガジンが空になった状態で銃に入っていた最後の弾を撃つと、スライドが後ろに引いて弾を撃てなくなる」といったことがおきます。

ちょっとややこしくなってきましたね。そこで、説明のためのフローチャートを用意しました（図9_14）。フローチャートはそのままコードを書くときの指標となるため、プログラミングに不慣れな間は迷ったら書いておきましょう。

図9_14 銃のしくみを表すフローチャート

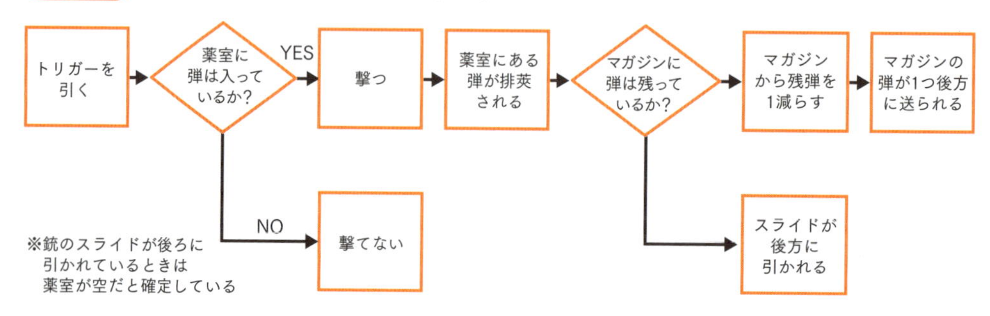

9-2-2 排莢を作ろう

排莢を作る前に、前節で作った銃と今節で作る銃を別のプレハブにしておきましょう。SimpleGunMagazineプレハブから、新たに「SimpleGunSlide」を作成します。また、コード9_4のSimpleGunMagagineManagerをコピペしたスクリプト、「SimpleGunSlideManager」を用意し、SImpleGunSlideにアタッチしてください。続いてチャンバーとスライドを作る前に「排莢」のスクリプトを作ります。排莢とは、銃を撃ったあとに空になった薬莢が銃から飛び出る部分です。銃弾は薬莢の中に弾があり、弾を射出したあとは空になった薬莢が残るしくみになっています。実装しなくともVRの銃としては機能しますが、雰囲気づくりは大事なので、入れておきます。VRでは銃弾を発射するのと同じように、空になった薬莢のプレハブを用意しておいて、それが銃から飛び出るような処理にします。

排出する空の薬莢のプレハブは、ここでは円柱を用います。名前は、SimpleCaseとしてください。シーンで生成した円柱をプレハブ化し、座標を原点にリセット、ScaleはX：0.0125、Y:0.00625、Z:0.0125とします（図9_15）。Rigidbodyの付与も忘れずに行いましょう（値は初期値のままで問題ありません）。

図9_15 薬莢のプレハブを用意する

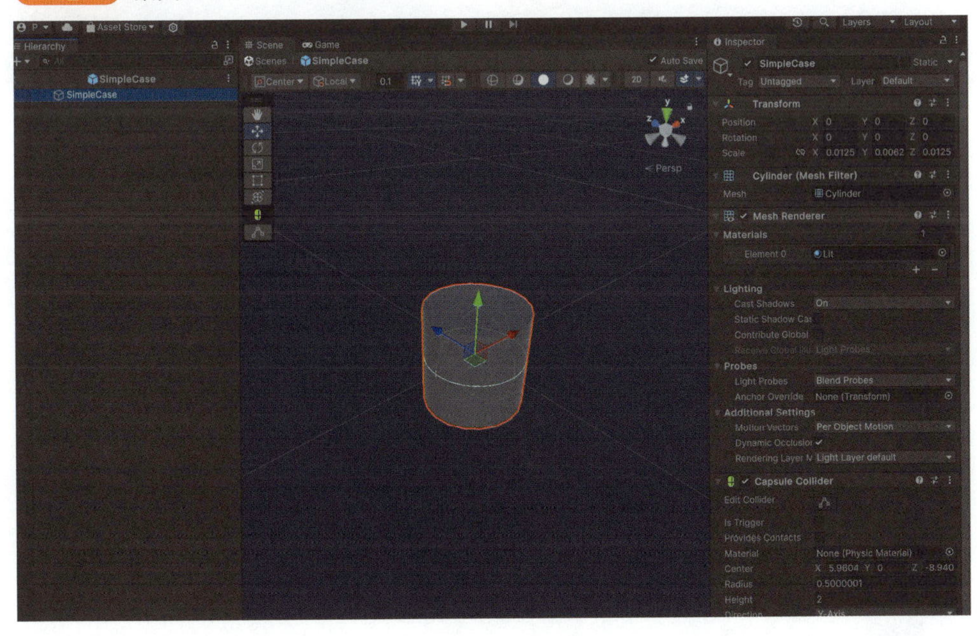

薬莢のプレハブを用意したら、これを射出する場所とスクリプトを用意しなくてはいけません。銃のプレハブの中に射出するTransformを取得するための空のゲームオブジェク

トを作りましょう。

本書が用意したサンプルでは空ゲームオブジェクト“CaseSpawnTransform”を作り、そのTransformをPosition X：0、Y：0.03、Z：-0.0215、Rotation X：-30、Y：90、Z:-90、Scaleはすべて1としました。銃の後方上部からおおよそ上方向に飛び出す感じであれば、どんな座標でもかまいません。なお、スクリプトではZ軸の正方向（エディタにおける青色の矢印の方向）に飛び出すようにしています。これはVector3.forwardというコマンドを使うのですが、このforwardがz軸の正方向を指しているためです（図9_16）。

図9_16 薬莢が飛び出してくる方向

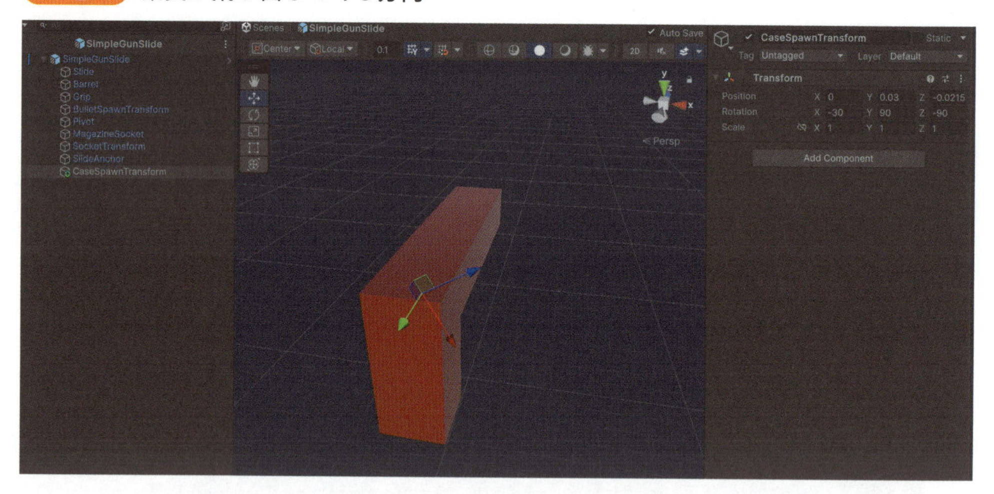

続いて、スクリプトSimpleGunSlideManagerを改変します。まず冒頭に、以下のコードを付与しましょう。排出された薬莢が一定期間たったら消滅するようにしたいようであれば、寿命のためのfloat変数を用意してください。

コード9_5 薬莢排出のスクリプト

```
01 //スクリプト冒頭
02         // 薬莢を発射する座標
03         public Transform CaseSpawnTransform = null!;
04 
05         // 薬莢のプレハブ
06         public GameObject CasePrefab = null!;
07 
08         // 薬莢の射出速度
```

```
09         public float CaseSpeed = 2.5f;
10
11         // 薬莢の寿命時間
12         public float CaseLife = 2.0f;
13         // 薬莢は重力で落下するものなので、重力切り替えは用意しない
14
15 ***
16         public void EjectCase()
17         {
18             // あとで排出処理をまとめる
19
20             // 排莢を実行する
21             // 例外をはじく
22             if (isChamberFill == false)
23             {
24                 Debug.Log("薬室に弾がないので排出する弾がない");
25                 return;
26             }
27
28             // Instantiateで薬莢のPrefabを複製し、薬莢の射出座標に
   配置する
29             var newCase = Instantiate(CasePrefab,
   CaseSpawnTransform);
30
31             // 薬莢は銃から独立したオブジェクトであることを保証する
32             newCase.gameObject.transform.parent = null;
33
34             // 薬莢の物理演算に干渉するため、薬莢のRigidbodyを呼び出す
35             var rbBullet = newCase.
   GetComponent<Rigidbody>();
36
37             // 薬莢を薬莢の正面方向（ローカル座標のZ軸の正、青い矢印）に
   向かってAddForceのImpulseで射出する
```

```
38            rbBullet.AddForce(newCase.transform.forward *
CaseSpeed, ForceMode.Impulse);
39
40            // 薬莢が寿命を迎えたら消滅させる
41            Destroy(newCase, CaseLife);
42        }
```

9-2-3 チェンバーを作成しよう

次に、スクリプトを改変してチェンバーを管理する要素を追加します。今回はボタン操作とモーションコントロールの両方でチェンバーを制御できるようにします。

ここで必要なのは、「チェンバーに弾が入っているかどうかを現すbool変数」「マガジンからチェンバーに弾を補充するか・できるかを判定する関数」の2つです。まずは、スクリプトの頭にある変数に、以下チェンバーのbool変数を追加します。

コード9_6 薬室管理の変数

```
01    // 薬室を管理する
02    private bool _isChamberFill = false;
```

次に、チェンバーのboolの情報を受け渡すGet関数を作ります。チェンバーの中がどうなっているかの情報は、スライドでも使うためです。そのかわり銃本体以外からチェンバーの中を制御する権利は与えません。

コード9_7 boolの情報を渡すGet関数

```
01    public bool GetChamberFill()
02    {
03        // 薬室に弾があるかどうかを外部に伝える
04        return _isChamberFill;
05    }
```

そして最後に、チェンバー内の弾数の判定を実装します。

コード9_8 弾数を判定するスクリプト

```
01      public void ChamberCheck()
02      {
03          // マガジンが挿さっていない場合
04          if (m_MagazineCache == null)
05          {
06              // チェンバーに弾が入っていたとき
07              if (GetChamberFill())
08              {
09                  EjectCase();
10                  Debug.Log(" 薬室は空になった");
11                  // スライドを後ろに引く
12                  slide.SetSlidePullBack(true);
13                  Debug.Log(" マガジンがないので、スライドを後ろに引い
    た");
14              }
15              else
16              // チェンバーに弾が入っていなかったとき
17              {
18                  slide.SetSlidePullBack(false);
19                  Debug.Log(" 薬室は元から空だった");
20              }
21
22              // 薬室の中を空にする
23              _isChamberFill = false;
24              Debug.Log(" 薬室は空になった");
25
26              return;
27          }
28
29          // マガジンが挿さっている場合
30          if(m_MagazineCache.TryGetComponent<SimpleMagazineM
    anager>(out var magazine))
31          {
```

```
32              // マガジンの残弾数が0以上のとき
33              if (magazine.GetBulletNum() > 0)
34              {
35                  // マガジンの残弾数を1減らす
36                  magazine.SetBulletNum(magazine.
    GetBulletNum() - 1);
37
38                  // この時点で薬室が空の場合もあるため、考慮する
39                  if (_isChamberFill)
40                  {
41                      EjectCase();
42                  }
43
44                  // 薬室を埋める
45                  _isChamberFill = true;
46                  Debug.Log(" 弾を補充、マガジンの残弾は残り " +
    magazine.GetBulletNum());
47              }
48              // マガジンの残弾数が0のとき
49              else
50              {
51                  // スライドを後ろに引く
52                  slide.SetSlidePullBack(true);
53                  Debug.Log(" マガジンの残弾数が0なので、スライドを引い
    た");
54
55                  // この時点で薬室が空の場合もあるため、考慮する
56                  if (_isChamberFill)
57                  {
58                      EjectCase();
59                  }
60
61                  // 薬室の中が空になった
62                  _isChamberFill = false;
```

```
63                  Debug.Log(" 薬室は空になった");
64              }
65          }
66      }
```

以上でSimpleGunSlideManagerの実装は終了です。このスクリプトと、後述するSimpleSlideManagerはどちらも相互に干渉しているため、両方を書き上げたあとに動作させることが可能となります。

9-2-4 スライドを作ろう

スライドは、見た目上のスライド(Slide)と実体のスライド(Virtual Slide)を別々に作ります。銃のスライドの部分に透明な当たり判定があり、プレイヤーはこれを自由に引っ張ったり押したりできます。見た目のスライドは、その透明な当たり判定の位置や角度に沿って、見た目上適切な場所に移動します。こういった実装を導入するのは、Unity XRITの仕様だと「プレイヤーがつかんでいるオブジェクトの中にあるオブジェクトをつかむ」といったしくみを導入するのが難しいためです。ここでもフローチャートを用意してみました(図9_17)。

図9_17 スライドの仕組みを表すフローチャート

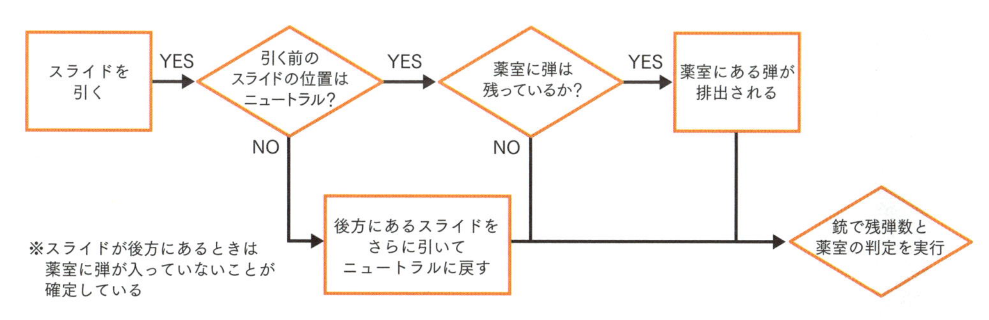

今いじっているSimpleGunSlideは、SimpleGunMagazineのプレハブがベースです。それを基に、「Slideの名前をSlideMeshに変更」「VirtualSlideとVirtualSlideAnchorを追加」の2つの変更を行いましょう。SlideMeshに名前を変更するのは、単純に見分けやすくするためです。VirtualSlideは、まずSlideMeshを複製し、そのゲームオブジェクトの名前を変更して用意します。VirtualSlideAnchorは、VirtualSlideがどれだけ動いたかという座標を取得するために用使います。空ゲームオブジェクトを作り、初期座標はVirtualSlideと同

じにしておいてください。次に、VirtualSlideの設定を修正します。まずNeshRendererを無効化、Rigidbodyを追加してUseGravityを無効化、IsKinematicを有効化、の3つを行ってください。次に、UseGravityBoxColliderから、LayerOverridesのIncludeLayersをGrabbableObjectにし、Exclude LayersをDefaultにします。以上が済んだら、VirtualSlideにXR Grab Interactable Handerをアタッチしておいてください。以上が済んだら、スライドを引っ張るためのスクリプトを書いていきます。

このスクリプトを実現するためにはプレイヤーの手(正確には、プレイヤーのInteractor)の座標を取得する必要があるのですが、実はグラブされているオブジェクトがプレイヤーの手の位置を取得するには、ちょっと込み入ったスクリプトを用意しなくてはいけません。

コード9_9 プレイヤーの手の座標を取得するスクリプト

```
01 using UnityEngine;
02 using UnityEngine.XR.Interaction.Toolkit;
03 using UnityEngine.XR.Interaction.Toolkit.Interactables;
04 
05 public class GrabInteractableHandler : MonoBehaviour
06 {
07     XRGrabInteractable grabInteractable;
08     Transform handTransform;
09 
10     void Awake()
11     {
12         grabInteractable = GetComponent<XRGrabInteractab
   le>();
13         // AddListenerを使うことによって、プレイヤーがエディターで指定
   しなくても
14         // 指定のオブジェクトのイベントにスクリプトで用意した関数を追加、
   実行できる
15         grabInteractable.selectEntered.
   AddListener(OnSelectEntered);
16         grabInteractable.selectExited.
   AddListener(OnSelectExited);
17     }
```

```
18
19      void OnDestroy()
20      {
21          // ゲーム停止時に命令を破棄する
22          grabInteractable.selectEntered.RemoveListener(OnSelectEntered);
23          grabInteractable.selectExited.RemoveListener(OnSelectExited);
24      }
25
26      void OnSelectEntered(SelectEnterEventArgs args)
27      {
28          // 手の座標の変数を確保する
29          handTransform = args.interactorObject.transform;
30          Debug.Log("HandがグラブしはじめたPosition: " + handTransform.position);
31      }
32
33      void OnSelectExited(SelectExitEventArgs args)
34      {
35          handTransform = null;
36          Debug.Log("Handはグラブをやめた");
37      }
38
39      public Transform GetHandTransform()
40      {
41          // Handにグラブされたオブジェクトに座標を渡すための関数
42          return handTransform;
43      }
44  }
```

以上のスクリプトを用いることで、プレイヤーの手につかまれたオブジェクトが手の座標の情報を取得できるようになります。

それでは、スライドのスクリプトを作りましょう。少し長いように見えますが、中身は前もって用意した条件式をコードで書き直しているだけであり、プレイヤーの手の位置とスライドの状態に応じて、スライドをどこまで引っ張れるか、どこまで引いたらなんの処理を実行するかを書いています。このスクリプトをslideMeshにアタッチしてください。

コード9_10 スライドのスクリプト

```
01 using UnityEngine;
02 
03 public class SimpleSlideManager : MonoBehaviour
04 {
05     bool isGrabbed;
06     Vector3 handPos = Vector3.zero;
07 
08     public GameObject ParentGun = null!;
09     public GameObject SlideBody = null!;
10     public GameObject VirtualAnchor = null!;
11 
12     // public TextMesh testNumbers = null!;
13     float distanceFloat;
14     public float DistanceLimitNegative = -0.01f;
15     public float AnchorDistanceMin = -0.025f;
16     public float AnchorDistanceMax;
17     bool isSlidePullMin;
18     bool isSlidePullMax;
19 
20     bool isSlidePullBack;
21     bool isButtonPressed;
22 
23     public GrabInteractableHandler GIHandler;
24 
25     // 効果音を管理
26     public AudioSource audio_GunSlide;
27 
28     void Update()
29     {
```

```
30          if (GIHandler != null)
31          {
32              Transform handTransform = GIHandler.
    GetHandTransform();
33              if (handTransform != null)
34              {
35                  // 取得したhandTransformを使用する処理
36                  Debug.Log("Using Hand Transform: " +
    handTransform.position);
37                  // 例: 手の位置にオブジェクトを移動
38                  handPos = handTransform.position;
39              }
40          }
41
42          // プレイヤーにつかまれているときだけ動くUpdateを別途用意する
43          if (isGrabbed)
44          {
45              GrabUpdate();
46          }
47
48          ReloadStateManager();
49
50          // スライドが後ろに引かれていなければ
51          if (GetSlidePullBack() && !isGrabbed)
52          {
53              // Debug.Log("Slideは後ろで引かれたまま固定されちる");
54              SlideBody.transform.localPosition = new
    Vector3(0, 0, DistanceLimitNegative) + VirtualAnchor.
    transform.localPosition;
55          }
56          // スライドが持たれておらず、後ろにも引かれていないときは
57          else if (GetSlidePullBack() == false &&
    !isGrabbed)
58          {
```

```
59              // Debug.Log("Slideはニュートラルに戻った");
60              SlideBody.transform.localPosition = 
VirtualAnchor.transform.localPosition;
61          }
62      }
63  
64      public void Grabbed()
65      {
66          Debug.Log($"SimpleSlideが手につかまれた");
67          isGrabbed = true;
68  
69          // GrabInteractableHanderを解説する
70          if (GIHandler != null)
71          {
72              Transform handTransform = GIHandler.
GetHandTransform();
73              if (handTransform != null)
74              {
75                  // 取得したhandTransformを使用する処理
76                  Debug.Log("Using Grab Transform: " + 
handTransform.position);
77                  // _grabPos = handTransform.position;
78              }
79          }
80      }
81  
82      public void Released()
83      {
84          Debug.Log($"SimpleSlideが手から離された");
85          isGrabbed = false;
86          // プレイヤーが手を離したら初期化する
87          // 手を離したときに親を初期化する
88          var slideSelf = gameObject;
89          slideSelf.transform.parent = ParentGun.transform;
```

```
90          slideSelf.transform.position = VirtualAnchor.
transform.position;
91          slideSelf.transform.rotation = VirtualAnchor.
transform.rotation;
92          // スライドの位置も初期化する
93          // slideBody.transform.localPosition = Vector3.
zero;
94          if (isSlidePullBack || isSlidePullBack!)
95          {
96              SlideBody.transform.localPosition =
VirtualAnchor.transform.localPosition;
97              Debug.Log("SlidePullBackTrue");
98          }
99          else
100         {
101             SlideBody.transform.localPosition =
VirtualAnchor.transform.localPosition;
102             Debug.Log("SlidePullBackFalse");
103         }
104     }
105 
106     void GrabUpdate()
107     {
108         // 現在の手の位置と銃のスライドのアンカーの差分を出す
109         var anchorTransform = VirtualAnchor.transform;
110         var anchorPos = VirtualAnchor.transform.position;
111         var distance = anchorPos - handPos;
112         // 差分ベクトルをスライドの方向にのみ抽出する
113         // 正射影ベクトルのProjectを用いて、ピストルのスライドに対する
手の位置の正射影を求める
114         var normalVector3 = Vector3.Project(distance,
anchorTransform.forward);
115 
```

```
116            // distanceFloat（スライドの稼働範囲計算）はプレイヤーに捕まれているときのみ行う
117            // distanceFloatの初期値はゼロ
118
119            // 銃口の向きと「手の位置-銃口」ベクトルの角度が90度を越えていると、向きを反転する
120            // この処理を入れると、距離を絶対値でなく正負で取得できるようになる
121            if (Vector3.Angle(anchorTransform.forward, distance) < 90.0f)
122            {
123                distanceFloat = normalVector3.magnitude * -1.0f;
124                Debug.Log("Over90  distanceFloat: " + distanceFloat);
125            }
126            else
127            {
128                distanceFloat = normalVector3.magnitude;
129                Debug.Log("Under90  distanceFloat: " + distanceFloat);
130            }
131
132            // スライダーの可動範囲を制限する
133            // スライダーが後ろの限界よりも後ろにあるとき
134            if (distanceFloat < AnchorDistanceMin)
135            {
136                distanceFloat = AnchorDistanceMin;
137                isSlidePullMax = true;
138                Debug.Log("distanceFloat, anchorMin: " + distanceFloat);
139            }
140            // スライドを前方向の限界よりも前に引っ張っているとき & スライドが後ろに引かれていないとき
```

```
141             else if (distanceFloat > AnchorDistanceMax &&
        !GetSlidePullBack())
142             {
143                 distanceFloat = AnchorDistanceMax;
144                 Debug.Log("distanceFloat, anchorMax: " +
        distanceFloat);
145             }
146             // スライドを前方向の限界よりも前に引っ張っているとき & スライド
        が後ろに引かれているとき
147             else if (distanceFloat > DistanceLimitNegative &&
        GetSlidePullBack())
148             {
149                 distanceFloat = DistanceLimitNegative;
150                 Debug.Log("distanceFloat, disNegative: " +
        distanceFloat);
151             }
152             else
153             {
154                 Debug.Log("distanceFLoatは可動範囲内のはず,
        distanceFloat: " + distanceFloat);
155             }
156
157             Debug.Log($"slideBody.normalVector3:
        {normalVector3}, magnitude: {normalVector3.magnitude}");
158
159             SlideBody.transform.localPosition = VirtualAnchor.
        transform.localPosition + new Vector3(0, 0,
        distanceFloat);
160             Debug.Log($"slideBody.transform.localPosition:
        {SlideBody.transform.localPosition}, WorldPos: {SlideBody.
        transform.position}");
161             Debug.Log("DistanceFloat: " + distanceFloat);
162         }
163
```

```
164
165     void ReloadStateManager()
166     {
167         var gunBody = ParentGun.GetComponent<SimpleGunSlideManager>();
168
169         // スライドのdistanceFloatが閾値を越えたときにCheckChamberSlideを実行する
170         // Chamberの状態によってスライドを引くの閾値が異なる
171
172         // プレイヤーがスライドを後ろ最大にまで引っ張って、手を離した瞬間
173         if (isSlidePullMax && isGrabbed == false || GetButtonPressed())
174         {
175             if (GetButtonPressed())
176             {
177                 Debug.Log("GetButtonPressedで発火");
178             }
179
180             Debug.Log($"{name}: スライド側でCheckChamberSlide発火");
181             gunBody.ChamberCheck();
182             // スライドがニュートラル化する
183             isSlidePullMax = false;
184             // スライドが後ろに下がっていた場合は、それがニュートラル化する
185             isSlidePullBack = false;
186
187             // ボタン処理用
188             SetButtonPressed(false);
189
190             // 効果音を再生
191             if (audio_GunSlide != null)
192             {
```

```
193                 audio_GunSlide.transform.position = 
    gameObject.transform.position;
194                 audio_GunSlide.Play();
195             }
196             else
197             {
198                 Debug.Log("効果音GunSlideはセットされていない");
199             }
200         }
201         if (isSlidePullMin && isGrabbed == false)
202         {
203             // none
204             isSlidePullMin = false;
205         }
206     }
207 
208     public void SetSlidePullBack(bool pullback)
209     {
210         isSlidePullBack = pullback;
211     }
212 
213     public bool GetSlidePullBack()
214     {
215         return isSlidePullBack;
216     }
217 
218     // ボタンによるスライド用
219     public void SetIsSlidePullMax(bool pull)
220     {
221         isSlidePullMax = pull;
222     }
223 
224     public void SetButtonPressed(bool push)
272     {
```

```
273            isButtonPressed = push;
274        }
275
276        public bool GetButtonPressed()
277        {
278            return isButtonPressed;
279        }
280
281        public bool GetIsGrabbed()
282        {
283            return isGrabbed;
284        }
285    }
```

なお、本書のスクリプトでは都合上、ソケット判定用のスクリプト“SocketDetection”が、SimpleGunMagazineManagerとSimpleGunSlideManagerで別々に必要となります。そのため、先に作成したもの（コード9_3）をコピー＆ペーストしたスクリプトを作ったうえで、コード内でSimpleGunMagazineManagerと記載した箇所を、SimpleGunSlideManagerに変更したスクリプトを用意してください。スクリプト名（class名）は、SocketDetectionSlideなどとしておきましょう。

また、SimpleGunSlideにあるコリジョンとSimpleSlideManagerにあるコリジョンが互いに干渉しないよう、「銃を握ったとき」と「銃を手放したとき」で有効・無効が切り替わるようにする必要があります。まずSimpleGunSlideのXR Grab Interactableにある、First Select EnteredでVirtualSlideの当たり判定を有効化、およびSimpleGunSlideのバレル部分の当たり判定を無効化します。反対にLast Select Exitedでは、VirtualSlideの当たり判定を無効化、バレル部分の当たり判定を有効化してください（図9_18）。

次に、SimpleSlideManagerのスクリプトのうち、スライドが「握ったとき」と「離されたとき」にそれぞれGrabbedとReleasedが起こるようにします。VirtualSlideにあるXR Grab InteractableのFirst Select EnteredにSimpleSlideManager.Grabbedを、Last Select ExitedにSimpleSlideManager.Releasedを適用してください（図9_19）。

図9_18 チェックを外し、当たり判定を有効化／無効化

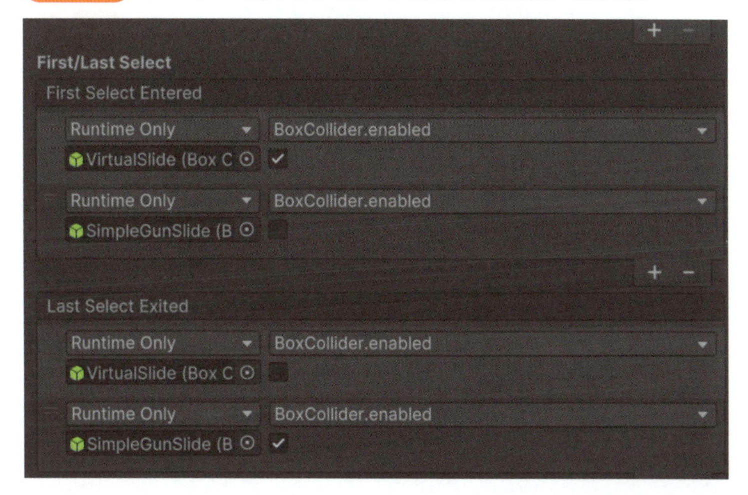

図9_19 GrabbedとReleasedを適用する

ここまでSimpleGunSlideとそれにまつわるスクリプトを解説してきましたが、かなり複雑で全容の把握に苦労されているかと思います。ゲームオブジェクトがどう割り当てられているか、スクリプトの記載がどうなっているかなど、サンプルプロジェクトにある該当のプレハブを参考にしてください。大変お疲れ様でした。

CHAPTER 10

実践！ 銃のゲームを作り込もう

前章では、必要最低限の機能がある簡単な銃を作りました。本章では、それを拡張していきます。ターゲットやステージ、バックパック機能なども搭載することで、より発展的なゲームも開発してみましょう。

CHAPTER 10 1 ゲームステージを作ろう

10-1-1 ターゲットを作ろう

ここまで時間と手間をかけてVRゲームの銃を作るのはとても大変だったと思います。しかし、これは始まりにすぎません。VRゲームとして仕上げるなら、銃を使って具体的に何をするのか、それをどんな場所で行うのかも作らなければいけないからです。まずはプレイヤーが弾を当てたら得点が表示される、的を作ります。弾と的の位置が近いほど高得点になります。

まず、Hierarchyウィンドウを右クリックし3D GameObject > Boxを作成し、それを板状にします。そこにスコアを表示するためのTextMeshProを表裏に配置、プレイヤーに撃ってほしい場所を円柱で板の任意の場所に配置します（図10_1）。

図10_1 ターゲットのプレハブを作成する

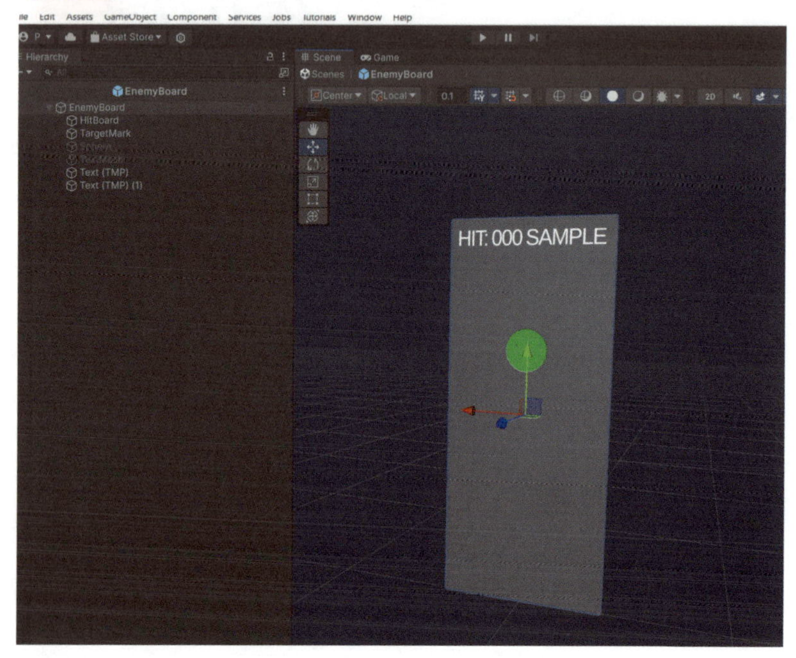

　次に、ターゲットの板全体を制御するスクリプトを作成します。プレイヤーが弾を当てるべき中心を示す的をtargetMark、プレイヤーが実際に弾を当てた位置に示すマークをhitTransformとし、プレイヤーが板に弾を当てたときに緑の円柱に近ければ近いほど点数が高くなるようにしています。Materialの変数では、ターゲットの板にプレイヤーの弾が当たる前と後で違うマテリアルに差し替えることで、「このターゲットにはすでに弾が当たっている」ということを視覚的に伝えようとしています。

コード10_1 ターゲットを制御するスクリプト

```
01 using TMPro;
02 using UnityEngine;
03 
04 public class EnemyBoard : MonoBehaviour
05 {
06     public GameObject targetMark = null!;
07     public GameObject hitTransform = null!;
08     public ScoreManager scoreManager;
09     public TextMeshPro textMeshPro;
10     public TextMeshPro textMeshPro2;
11     public float Score = 100.0f;
12     private bool _isAlreadyHitted;
13     private float _rate = 10.0f;
14     public Material defaultMaterial = null!;
15     public Material damagedMaterial = null!;
16 
17     // Start is called before the first frame update
18     void Start()
19     {
20         textMeshPro.text =“ ”;
21         if (defaultMaterial == null)
22         {
23             Debug.Log($”{this.gameObject.name}の
   defaultMaterialがnullだった”);
24             defaultMaterial = this.gameObject.
   GetComponent<MeshRenderer>().materials[0];
```

```
25          }
26          if (damagedMaterial == null)
27          {
28              Debug.Log($”{this.gameObject.name}のdamagedMaterialがnullだった”);
29              damagedMaterial = defaultMaterial;
30          }
31      }
32
33      // Update is called once per frame
34      void Update()
35      {
36          textMeshPro2.text = textMeshPro.text;
37      }
38
39      private void OnCollisionEnter(Collision collision)
40      {
41          Debug.Log($”Self: {this.gameObject.name}, hit: {collision.gameObject.name}”);
42          // TagがBulletだった場合
43          if (collision.gameObject.CompareTag(“ Bullet”) && _isAlreadyHitted == false)
44          {
45              var subtractVector3 - collision.transform.position - targetMark.transform.position;
46              float length = subtractVector3.magnitude;
47              CalculateScore(length);
48              textMeshPro.text =“ SCORE:“  +  Score.ToString();
49
50              hitTransform.transform.position = collision.transform.position;
51              hitTransform.SetActive(true);
52
```

```
53                scoreManager.AddScore(Score);
54                scoreManager.AddDefeatEnemyNum(1);
55
56                _isAlreadyHitted = true;
57                Destroy(collision.gameObject);
58
59                this.GetComponent<MeshRenderer>().material = 
   damagedMaterial;
60            }
61        }
62
63        private void CalculateScore(float length)
64        {
65            Score -= length * _rate;
66            if  (Score < 0)
67            {
68                Score = 0;
69            }
70        }
71
72        public void ResetEnemyBoard()
73        {
74            textMeshPro.text =“ ”;
75            hitTransform.SetActive(false);
76           _isAlreadyHitted = false;
77        }
78    }
```


10-1-2 スコアボードを作ろう

次はスコアボードを作りましょう。プレイヤーがどれだけうまくターゲットに弾を当てたとしても、それをプレイヤーに知らせないとプレイヤー自身が「うまくできたかどうか」を判断するすべがありません。こちらも3D Object ＞ Boxで板状のゲームオブジェクトを作成し、スコアボードに関連付けられたターゲットの板（EnemyBoard）から点数および撃破されたターゲットの数を情報として受け取って足していき、それをTextMeshに表示します。また、プレイヤーがすべてのターゲットを倒すのにかかった時間を表示するタイマーも、合わせて用意しておきました（図10_2）。

図10_2 スコアボードのプレハブ

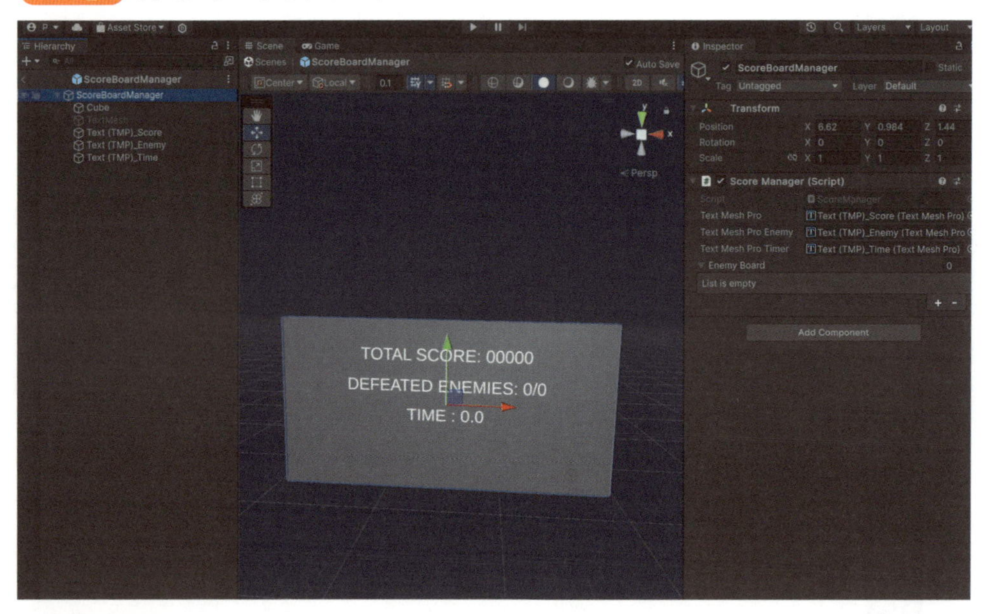

コード10_2 スコアボードのスクリプト

```
01 using TMPro;
02 using UnityEngine;
03
04 public class ScoreManager : MonoBehaviour
05 {
06
07
08     static ScoreManager m_instance;
09     // public TextMesh textMesh = null!;
10     public TextMeshPro textMeshPro = null!;
11     public TextMeshPro textMeshProEnemy = null!;
12     public TextMeshPro textMeshProTimer = null!;
13     public EnemyBoard[] enemyBoard;
```

```
14      private float _totalScore = 0.0f;
15
16      private int enemyNum;
17      private int defeatedEnemyNum;
18
19      private bool isTimerFlag;
20      private float timer;
21
22      // Start is called before the first frame update
23      void Start()
24      {
25          ResetScore();
26          enemyNum = enemyBoard.Length;
27      }
28
29      // Update is called once per frame
30      void Update()
31      {
32          if (isTimerFlag)
33          {
34              timer += Time.deltaTime;
35          }
36
37          if (defeatedEnemyNum == enemyNum)
38          {
39              isTimerFlag = false;
40          }
41
42          textMeshPro.text =" TOTAL SCORE:" + _totalScore.
    ToString();
43          textMeshProEnemy.text =" DEFEATED ENEMIES:" +
    defeatedEnemyNum.ToString() +" /" + enemyNum.
    ToString();
```

```
44          textMeshProTimer.text =" TIME:"  + timer.
ToString();
45      }
46
47      public void ResetScore()
48      {
49          _totalScore = 0;
50      }
51
52
53      public void AddScore(float addScore)
54      {
55          // Score加算
56          _totalScore += addScore;
57      }
58
59      public void AddDefeatEnemyNum(int addNum)
60      {
61          defeatedEnemyNum += addNum;
62      }
63
64      public void SubtractScore(float subScore)
65      {
66          // Score減算
67          _totalScore -= subScore;
68      }
69
70      public static float GetScore()
71      {
72          return m_instance._totalScore;
73      }
74
75      public void ResetEnemyCount()
76      {
```

```
77            defeatedEnemyNum = 0;
78        }
79
80        public void SetTimerFlag(bool timerFlag)
81        {
82            isTimerFlag = timerFlag;
83        }
84
85        public void ResetTimer()
86        {
87            timer = 0;
88        }
89    }
```


ターゲットとスコアボードどちらも作成できたら、どちらもプレハブ化をおこなっておきましょう。

10-1-3 ステージを自由に作ってみよう

ここまで、銃、ターゲット、スコアボードと、それぞれの素材を作りこんできました。この次にやることは、ステージ作りです。といってもやることは単純で、「床や建物の形になるようにオブジェクトを配置する」「その中にターゲットを配置する」としてあげると、それだけでちょっとしたステージができあがります。サンプルプロジェクトも参照しながら、あなたの思うように、ステージを作ってみてください。

ステージやレベルデザインについては、それだけで何冊と本が書けるほど、深く学びがいのある項目です。そのため、詳細解説は他書に譲り、ここでは3D空間でいい感じのステージを作るコツをいくつか紹介します。

最初の一歩として、自分の中で基準とするステージを既存のゲーム（VRでも非VRでもよい）から見つけてきて、それがどういった構成になっているのかをよく観察してみましょう。本書で用意したサンプルステージは、Call of Dutyなど軍隊を題材にしたFPSなどでよく見られる「軍隊の訓練場にある、一般家屋を模した射撃場」をモチーフにし、「一般家屋にテロリストが立てこもっていて、あなたはそれをすべて無駄なく処理しなければならない」といったイメージでステージを設計しています。

その次は、地形を差別化することで、プレイヤーがおかれる境遇や感情に幅を持たせることが重要です。一般的にビデオゲームではプレイヤーにスキルの成長を実感させることで達成感を与えたり、ゲームの内容にバリエーションを持たせることで飽きを防いだりすることがあります。

サンプルのステージでは一階、二階、屋上の三段階に地形を分けています。ここから家具なども含めて作りこんでいけば、たとえば一階では「視界の開けたリビングとキッチンで見つけ次第仕留める、導入ステージ」、二階では「入り組んだそれぞれ家族の個室を探索し、ゲームプレイに複雑さと疑心暗鬼を生じさせるステージ」、三階は「開けた屋上で無防備さを感じさせ、緊張感を出すステージ」といった狙いを生むことができるでしょう（図10_3～5）。

図10_3 ステージ全体像

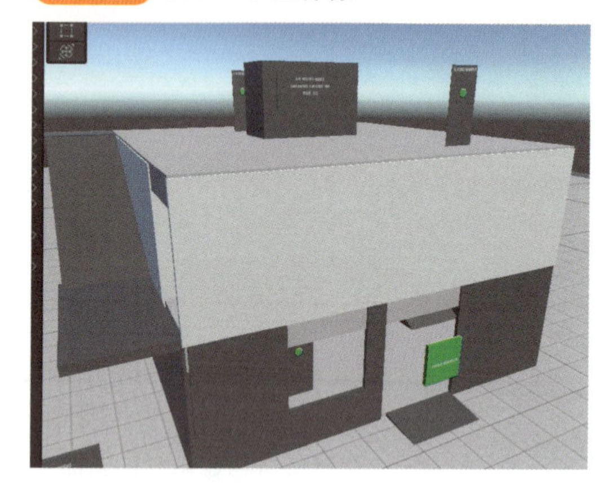

図10_4 1階

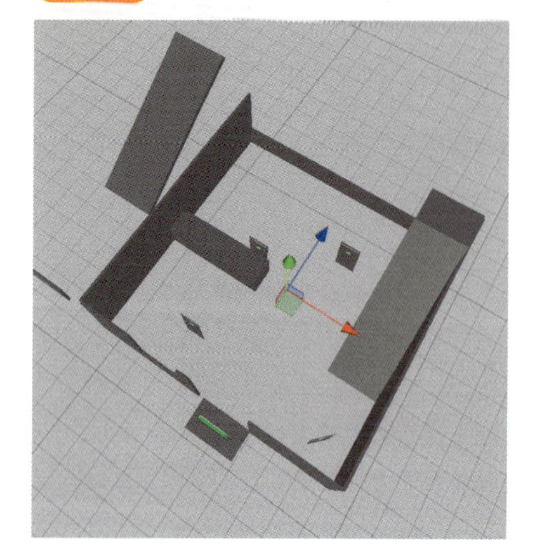

図10_5 2階

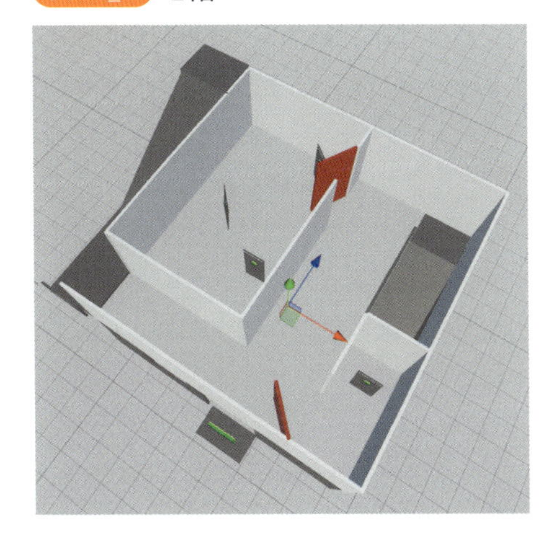

また本書のサンプルマップでは開けたエリアに家をぽつんと起きましたが、家がどういった地形に配置されているのかでも、プレイヤーに与える感情や目的意識は異なってきます。たとえば市街地にあれば日常の延長線上での戦いを演出できますし、森の奥深くにあれば場所に似つかわしくない建築物への恐怖を生むことが可能です。ゲームでプレイヤーに与えたい意識や感情に合わせて配置することが重要です。

こういった空間の設計、ゲーム業界の専門用語でレベルデザインと呼ばれる概念について詳しく知りたい場合は、英語圏のレベルデザイン専門サイト「The Level Design Book」、もしくはボーンデジタル社が発刊する『レベルデザインの教科書』を参考にしてみてください。

https://book.leveldesignbook.com/
https://www.borndigital.co.jp/book/9784862466068/

COLUMN VRならではのレベルデザイン

筆者が過去に関わったVRゲームのチームメンバーにVRならではのレベルデザインについてヒアリングしたところ、おおよそ「VR酔い」と「誘導の難しさ」の課題と対策が中心の議題となりました。

VRゲームにおける一番の大敵はVR酔いです。特に気を付けたいのが「狭い場所」であり、組んだ小部屋や廊下などの狭い場所を舞台にすると、ちょこまかと移動することが多くなります。上下左右前後いずれの方向にしても「細かに往復」すると、酔いが起きてしまうのです。

実際に筆者も、脱出ゲーム的なシーケンスで経験したことがあります。この場面では二階建ての小さな一軒家を舞台にプレイヤーに探し物をさせていたのですが、テストプレイヤーは一階と二階を往復しながら上下左右に視線をぐるぐる回している間に気分を悪くしてしまいました。そのため、プレイヤーにパズルをさせるときは一階でのみ完結するようにし、二階はプレイヤーが動く必要のないイベントを見せるだけに変更することでVR酔いが起こらないようにしました。

もちろん、「なるべく狭い場所を用意しない」という解決手段もありますが、「プレイヤーにその場所で何をさせるのか？」も考えるべき点です。プレイヤーに天井から床まで首を上下にモノ探しをさせると酔ったり首を痛めたりする危険性が高まるため、狭くて入り組んだ場所では視界を上下左右に大きく動かすようなことはさせず、正面方向を見るようにうながす方がよいでしょう。

ただ、VRデバイスを被ったプレイヤーの視界は狭いため、「プレイヤーにやってほしい」と考えていることは、思っているよりも伝わりません。本書でも何度か言及していますが、VRではプレイヤーの目線を勝手に特定の方向に向けることができません。そのため、プレイヤーに見てほしいモノを地形に配置しても見逃されてしまうアクシデントが起きやすくなります。視線誘導としては「大きくしたり色を派手にしたりと、見逃さない目印を用意する」や「地形の形状で疑似的な集中線を作り、その集中点に注目させたいものを用意する」といった対策があります。

一番難しいのはプレイヤーの真後ろにあるモノの存在を知らせることです。どんなUIを用意しても、直接プレイヤーの目線に入っていないものはプレイヤーに存在が伝わらないものと考えましょう。後ろから音を慣らす、後ろからプレイヤーの脇にレーザーサイトを照射するなど、可能な限り音や視覚で情報を伝えたうえで、プレイヤーがそれに対応できるだけの時間の猶予を与えてください。「これはやりすぎではないか？」と思うくらい、プレイヤーに情報を伝えるとちょうどよいのです。

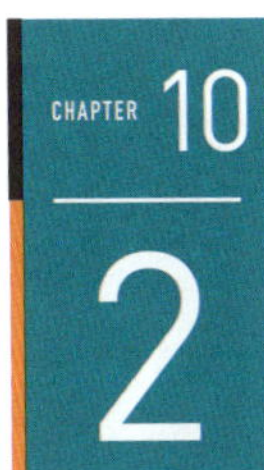

UIを発展させよう

10-2-1 マガジンに残弾が表示されるようにしよう

本節および次節では応用編として、さらにゲームを発展させるためのコツを紹介します。まずは、銃の残弾がわかるようにしてみましょう。「そもそもプレイヤーに必要な情報は何か？」と「すでにパラメータ化している情報は何か？」を整理すると、マガジンの中の弾数が"SimpleMagazineManager"のint変数「m_MagazineBulletNumCurrent」、銃のチェンバーに弾が入っているかどうかが"SimpleGunSlideManager"のbool変数「isChamberFill」です。

VRで一番簡単なDiegetic UIは、オブジェクトそのものにゲージや数値の情報を取り付けてしまうことです。マガジンの残弾数と銃のチェンバーの弾の有無をそれぞれTextMeshProで表示するようにしてみましょう。

まずはマガジンのほうから修正します。"SimpleMagazine"のプレハブを開き、ヒエラルキー欄で右クリックして3D Object ＞ Text TextMeshProを新規に作成します。続いてText（TMP）のコンポーネントTextMeshPro - Textから、仮テキストを00、フォントサイズを0.15、Alignment（配置）を上下も左右も中央寄せにします（図10_6～7）。

図10_6 マガジンにTextMeshProを配置する

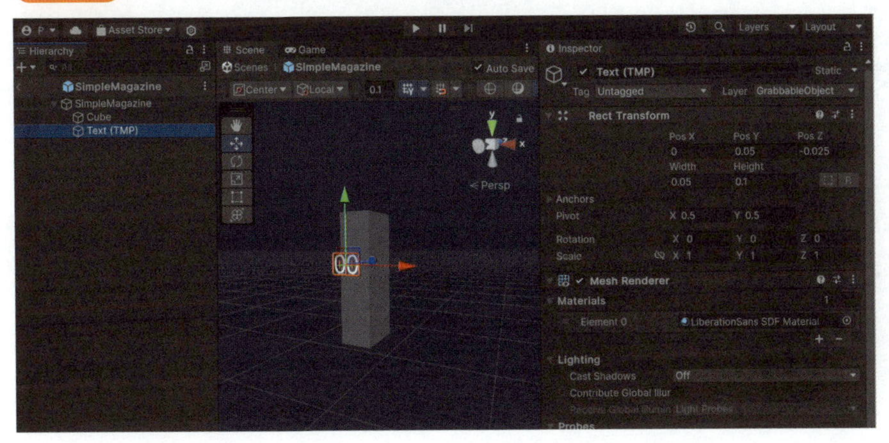

次に、SimpleMagazineManagerのスクリプトを修正します。最初の変数にTextMeshProを代入する変数"tmp_Magazine"を追加し、Update関数でtmp_Magazineに含まれるTextに数値を代入しつづけます。なお、代入する数値はあらかじめToString()で文字化しておく必要があります。

図10_7 TextMeshProの設定

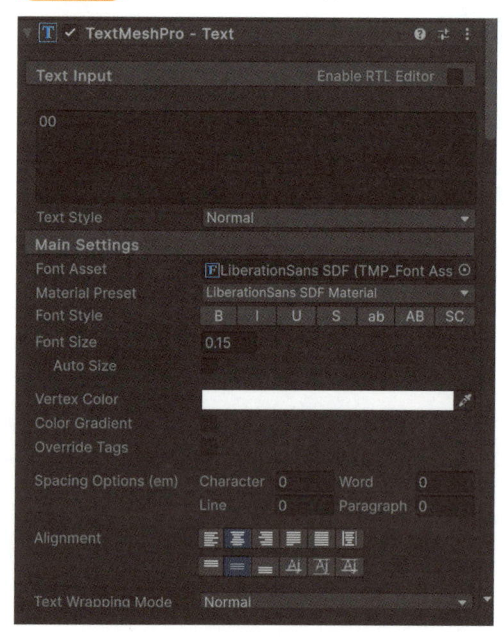

コード10_3 TextMeshProに数値を代入するスクリプト

```
01 using TMPro;
02 using UnityEngine;
03 
04 public class SimpleMagazineManager : MonoBehaviour
05 {
06     // 変数の宣言を省略
07 
08     // TextMeshProに数値の文字列を渡す
09     public TextMeshPro tmp_Magazine = null!;
10 
11     // Start関数に変更はなし
12     void Start()
13     {
14         // 省略
15     }
16 
17     private void Update()
```

```
18        {
19            // TextMeshProに情報を渡すにあたって、
20            // 数値を文字に変換するToString()の処理が必要
21            tmp_Magazine.text = m_MagazineBulletNumCurrent.
    ToString();
22        }
23
24        // 以下、変更点なしのため省略
25
26    }
```


あとは、SimpleMagazineManagerに追加されたTmp_Magazineに該当のTextMeshProを代入すれば、マガジンに残弾数が表示されるようになっているはずです(図10_8)。

図10_8 撃つごとに残弾の数字が減っていく

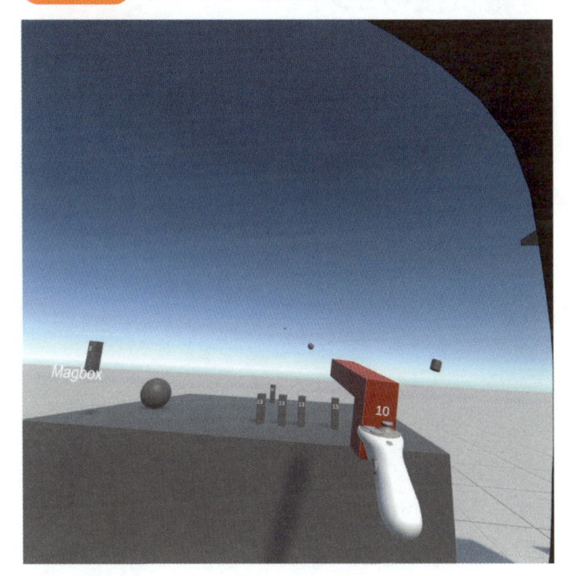

COLUMN そもそもDiegetic UIを使うべきだろうか?

VRのシューターではそもそも残弾数を表示しない仕様が珍しくありません。なぜなら、現実の銃には残弾数を表示する機能なんかないし、おそらく実践で銃弾の数を暗記できない人は現場でやっていけないからです。もしあなたが「今持ってい

る銃の最大弾数が何発なのか、今の残り弾数がどれくらいなのか、マガジンには弾が何発入っているのかはプレイヤー自身が頭に叩き込むべき」と考えるならば、そのように実装してもよいと思います。

また、ゲームデザインから仕様を考えることもできます。「弾の数が一発でも惜しい」という作風にしたいのならば弾数に関する情報を教えることでプレイヤーに「今どれくらい切羽詰まっているのか」を視覚的に教えたり緊張感を持たせることができます。「弾の数は使い切れないほどある」という撃ち放題の作風であれば、残弾数の情報は大した価値を持ちません。一方で、プレイヤーが切羽詰まる状況で弾の数を教えないことでフラストレーションを極限まで高めるVRシューターもあるので、あくまであなたが目指すVRゲームの設計しだいです。

時代が進むにつれて軍隊で当然のようにAR/MRデバイスが使われることによって、かえって現実側でゲームのようなUIが浸透する可能性もあります。そうなると、VRで表現したい現実味やリアリズムそのものが変わっていくことも考えられるでしょう。

10-2-2 グラフィクス以外の情報伝達のヒント

VRに限った話ではありませんが、ゲームはグラフィクスよりも音や振動に力を入れたほうがプレイヤーへの情報伝達が効果的になることが多々あります。ゲームは環境や機材によっては完全ミュートだったりそもそもデバイスに振動機能がなかったりしますが、VRの場合はほぼ間違いなく音と振動がそろっているので、合わせ技として使えると非常に効果的です。

音で伝えたほうがいいこともある

本書はここまでサウンドに関する記述を入れていませんでしたので、ここで補足しておきます。どんな視覚的UIの変更もプレイヤーへの情報伝達として今一つというときは、決め手として音が役に立つことが多いです。

Unityにおける音の扱いを軽く説明すると、UnityにMP3やWAVなど音声ファイルを取り込むと「音源」である「Audio Clip」というアセットになります。Audio Clipを直接ゲームで使うこともできるのですが、ゲームで都度調整して使いやすくするためにAudio SourceというGameObjectに変換して使います。Audio Sourceに変換すると、音程の高さや音量など様々なパラメータをスクリプトから制御できるようになるのです。

UnityのVRゲームで効果音を再生するにあたっては、「Spatial Blend」を最大の1にする必要があります。これが0だとカメラの原点（プレイヤーの頭の中）から効果音が鳴ってしまい、効果音が空間から聞こえません。AudioSourceの座標（本書のサンプルでは銃口など）

を指定してからPlay()で再生すれば、指定の箇所から音が鳴っているように聞こえるはずです。実際はCRIWAREやFMODなどUnity以外のオーディオシステム(サウンドミドルウェアといいます)を採用する例も多いのですが、本書では説明を割愛します。

本書は効果音として「効果音ラボ」という音源サイトにある、「戦闘【2】」の「拳銃をチャッと構える」「拳銃を撃つ」「拳銃の玉切れ」の3つを想定しています(図10_9)。しかし、本書がUnityのプロジェクトファイルをインターネットで公開している都合上、効果音の再配布禁止の利用規約に抵触しないよう、本書サンプルからは効果音のデータを抜いた状態で公開しています。必要に応じて効果音の配布サイトにアクセスしてダウンロードするか、別途効果音を用意してください。

図10_9 Audio Sourceに効果音を登録する

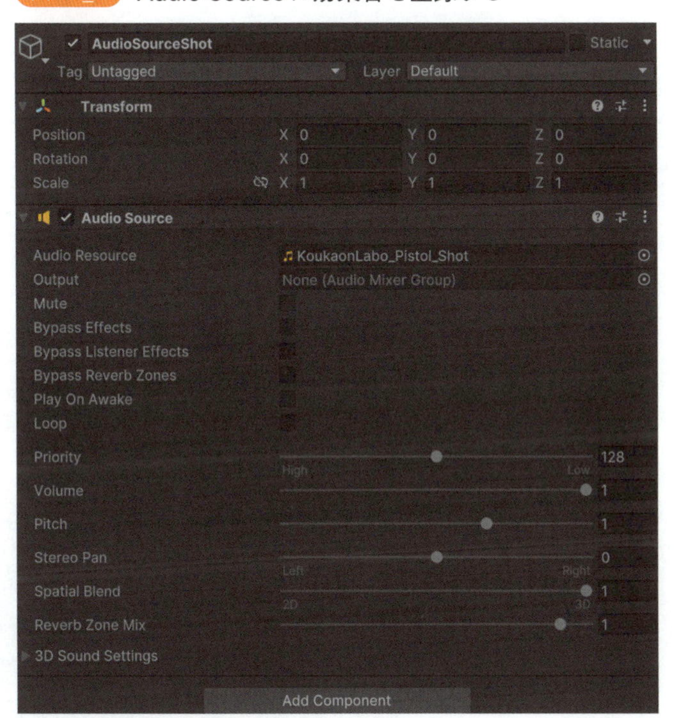

また余裕があれば、振動機能の実装も検討してみましょう。VRでは振動がプレイヤーへのフィードバックとして重要です。現実空間に存在しないオブジェクトに触るにあたっての「手ごたえ」になるからです。Unity XRITで振動を実装するにあたっては、専用の関数を用意して実行すると効率的です。公式ドキュメントも見ながら、ぜひチャレンジしてみてください。

https://docs.unity3d.com/Packages/com.unity.xr.interaction.toolkit@3.0/api/UnityEngine.XR.Interaction.Toolkit.Inputs.Haptics.HapticImpulsePlayer.html

CHAPTER 10

3 インベントリーを作ろう

次にインベントリー、すなわちアイテムを持ち運ぶための機能を実装してみましょう。VRのインベントリーとはいっても、VRコンテンツの種類に合わせてさまざまな仕様が考えられます。それらのうち、「ホルスター型」「手首型」「バックパック型」の3つを紹介します。以下の説明を参考に、あなたならではのインベントリーも考えてみてください。

10-3-1 ホルスター型

「ホルスター型」は肩と腰といった身体の部位にソケットを配置する手法です。プレイヤーは、自らの肩や腰に手をやることで、そこに固定したアイテムを取り出すことができるようになります。たとえばシューター系のVRゲームであれば、両肩に大型の銃器、両腰にピストルなど小型の銃が配置されていることが多いです。現実でもショットガンは背中に背負って担ぐことが多いため、肩から取り出す実装になります。ピストルなど小型銃を腰元のホルスターに吊り下げて様子は想像しやすいのではないでしょうか。

ホルスター型のデメリットとしては、特に肩の部位において「肩の後ろが見えないため、何のアイテムを所持していたかがわからなくなる」リスクがあることと、操作ミスによって肩のアイテムをつかみそこねるリスクがあることです。片手サイズの装備が2つに収まるのであれば両腰に吊り下げておくのがいちばんシンプルでわかりやすい実装となります。

Unityで実装する際は、プレイヤーの頭の直下に垂直な上半身がぶらさがっているとみなして、頭の垂直下の座標に合わせて両肩と両腰にUnity Socketを配置するのがシンプルな方法です（図10_10～11）。とくに肩はよくテストプレイしてつかみ損ねが発生しないように調整してください。

図10_10 ホルスター型の階層（Hierarchy）例

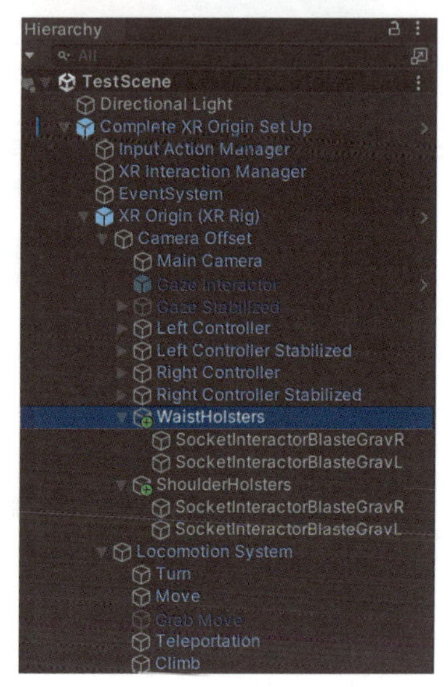

以下は、図10_11でアタッチしている、Waist Holsters Lerpの実装例です。ソケットをプレイヤーのCameraOffset直下に配置しつつ、PlayerCameraのY軸の角度に合わせて回転しつづける処理を行っています。

図10_11 ホルスター型ソケットの設定画面

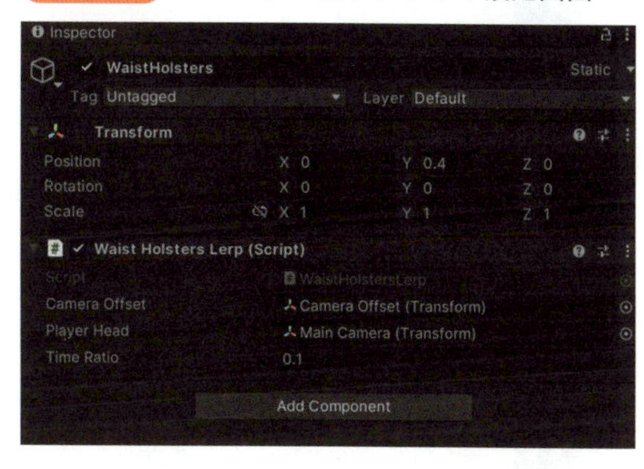

コード10_4 ホルスター型インベントリーのスクリプト

```
01 // HolsterLerpの実装例
02
03 using UnityEngine;
04
05 public class WaistHolstersLerp : MonoBehaviour
06 {
07     // XR Origin (XR Rig)直下のCameraOffsetを
08     [SerializeField] Transform _cameraOffset;
09     // ソケットの角度をカメラの向きに合わせる
10     [SerializeField] Transform _playerHead;
11     [SerializeField] private float timeRatio = 0.5f;
12     private float timeCount;
13
14     // Start is called before the first frame update
15     void Start()
16     {
17         // タイマーを初期化
18         timeCount = 0.0f;
19     }
20
21     // Update is called once per frame
22     void Update()
```

```
23      {
24          // 回転の処理にはクォータニオンを使う
            transform.rotation = Quaternion.Slerp(_
25  cameraOffset.rotation, _playerHead.rotation, timeCount *
    timeRatio);
26          // rotationをY軸以外0にする処理
            transform.rotation = Quaternion.Euler(new
27  Vector3(0f, transform.eulerAngles.y, 0f));
28          timeCount = timeCount + Time.deltaTime;
29      }
30  }
```

また、ホルスターだけでなくベストの形状になるようにソケットを配置することも可能です。特にミリタリー要素の強いVRゲームはプレイヤーが持ち運ぶオブジェクトの量が多いため（ナイフ、ピストル、ライフル、グレネード、回復アイテムなど）、必然的にインベントリの実装に注力せざるをえません。モデルガンやBB弾などを常備するサバイバルゲームもVRのインベントリの実装の参考になるかと思います。

10-3-2 手首型

2020年にリリースされたVRゲーム『Half-Life: Alyx』で発明されたインベントリーです。プレイヤーの手首にソケットを配置し、任意のアイテムをいつでも取り出せるようにすることができます。XR Socket InteractorにはSocket Scale Modeという便利な処理があり、ソケットに入れたオブジェクトのスケールをソケット側で指定することができます。これをStretched to Fit Sizeにすると“Target Bounds Size”で指定した大きさ（この場合は手首に収まるぐらい）に収まるようスケールが調整されます（図10_12～図14）。

図10_12 手首型の階層(Hierarchy)例

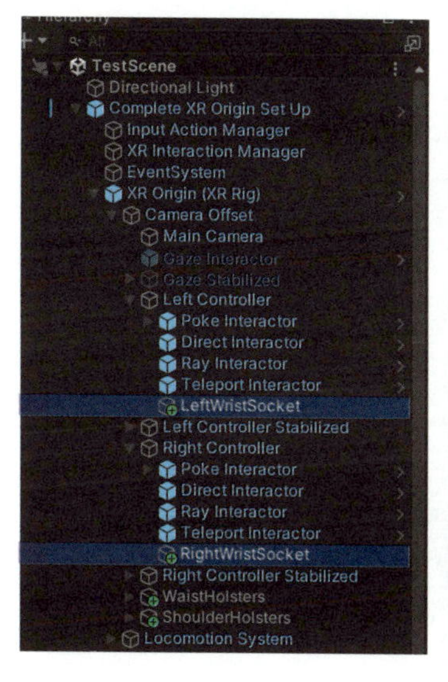

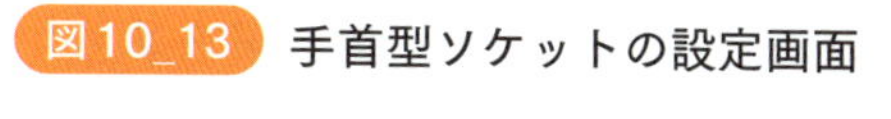
図10_13 手首型ソケットの設定画面

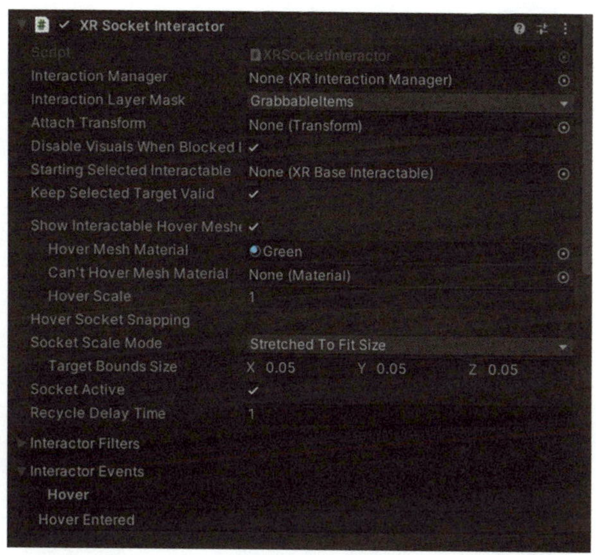

図10_14 収納すると、スケールが自動調整される

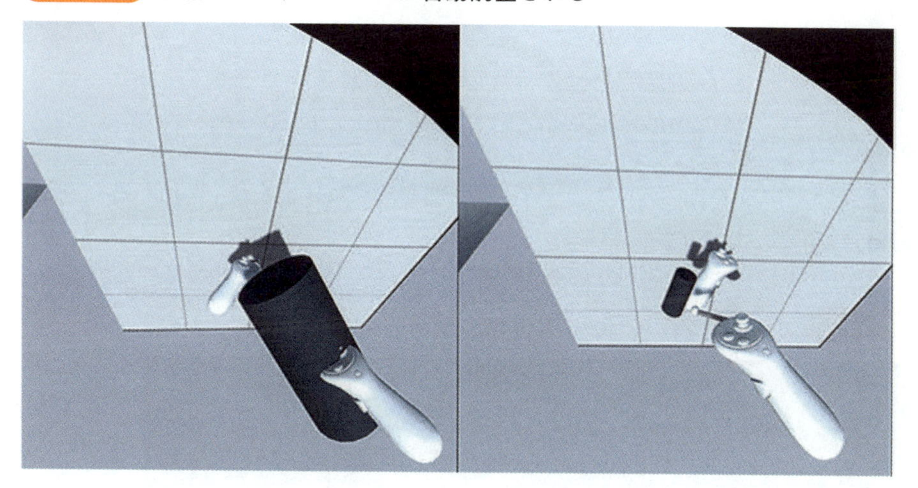

ただしオブジェクトをソケットから取り出すときにスケールをもとに戻す処理まではしてくれない(なんと不便なのでしょうか！)ので、ソケットから取り出したオブジェクトのスケールが元に戻る処理を仕込みましょう。スケールをもとに戻す処理はいたってシンプルです。ゲームの起動時のスケールを保持しておいて、プレイヤーがソケットから取り出したタイミングで最初に保持したスケールを適用すれば問題ありません。オブジェクトのHover Exited(ソケットから取り出されたとき)のタイミングのイベントとして実行しましょう(図10_15)。

コード10_5 手首型インベントリーのスクリプト

```
01 using UnityEngine;
02 
03 public class ItemScaleRecover : MonoBehaviour
04 {
05     //ゲームオブジェクトのスケールを保持する変数
06     private Vector3 defaultScale;
07 
08     // Startの前に実行される関数
09     private void Awake()
10     {
11         //シーン起動時のゲームオブジェクトのスケールを保持する
12         defaultScale = transform.localScale;
13     }
14 
15     public void RecoverScale()
16     {
17         // 小型ソケットから取り出したときにスケールを戻す
18         transform.localScale = defaultScale;
19     }
20 }
```

図10_15 オブジェクトのHover Exitedに設定する

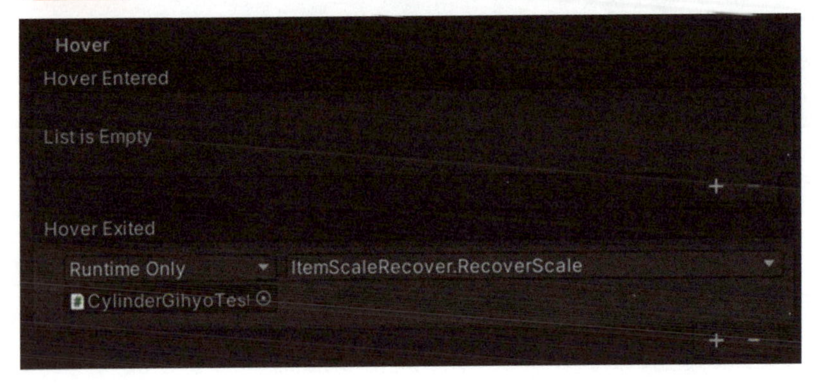

10-3-3 バックパック型

VRでは現実と同じようにインベントリーがバックパックの形状をしていることが多く、プレイヤーの背中からアイテムを取り出すことがしばしばあります。この実装は、バックパックの中にソケットがいくつか用意されている場合（図10_16）と、バックパックの中に入ったアイテムをバックパックの子オブジェクトとしてバックパックに追従させる場合（図10_17）があります。

図10_16 ソケットを用いたバックパックの実装

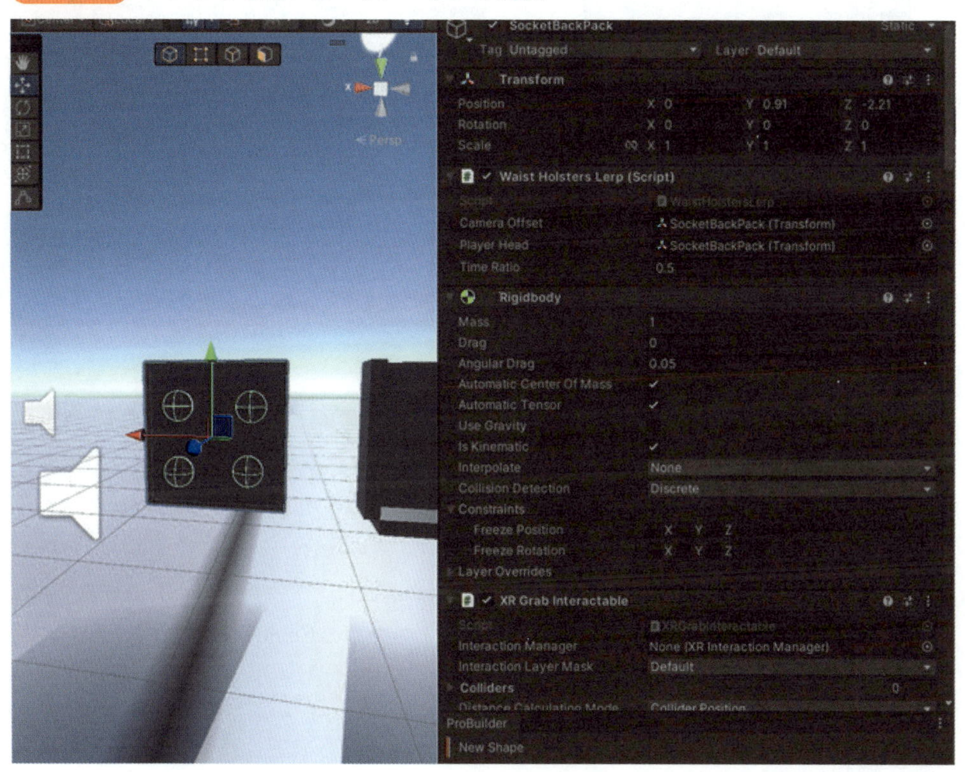

図10_17 アイテム同士を親子関係で紐づけたバックパックの実装

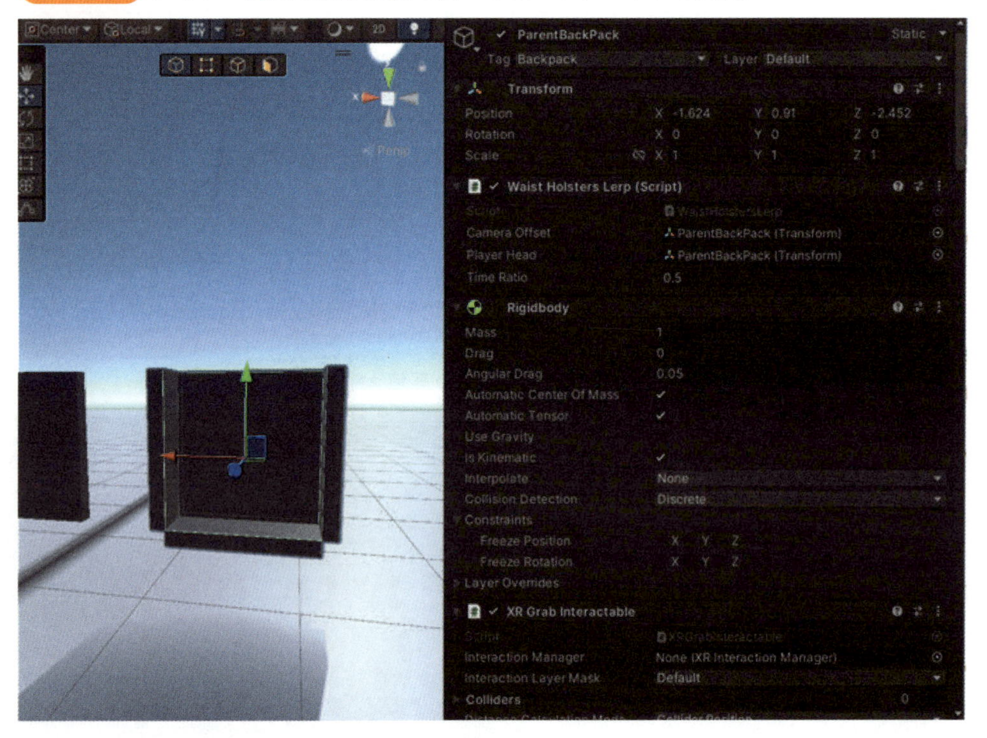

後者の親子紐づけ型のバックパックは、実はものすごくシンプルな実装です。バックパック内の空間にボックス状のコリジョンを配置し、バックパックに放り込まれた任意のオブジェクトがボックスのコリジョンにぶつかったら、そのオブジェクトをバックパックの子オブジェクトとみなして物理演算を止めるだけ。この場合、スクリプトはバックパックではなく、バックパックに出し入れするオブジェクト側にアタッチメントします。バックパックは、プレイヤーがバックパック本体を手にとるためのCollider（ぶつかる）と、アイテムを収納するためのTrigger（すりぬける）で構成されています。オブジェクトはOnTriggerEnter（トリガーに重なったとき）を基準に、バックパックに親子付けされる処理を実行します。

以下のコード例ではオブジェクトがぶつかったコリジョンがバックパックかどうかを判別するのにタグを使っていますが、タグ以外の実装をしたい場合はコリジョンのレイヤーやInteraction Layerなど活用して改変してみてください。

このオブジェクト親子紐づけ型のインベントリーはあまり数多くのVRゲームで採用されているわけではありませんが、SteamVRやQuest Storeのベストセラー VRシューター『Into the Radius』やそのフォロワー『Ghosts of Tabor』でも採用されています。実装がかんたんであり、改変次第でさまざまな味付けが可能です。たとえばバックパックに重量制限を設けるとか、オブジェクト同士が重なってはいけないようにしてプレイヤーにバックパックの中の整理整頓を促すことができるでしょう。

コード10_6 親子紐づけ型バックパックのスクリプト

```
01 using UnityEngine;
02 
03 public class ItemAttachParent : MonoBehaviour
04 {
05     // ゲームオブジェクトがぶつかったとき
06     public void OnTriggerEnter(Collider other)
07     {
08         // ぶつかったゲームオブジェクトのコリジョンのレイヤーの種類を文字
   列にする
09         string layerName = LayerMask.LayerToName(other.
   gameObject.layer);
10 
11         if (other.gameObject.tag == "Backpack")
12         {
13             // ぶつかったゲームオブジェクト(かばんを想定)を親ゲームオブ
   ジェクトにする
14             transform.SetParent(other.gameObject.
   transform);
15             // Rigidbodyを取得し、ゲームオブジェクトが物理設定で動か
   ないようにする
16             Rigidbody rb = transform.
   GetComponent<Rigidbody>();
17             rb.isKinematic = true;
18         }
19     }
20 
21     // ゲームオブジェクトがプレイヤーに握られたとき
22     public void ExitGrab()
23     {
24         // 親ゲームオブジェクトを空にして独立させる
```

```
25            gameObject.transform.parent = null;
              // Rigidbodyを取得し、ゲームオブジェクトが物理設定で動くように
26  する
              Rigidbody rb = transform.
27  GetComponent<Rigidbody>();
28            rb.isKinematic = false;
29        }
30  }
```

このスクリプトでは、“Backpack”という名前のタグがついたオブジェクトがバックパックに触れたときに反応するようにしています。ExitGrab、つまりプレイヤーがバックパックからアイテムを取り出すときの処理はアイテムにあるXR Grab Interactableにある Last Select Exited（プレイヤーにつかまれたとき）で処理を行うことを忘れないようにしてください。

COLUMN レイヤーの活用

どのインベントリーを実装するにせよ、意図しないオブジェクトが収納されてしまうのは困ります。このためUnity XRTKにはInteraction Layer Maskという機能が用意されています（図10_18）。たとえばXR Grab Interactableに「GrabbableItems」という独自のレイヤーを作成・指定、XR Socket Interactorには「GrabbableItemsのレイヤーを持つゲームオブジェクトのみソケットに挿入できるようにする」といったことを指定できます。

図10_18 Interaction Layer Maskを用いた設定

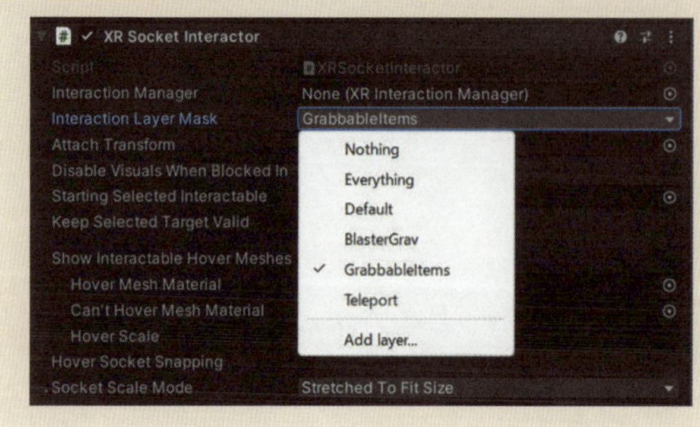

CHAPTER 11

VRのパフォーマンス最適化法を学ぼう

これまでの章ではVRゲームの作り方を紹介しましたが、作ったゲームを世に出す前にやらなければならないことがあります。それが最適化です。努力して作ったゲームの魅力を最大限伝えるためにも、ぜひ参考にしてみてください。

CHAPTER 11 1 VRにおける最適化とは

11-1-1 VR酔いの二大要因「フレームレート」と「スパイク」

VR酔いは極力避けたい現象ですが、最適化が十分になされていないゲームでは発生しやすくなります。これは最適が十分でない時に起こる「フレームレートの低下」と「スパイク」によるものです。

「フレームレートの低下」とは、本来出したいFPSの値を出すことができず、ゲーム画面がカクつくように感じられてしまう状態のことです。VRでは通常72〜90FPSが求められるため、ここを大きく下回ってしまうとVR酔いにつながります。また、フレームレートの低下と似ている「スパイク」という現象もあります。これはFPS自体は基準を満たしていても、時々大きくFPSの値が下がってしまうことをいいます。一瞬だけ画面が停止するような動きに見えるため、予想外の画面の動きによってプレイヤーのVR酔いを引き起こします。

以上を踏まえ、VRゲームにおけるパフォーマンス最適化とはつまり「"高い"FPSを"安定して"出す」ことがベストといえます。そのうえで、もしフレームレート低下とスパイクどちらかだけしか改善できないのであれば、個人的には「スパイク」を無くすことを優先した方がいいと思います。プレイ中に画面が一瞬でも停止するのは非常に不快な体験です。「高いFPSを安定して出す」ことが難しいのであれば「そこそこのFPSを安定して出す」方が、ユーザー体験はよっぽどマシです。

最適化を進めるにあたっては、基本的に既存の体験に影響がないように進めるのが基本です。「プレイヤーから見える部分はいっさい変化がないけれど、ゲームの動作が最適化される」というのが理想です。一方で、「体験に影響がない範囲での最適化は進めたが、それでもまだFPSの低下などが起こる」という状態になることもありえます。すると、一部体験を損なう可能性がある変更も込みで最適化を進めることになるのですが、そうなってくると「ゲームのコアな部分がカクツキの根本要因だった」という事態までありうるかもしれません。こうなると非常に辛いため、コアな部分だけでも、パフォーマンスの問題にならないかは先に考えておくことをおすすめします。理想をいえば、最適化はプロジェクト初期時点から考慮しておけるのがベストです。

ただそうはいっても、現実的には初期からの最適化は難しい場合がほとんどです。ゲーム開発においてプロジェクト初期から仕様がしっかりと決まりきっていることはほとんどありません。最適化の工程は、実際には後半から終盤にかけて実施することが多いと思います。特にゲーム開発初心者の方は最適化を見据えて開発を進めることは難しいと思うので、ひとまずは作りたいゲームを形にするところを第一に進めるのがおすすめです。

一方で、初心者の方も先に最適化について知っておくことは非常に有益です。最適化の過程とは、つまり既存のソースコードやアセットに手を加えることですが、その際に何が問題になりやすいのかをあらかじめ知っておけると、開発段階で気を付けることができるようになります。これから開発を進めていく方も、これから解説する内容をぜひ軽く流し読む程度はしておくことがおすすめです。最適化に関しては、VRならではの観点というのは実は多くなく、一般的な3Dゲームの最適化の内容と共通する項目も多いです。本書ではVRで特に問題になりやすいポイントを中心に解説しますが、もっと踏み込んだ内容については、別の書籍なども参考になると思います。

11-1-2 VRで必要な解像度とFPS、動作ハードウェア性能

一般的な3DゲームとVRの最も大きな違いは、ターゲットとする解像度とFPSの違いです（表11_1）。VRでよりよい没入感を実現するためには高い解像度が必要です。PC向けゲームであればフルHD画質（1920×1080ピクセル）が一般的だと思いますが、Meta Quest 2では片目当たり1832×1920ピクセル、Meta Quest 3であれば2064×2208ピクセルを描画する必要があります。また、VRヘッドセットでは左右の目それぞれに別々の映像を計算して描画する必要があるため、描画ピクセル数は倍になります。Quest 3では4K解像度以上の描画ピクセルが必要になるため、非常に高い水準だといえるでしょう。

表11_1 解像度の比較

ハードウェアの種類	解像度	描画ピクセル数
PCゲーム フルHD	1,920x1,080	2,073,600
PCゲーム 4K	3,840x2,160	8,294,400
Meta Quest 2（両目分）	1,832x1,920x2	7,034,880
Meta Quest 3（両目分）	2,064x2,208x2	9,114,624

FPSに関しても同様に高い数字が必要です(表11_2)。一般的なPCゲームでは30〜60FPSが多いですが、VRでは少なくとも60FPSが求められます。デバイスやプラットフォームにもよるのですが、一般的なVRゲームでは72〜90FPSが多いです。人間の目は連続した画像を映像として捉えられる性質があり、アニメのように24FPS程度であっても自然な映像として認識ですが、VRの場合は現実での見え方との比較になるためFPSが低いと違和感につながりやすく酔いやすくなるようです。

表11_2 FPSの比較

VRヘッドセット名	対応リフレッシュレート(Hz)
Apple Vision Pro	90 / 96 / 100
Quest 2	60 / 72 / 80 / 90 / 120
Quest 3	60 / 72 / 80 / 90 / 120
Pico 4	72 / 90
PlayStation VR2	72 / 80 / 90 / 120 / 144
Pimax 5K Super	90 / 120 / 144 / 180
VALVE INDEX	72 / 80 / 90 / 120 / 144

最適化を考えるにあたってもう一つ考える必要がある項目が、動作するハードウェアの性能です。たとえばQuest 3向けにゲームを作成する場合は、Quest 3において適切に動作すればOKですが、そのゲームはQuest 2では動作しないかもしれません。Quest 2はQuest 3と比べて処理性能が低いため、Quest 3でギリギリ動くようなパフォーマンスではQuest 2での動作が困難な場合が多いです(ただし、いずれはハードウェアの世代交代やユーザーの買い替えが進む以上、「性能の低いハードを対象外にする」ということも十分可能になります)。

最適化のゴールとなるのは、想定する最もスペックが低いハードウェアで最低限の解像度とFPSが出せるかどうかです。Meta Questの場合はディスプレイと処理するハードウェアが一体型になっていますが、PCVRなどは様々なPCパーツやHMDなど無数の組み合わせが存在します。そこで、一般的にはPCにおける最低限の動作スペックを決めることが多いです。

PC向けに使える各HMDの製品ページには、最低動作スペックが掲載されていることが多いので、動作スペックを決める際に参考にしてみるといいでしょう。また、そもそも何をターゲットにするかは、Chapter13でも言及しているため参考にしてみてください。

また、Metaが最適化に関するベストプラクティスを公開しています。こちらも非常に参考になるのでぜひ見てみてください。

https://developers.meta.com/horizon/documentation/unity/unity-best-practices-intro?locale=ja_JP

11-1-3 現在のパフォーマンスを確認しよう

要件が分かったところで、最適化を進めていきましょう……の前に、そもそも最適化が必要かどうかを考えてみましょう。もしパフォーマンスを確認してみて、すでに目標の値を満たしているのであれば最適化は必須ではありません。ただし、パフォーマンス最適化をすることでゲームの安定性を高めたりバッテリー消費を抑えられるメリットもあるため、余力があれば挑戦してみてもいいかもしれません。残念ながら目標の値が出ていなかった場合はひとつずつ問題を解決していきましょう。

また、今まで散々「最適化」といってきましたが、ひと言に最適化といっても実はいくつかの項目があります。大きくは「CPU」「GPU」「メモリ」の3つに分類され、それぞれ異なるアプローチの解決策が必要です。ゲームの性質や作り方によっても、この中の何が問題要因になっているかは変わってきます。まずは計測をしてみてから、対処すべき問題を明らかにしましょう。

ちなみに、計測をする前に最適化をすることはあまりオススメできません。パフォーマンスの悪化にはいろいろな原因があるのですが、闇雲に対処しても根本的な解決にならないことが多いです。なぜなら、たいていの場合パフォーマンス悪化の中で最も大きな問題の比率が全体の大部分を占めていることが多いからです。このように最も大きな要因になっている原因を「ボトルネック」といいます。パフォーマンス最適化は、このボトルネックを見つけ出すことが第一ステップとなります。

ここからは「OVRメトリックツール」と「Unity プロファイラー」という二つのツールの使い方を紹介していきます。パフォーマンスを計測するという目的は共通ですが、それぞれ別々の役割を持つので併用して使うことをオススメします。使い分けのイメージとしては下記の通りです。

- OVRメトリックツール：実機でのパフォーマンス計測、開発時に常時使う
- Unity プロファイラー：PC上でのパフォーマンス計測、詳細なボトルネック調査に使う

11-1-4 OVRメトリックツールを使ったパフォーマンス計測

OVRメトリックツールは、Meta Questで使える便利なパフォーマンス計測ツールです。Metaが提供しており、VRゲームを起動した状態でそのゲームのパフォーマンスを確認できます（図11_1）。

図11_1 OVRメトリックツールの計測画面

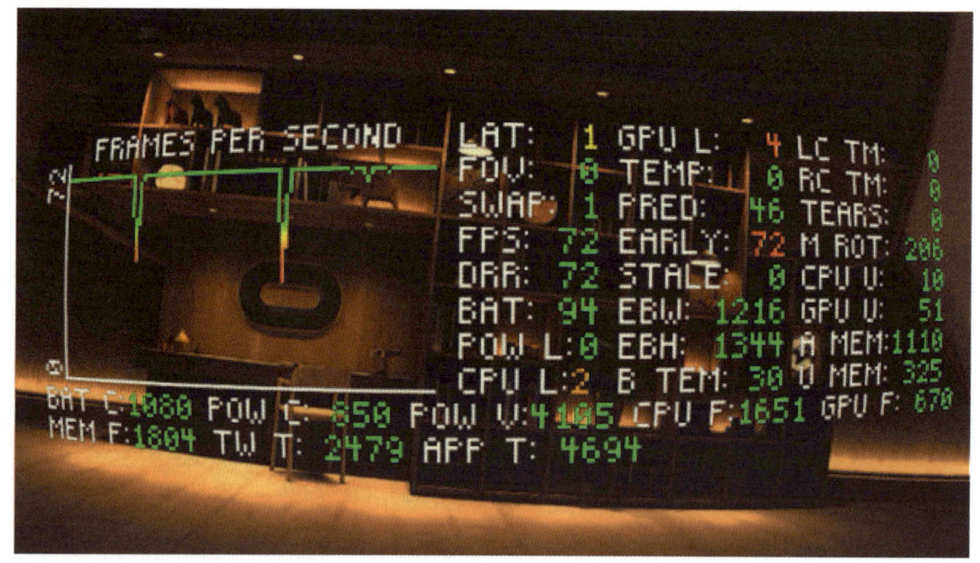

https://developers.meta.com/horizon/documentation/unity/ts-ovrmetricstool/?locale=ja_JP

利用するためには、Meta Storeからインストールを行います。スマートフォン用のMeta Horizonアプリや、Quest内のストアアプリで「OVR Metrics Tool」と検索すれば出てくるのでインストールしてください。

https://www.meta.com/ja-jp/experiences/ovr-metrics-tool/2372625889463779/?utm_source=developers.meta.com&utm_medium=oculusredirect

もしMeta Quest以外のデバイスを使っている場合は、別の代替ツールを検討してみてください。詳細な調査はUnityのプロファイラーを使って行うことができるのですが、パフォーマンス最適化においては普段からパフォーマンスのチェックをすることが非常に重要です。詳しくは後述の「開発が進むことによるパフォーマンスの変化」で説明しています。

OVRメトリックツールの設定方法

インストールが完了しアプリを開くと下記のような設定画面が開きます。上部に表示されているグラフのような領域がプレビューになっており、表示する項目を確認できます(図11_2)。

図11_2 OVRメトリックツールの設定画面

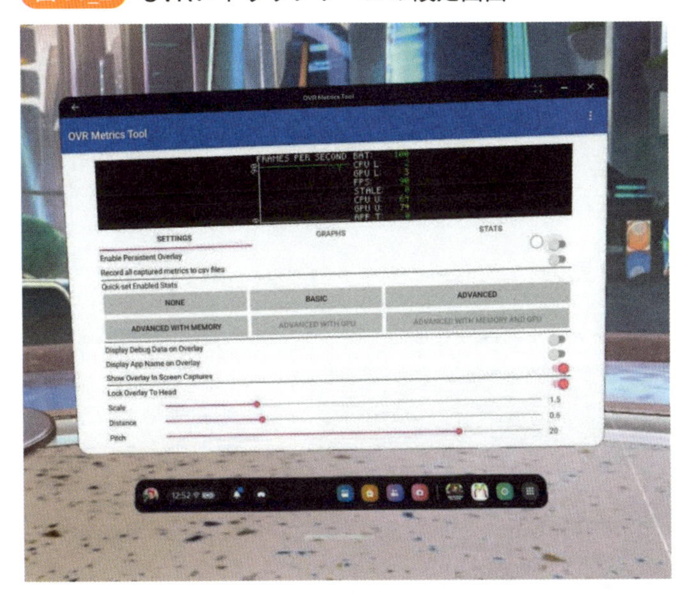

最上部の「Enable Persistent Overlay」のチェックを入れることで、グラフをオーバーレイ表示に切り替えることができます。この状態では他のゲームを起動しても、メトリクス情報を表示しつづけられるようになります。

図11_3 Enable Persistent Overlayにチェックを入れた場合

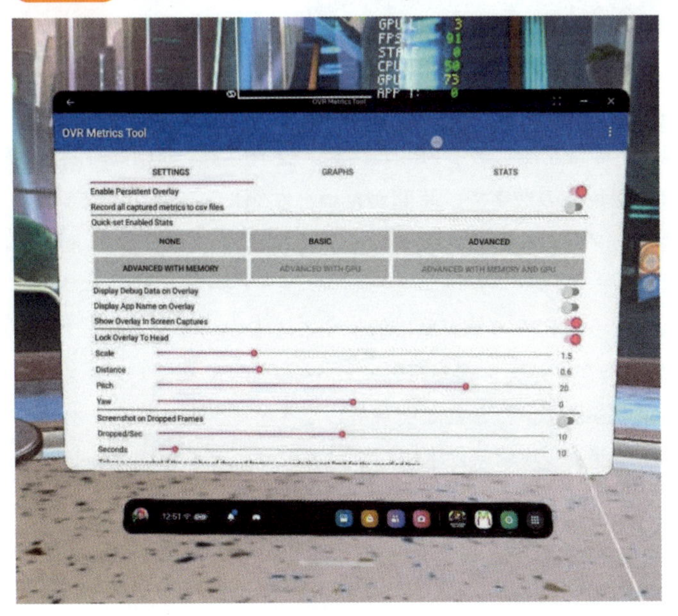

画面下部には細かい設定項目が並んでいますが、Quick set Enabled Statsからテンプレート設定が用意されています。はじめから色々な表示が並んでいても混乱してしまうので、まずはBASICを選んでおけば問題ないです。

また、プレビューの下にあるタブを切り替えることで、GRAPHS(グラフ)とSTATS(統計情報)の項目をカスタマイズすることができます。パフォーマンス調査を進める上で確認したい項目があればいじってみてください。

OVRメトリックツールの見方

図11_4 OVRメトリックツールのFPS表示

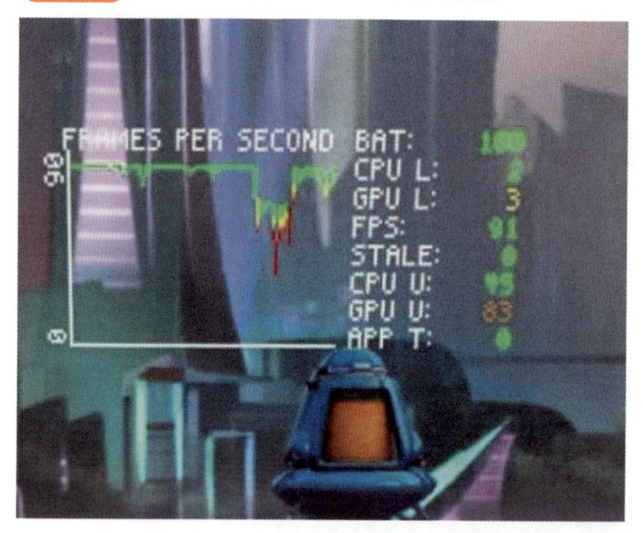

それではBASIC設定の表示を使ってOVRメトリックツールの見方を紹介します(図11_4)。まず注目してほしいのは左側にあるFPSのグラフ表示です。横軸は時間、縦軸はFPSになっています。右端が現在の数字で、時間がたつと左側にスライドしていきます。開発したVRゲームのテストプレイ中にこのグラフをみることで、平均的にどのくらいFPSが出ているかが確認できます。

また、プレイ中に、図のようにFPSの値が急に低下することがあります(これがスパイクです)。このスパイクがどんなタイミングで発生するかが、OVRメトリックツールを入れておくことで早期に発見できます。たとえば攻撃をしたタイミングでスパイクが発生したのであれば、攻撃の処理時間や、攻撃時に生成しているエフェクトの描画負荷などが原因だと推測できます。

また、右側のSTATS項目には、CPUやGPUの情報が表示されています。これらの値をみることで、スパイクの原因がCPUによるものなのかGPUによるものなのかを推測することもできます。

CPU L / CPU Lは、実行されているレベル(Level)を表しています。Meta Questは、CPUおよびGPUのクロック速度を、「レベル」という形で管理しています。要するに、ここが高い値になっていたら、それだけ高い負荷がかかっている(クロック速度の要求値が高い処理を行わせてしまっている)ということです。この値はデフォルトでは動的に変化しますが、アプリ側からレベルを固定することもでき、その場合は当然一定になるため注意してください。

https://developers.meta.com/horizon/documentation/unity/os-cpu-gpu-levels/?locale=ja_JP

CPU U / GPU U は、実行されている利用率(Utilization)をパーセンテージで表しています。この値が100に近づいていると、CPUかGPUのリソースをほぼ使い果たしている(≒処理が間に合っていない)可能性があります。ちなみにCPUやGPUは複数のコアを持っていることがあり、ここの数字はコア全体の平均値や最大値など、代表的な値が表示されていると思われます。つまり、使用率が100%になっていなくてもフレーム落ちが発生することはありうるので、詳細な調査は後述するUnityのプロファイラーなども合わせて活用してください。

右側のSTATS表示は現在のフレームでの値を表示しているので、瞬間的な変化の場合はうまく読み取れないこともあると思います。設定のGPAPHSタブからこれらの値をグラフ表示することもできるので、必要に応じて調整してみてください(図11_5)。

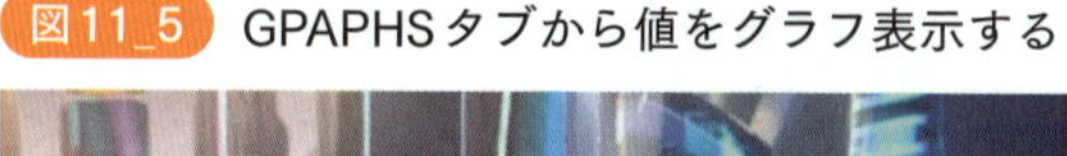

図11_5 GPAPHSタブから値をグラフ表示する

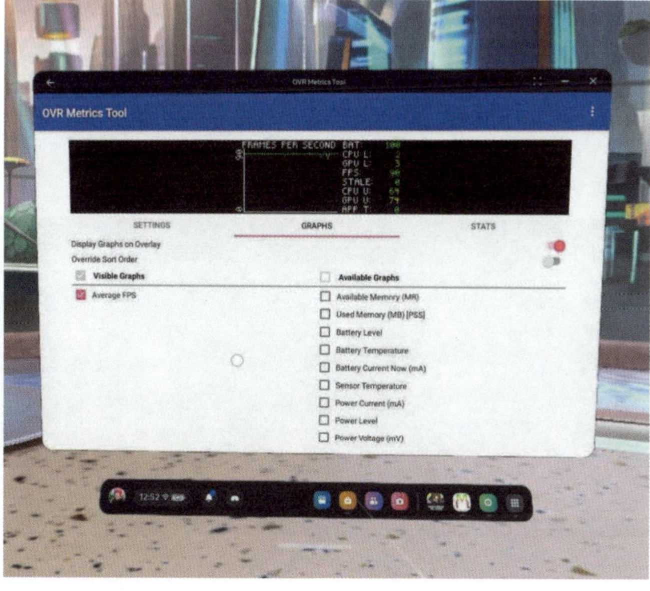

開発が進むことによるパフォーマンスの変化

先ほどは、ゲームの中のどこにパフォーマンス低下の原因があるかを調査する方法について紹介しました。ただ、パフォーマンス低下は、開発進行に伴っても発生することがあります。

開発が進むと3Dアセットや処理が増えるため、パフォーマンスは悪化しがちです。たとえば、敵キャラクターを追加したタイミングで今まで問題なかった戦闘シーンのFPSが基準を下回った、といったケースが考えられます。ただ、これの低下を発見できるのはかなり幸運な例です。悪化したタイミングが明確であれば、敵の3Dモデルの描画負荷や、動きを計算するスクリプトの処理時間など、原因として推測できる項目をかなり絞り込めます。一方で、たとえば3カ月前の時点では大丈夫だったのに今プレイしたら悪化していたということがあれば、3カ月の中で追加したアセットや機能のすべてが原因候補になってしまうので、かなり調査が難航します。

そのため、OVRメトリックツールは早い段階で導入して、常に表示しておくことをオススメします。特に開発初期の段階は動作が軽量なことが多いため、FPSを確認する癖さえつければ、パフォーマンスが悪化したタイミングを検知しやすいです。

さて、このようにOVRメトリックツールはFPS低下を検知したり原因を推測できる有用なツールですが、細かい原因の特定まではすることができません。そこで、次に紹介するプロファイラーも合わせて使うことで、パフォーマンス調査がしやすくなります。

Unityのプロファイラーを使ったパフォーマンス計測

Unityでは、標準でパフォーマンス計測をするためのProfilerというツールが用意されています。まずはメニューバーよりWindow > Analytics > Profilerから開いてみましょう(図11_6)。

図11_6 Profilerの初期画面

この状態だとまだ何も情報が表示されていないので、Profilerを開いた状態で一度UnityEditorを再生してみましょう。サンプルプロジェクトの中の Assets/Lectures/Ch10/Ch10_Example.unity を開いて、実行してみてください(図11_7)。図のように、上にグラフが表示されると思います。グラフの横軸はフレームで、縦軸はメモリ、オーディオ、ビデオなど各モジュールにとって重要なパラメータが表示されています。表示するモジュールは左上のProfiler Modulesから切り替えることができます(図11_8)。

図11_7 プロジェクトを再生した場合

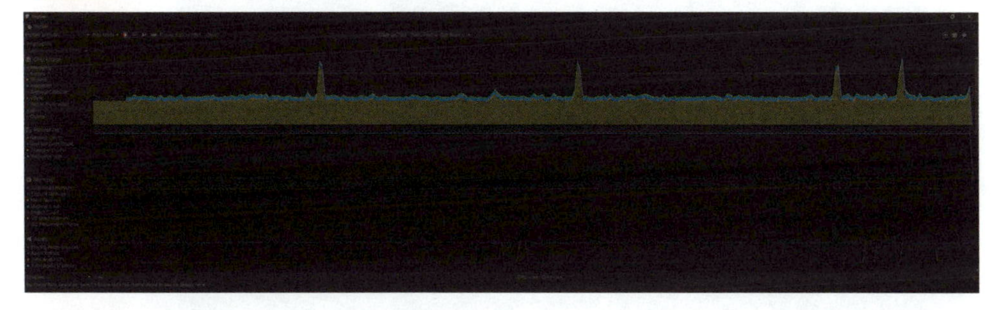

図11_8 表示される情報を切り替える

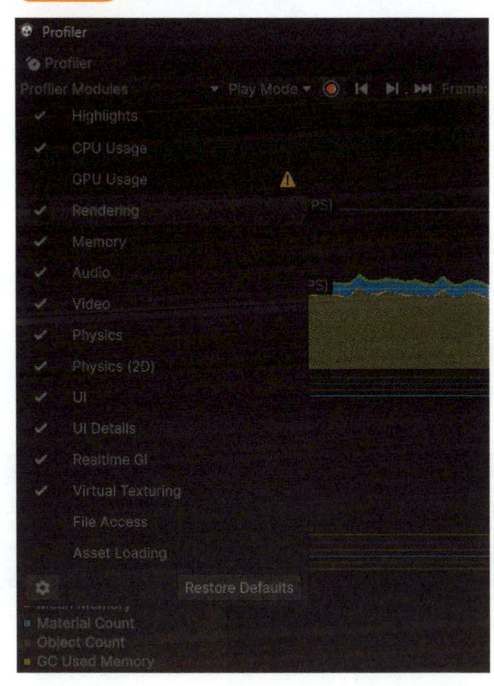

CPU Moduleの見方

試しにCPU Moduleのグラフの中で適当な場所をクリックしてみてください(図11_9)。

図11_9 CPU Module拡大図

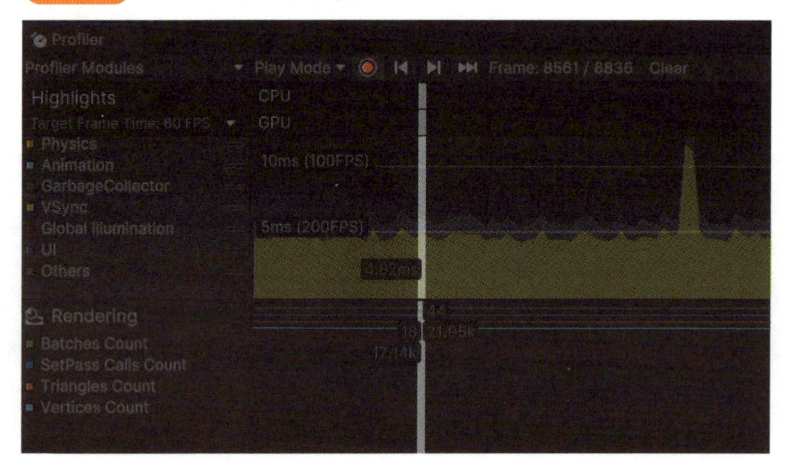

CPUモジュールの縦軸では、クリックしたフレームを処理するのにかかった時間(ms：ミリ秒)を確認することができます。CPU処理の中でも種類ごとに色分けがされており、積み上がった合計が1フレームにかかった時間になっています。例の画像では6msくらいかかっていることが分かります。1秒間は1,000msなので、75fpsを出すためには1フレーム当たりの処理を1,000ms / 75 ≒ 13.3ms以内に収める必要があるということです。

詳細をみるためには、Profiler画面の下半分に注目してください。Hierarchyというモードで処理時間の内訳を確認することができます(図11_10)。もしHierarchyが表示されていなければ、ドロップダウンからHierarchyを選択してください(図11_11)。

図11_10 Hierarchyを確認する

図11_11 Hierarchyを表示する

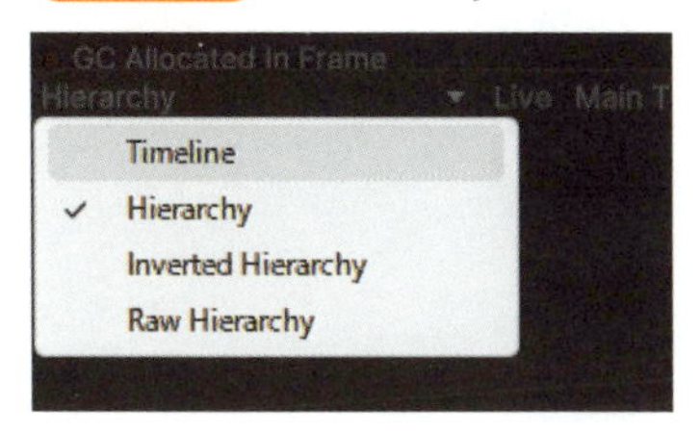

さて、図11_10の項目から、EditorLoopに79.3%、PlayerLoopに18.5%かかっていることがわかったとします(具体的な数値は、動作環境によって異なります)。

EditorLoopに大量に処理時間がかかっているように見えるのですが、これは気にしなくても大丈夫です。なぜならEditorLoopというのは、UnityEditorの動作にかかっている処理だからです。ビルドした状態と違い、UnityEditorではゲーム以外の部分での様々な処理を行っているため、ある程度負荷がかかってしまうものです。

グラフ中のOthersもEditorLoopによる処理がほとんどです。もし邪魔な場合は、Profiler Modulesから、Othersの左側にある四角をクリックすることで非表示にすることもできます。活用してください。

図11_12 モジュールの表示／非表示を切り替える

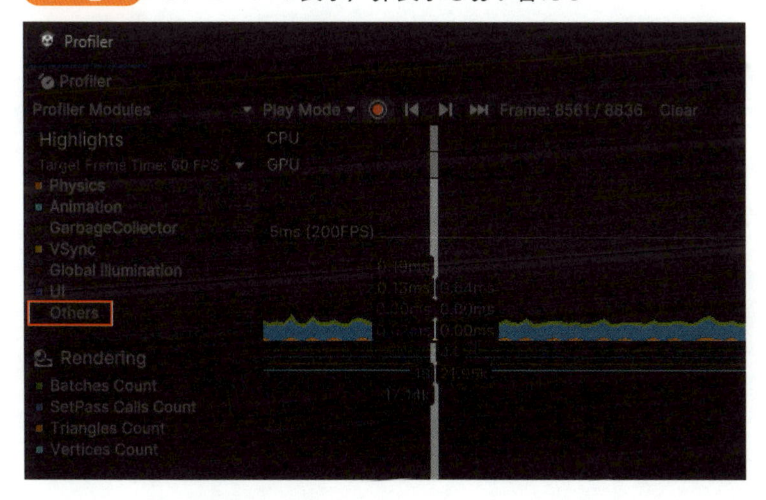

ボトルネック調査の進め方

話を戻して、EditorLoopの次に負荷がかかっているPlayerLoopについて調べます。左側の▶をクリックすることで、中身の処理を詳細に辿れます。また、項目ごとに順番を並び変えることもできます。ここではTotalの処理時間割合でソートしてみましょう(図11_13)。

図11_13 PlayerLoopの処理一覧

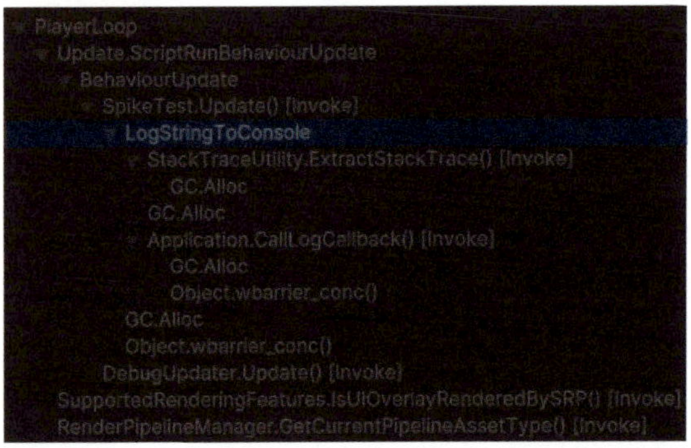

```
▼ PlayerLoop
  ▼ Update.ScriptRunBehaviourUpdate
    ▼ BehaviourUpdate
      ▼ SpikeTest.Update() [Invoke]
        ▼ LogStringToConsole
          ▼ StackTraceUtility.ExtractStackTrace() [Invoke]
              GC.Alloc
            GC.Alloc
          ▼ Application.CallLogCallback() [Invoke]
              GC.Alloc
              Object.wbarrier_conc()
          GC.Alloc
          Object.wbarrier_conc()
        DebugUpdater.Update() [Invoke]
    SupportedRenderingFeatures.IsUIOverlayRenderedBySRP() [Invoke]
    RenderPipelineManager.GetCurrentPipelineAssetType() [Invoke]
```

PlayerLoopの中で時間がかかっている処理を辿っていくと、SpikeTest.Update()という処理が見つかりました。この処理に41.7%に相当する7.81秒の処理がかかっているそうです。このスクリプトは今回Profilerを扱うために用意したスクリプトで、意図的に重い処理が書かれています。中身を見てみましょう。

コード11_1 SpikeTest.Update()のスクリプト

```
01 using UnityEngine;
02 
03 
04 public class SpikeTest : MonoBehaviour
05 {
06     void Update()
07     {
08         for (int i = 0; i < 100; i++)
09         {
10             string str =“ SpikeTest:“  + i;
11             Debug.Log(str);
12         }
13     }
14 }
```

for文でログ出力が毎フレーム100回ほど出力されている処理が書かれていました。このように、Profilerから重い処理になっているスクリプトやコンポーネントなどを見つけ出すことが、原因調査の基本となります。

もしSpikeTestというスクリプト名にピンとこなくても、回りの情報から探し出すこともできます。先ほどのProfilerをよく見ると、SpikeTestの中身としてLogStringToConsoleという処理も書かれています。ここから「ログや文字列に関する何か」と推察できそうです。

後ほど詳しく紹介しますが、ループや文字列処理、ログ出力などの操作は処理時間がかかることが多いので要注意です。慣れてくると、開発時点で重そうな処理が分かるようになってきます。

GabageCollectionによるスパイク

また、もう一点見てほしいのがGC.Collectと書かれた処理です。線が重なっていて見えづらいのですが、他のフレームと比べて突出して処理時間がかかっていることが分かります(図11_14)。

図11_14 GC.Collect

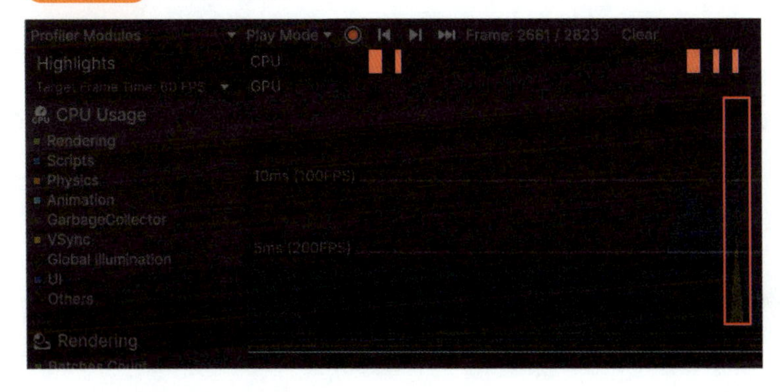

これはC#のGabageCollectionという仕組みが影響しています。C#ではプログラム上で発生し不要になった変数など(Gabage:ゴミ)を自動で収集して解放してくれる、GabageCollectionという仕組みがあります(GCと略されることもあります)。このGCで集められたGabageはメモリ上に溜まっていくのですが、メモリ資源は有限なので、いつか限界が来てしまいます。そこで、GCは一定以上Gabageが溜まると自動的に破棄するGC.Collectと呼ばれる処理を実行するのですが、この処理が重いため、瞬間的なFPS低下、つまりスパイクをもたらします。GCは非常に便利な仕組みですが、VRゲームとはかなり相性の悪いシステムだといえるでしょう。

このGC.Collectを防ぐもっともいい方法は、Gabageを生まないようにすることです。Gabageが生まれる処理はアロケーションと呼ばれ、Profiler上ではGC.Allocという項目で確認できます。先ほどのSpikeTestの中身をみてみると、LogStringToConsoleで92.8 KBのGabageが生まれていることが確認できます(図11_15)。VRゲーム開発では基本的にこのGC.Allocを発生させないことを意識する必要があります。具体的な対策については後述しますが、Profilerの中で注目すべき項目として覚えておいてください。

図11_15 LogStringToConsole

PC上と実機のパフォーマンスの違い

一点注意してほしいのが、この時に表示されているのは「PC上のUnity Editorで再生した時のパフォーマンス」であり、実機でのパフォーマンスとは異なるということです。一般にPCの方が高い処理性能を有しているので、PCでは100FPS出ていても、Quest実機では60FPSを下回るということがありえます。ただ、重い処理というのは大抵PCでもQuest実機でも同じように表示されます。そのため、処理時間の内で占めている割合の高い処理を探して調査を進めるとよいでしょう。

ちなみにQuest実機のパフォーマンスをUnityのプロファイラーで調査する方法も用意されています。まれにPCとQuestで大きく処理時間が異なるケースがあるので、もしPCでの調査で行き詰まるようなことがあれば検討してみてください。ただし、これには毎回Quest向けにアプリをビルドして接続する必要があります。面倒だと思うので、普段はPCでの調査で問題ないでしょう。

https://developers.meta.com/horizon/documentation/unity/unity-profiler-tool/?locale=ja_JP

CHAPTER 11

2 パフォーマンスの改善方法

さて、ここまでは調査の方法について説明しました。ここからは、そうして低下しているパフォーマンスに対する対処法を解説します。

基本的な最適化の流れは、まずボトルネックとなっている原因を調査し、そこで特定もしくは推測した原因に対応していく、です。対応方針についてもいくつかのパターンがあり、ざっくりと下記に分別されます。前半の対応方針ほど対応コストは低く、後半ほど大変になります。

- 1. パフォーマンス低下をコード上だけで完全に解決する
- 2. パフォーマンス低下をコード上で軽減し、許容できるレベルにする
- 3. パフォーマンス低下をコード上で解決できないため、別の改善を積み重ねて全体で許容できるレベルにする
- 4. パフォーマンス低下をコード上で解決できないため、別の実装アプローチによって代替する
- 5. パフォーマンス低下をコード上で解決できないため、仕様自体を変更して実装ごと削除する

1、2はコード上で解決できるありがたいケースです。実装や構造を大きく書き換えることになる場合もあるので簡単な対応に収まるケースばかりではありませんが、他と比べると大分ましです。後ほどこのケースについての具体的な原因と対策について紹介していきます。

3は険しい道のりです。75FPSを目指す場合は1フレームの処理時間を13.3ms以内に収めないといけませんが、その処理の処理時間が13.3msを超えていた場合、そもそもこの選択肢を取ることができません。

4は実装のアプローチ自体を変える方法です。仕様への影響がある場合もあります。たとえば敵の移動に使っていた探索アルゴリズムを処理時間の関係で使えないので、単純にプレイヤーの座標に近づくように動かす、といったケースがありそうです。最適化手法というよりは、単純に色々な実装を思いつくことや知っていることが重要になりそうです。

5に関してはゲームデザインに深く関わってくる部分なので特に注意してください。も

し原因となった機能がゲームのコアになっている場合は、開発自体の存続に関わってしまうかもしれません。先述しましたが、コアの機能のパフォーマンスについては、開発の早めの時期から注意深くみておくとよいでしょう。

基本的なパフォーマンス最適化の流れは以上になります。パフォーマンス悪化の原因は多岐に渡るため、具体的な対応は都度都度インターネット検索などを活用しながら考えていくことになると思います。ただその中でもVRゲーム開発をしているとよく発生する問題がいくつか存在します。ここからはVRゲーム開発でよく発生する具体的な問題や対応方法について紹介していきます。

11-2-1 CPUパフォーマンスの最適化

オブジェクトプール

これは、モデル読み込み時間やGC.Collectによるスパイクを抑制するための手法です。ゲームはゲーム進行やプレイヤーの操作によって、様々な要素が動的に変化していきます。ステージが移動したり、敵が出現したり、音やエフェクトが表示されたり、といったことです。その際に普通に実装をすると、変化の度にオブジェクトを生成・破棄することになるのですが、これには下記の問題があります。

- アセットの生成（特に3Dモデル）は読み込みに処理時間がかかるため、スパイクの原因になりうる
- オブジェクトを破棄するとGC.Collectが走り、一定以上溜まるとGC.Collectによるスパイクが発生する

これらの問題をオブジェクトプールという仕組みを使うことで解決できます。基本的なアプローチとしては、ゲームやシーンの開始時に必要なオブジェクトをまとめて生成しておき、使いまわします。オブジェクトプールの生成と破棄のタイミングでは結局スパイクが発生してしまうのですが、そのタイミングを制御できるのがオブジェクトプールの最大のメリットです。

一口にオブジェクトプールといっても、様々なパターンの実装例があります。作っているゲームによって変わる部分もあるのですが、VRゲームに適したオブジェクトプールの話も交えていくつか注意ポイントを紹介します。

- **オブジェクトの初期化をきちんと制御する**

オブジェクトプールの一般的な注意事項です。オブジェクトプールで管理するオブジェ

クトは使いまわしを前提としているので、使うたびに状態を初期化してあげる必要があります。適切に初期化・リセットがされていない場合、前回使った時の状態が残ってしまうこともあるので注意してください。

- **使い終わったオブジェクトをオブジェクトプールに伝える**

こちらも一般的な注意事項です。オブジェクトプールはオブジェクトを要求された時に使っていないオブジェクトを返す実装が一般的です。最初に確保した分を使い切った後は、使い終わったオブジェクトを使っていく形になります。そのため使い終わったオブジェクトはきちんとそのことをオブジェクトプールに伝えるようにしましょう。

- **オブジェクト数の上限を調整する**

オブジェクトプールで管理しているよりも多くのオブジェクトを同時に使おうとした場合、大きく2通りの実装がありえます。

1: 追加でオブジェクトを生成して返す
2: 古いオブジェクトを返す

VRの場合、1の方法ではオブジェクトの生成による処理落ちが発生する可能性があるため適していないため基本的に2の方法が適しています。一方で、まだ使っている古いオブジェクトが消えては困る場合もあるので、その場合はあらかじめ多めの容量を確保しておくなどの工夫が必要です。ただ容量をたくさん確保するほどメモリを圧迫したりロード時間が長くなるので、適切なバランスを見つけましょう。

Unity公式にもObjectPool<T0>クラスが用意されています。ジェネリック型で引数にGameObjectをとることができ便利ですが、注意事項もあります。設定によっては上限を超えた場合に破棄処理が走る場合などがあるため、採用する場合は十分に注意してください。そんなに複雑な実装にならないことがほとんどだと思うので、自分で実装してしまうのもありだと思います。
https://docs.unity3d.com/6000.0/Documentation/ScriptReference/Pool.ObjectPool_1.html

暗転中にスパイクを逃す

Metaのストア要件では、「安定したリフレッシュレートであること」が求められています。しかしその説明には、「FPSを安定させる必要があるが、暗転中やローディング画面はこの限りではない」という旨も同時に書かれています。
https://developers.meta.com/horizon/resources/vrc-quest-performance-1/

よって、VRゲーム開発でどうしても発生するスパイクは極力暗転中などに逃せばよいと言えます。たとえばオブジェクトプールの生成と廃棄のタイミングも、下記のように暗転時などに逃してしまう実装がありうるでしょう。

- シーン遷移開始
- 暗転開始
- 前シーンで使っていたオブジェクトプールを破棄する
- シーン切り替え
- 次シーンで使うオブジェクトプールのロードを行う
- 暗転終了
- シーン遷移完了

暗転中には、GC.Collectを明示的に呼び出すこともあります。GC.Collectは本来システムが自動的に行うものですが、アロケーションが溜まったタイミングで実行されてしまうため、下手するとゲーム中に実行されてしまいます。そこで、暗転中に実行しておくことで溜まったアロケーションをリセットしておくことでそれを防げます。

このように、シーン遷移などのタイミングで暗転を行い、その中で諸々の重い処理を行うという対策がありえます。

文字列操作はなるべく避ける

メモリ領域はスタックとヒープに分かれていて、アロケーションはヒープ領域を確保する（アロケート）時に発生します。スタックは値型（intやstrunctなど）で使われ、ヒープは参照型（classなど）で使われる領域です。アロケーションの抑制は、言い換えると参照型の生成を抑制すると言えます。

そこで問題になるのがstring型です。stringは参照型ですが、厄介なのはほとんどの文字列操作を行う際、内部的には毎回新しいstring型を生成しています。そのため、文字列操作にアロケーションはつきものということです。ゲームプレイ中には極力行わないよう注意しましょう。

ログ出力の抑制

ログ出力はいくつかの視点から処理が重たくなりがちです。

1点目は文字列を扱う点です。ログ出力にはUnity標準で用意されている Debug.Log()を使うことが多いと思いますが、ここに加工した文字列を渡すこともよくあると思います。前項目で紹介した通り、文字列操作はアロケーションが発生します。

コード11_2 重くなる文字列操作の例

```
01            string str =“ SpikeTest:“  + i;
02            Debug.Log(str);
```

さらに、Debug.Logは引数がobject型になっています。objectは参照型なので、上記の例ではstring型が一度object型に変換されており、これによってもアロケーションが発生しています(これをボックス化と言います)。

2点目は、ログ出力ではスタックトレースと呼ばれる処理が走る点です。Unityのログを見ると、そのログがどのメソッドを経由して実行されたかが確認できます(図11_16)。例では1階層のみですが、複雑な実行経路の場合はこれが延々と続いていきます。このスタックトレースと呼ばれる処理は階層が深くなるほど処理が増えますし、最終的には文字列結合をしているのでアロケーションも発生しています。

図11_16 スタックトレースの例

SpikeTest: 2
UnityEngine.Debug:Log (object)
SpikeTest:Update () (at Assets/Lectures/Ch10/SpikeTest.cs:10)

3点目は、出力処理が必要な点です。実行環境にもよりますが、ログは開発者が確認できるようにログファイルなど何かしらの領域に書き込みが行われるので、重い処理だといえそうです。

以上のようにログ出力は重くなりがちなのですが、開発中のデバッグ作業において非常に心強い手がかりでもあります。不用意なログ出力(毎フレーム実行するなど)は避けるべきですが、それ以上無理に避ける必要はないでしょう。ではリリースビルド時にはどうするかというと、ログ出力を無効化することで重い処理を回避できます。Unityではビルド設定時、PlayerSetting > OtherSettingsより、ログ出力を抑制できるので、これだけでも大きな改善になるはずです(図11_17)。

図11_17 Noneにチェックを入れると無効化される

また、スクリプトで下記を呼び出すことでも、出力を無効化できます。

コード11_3 出力を無効化するスクリプト

```
01 Debug.unityLogger.logEnabled = false;
```

一方で、これらの方法はメソッドの呼び出し自体は実行されているため1点目の問題は解決できていません。そこでよく使われるのが `[Conditional("UNITY_EDITOR")]` というアトリビュートです。ログのラッパークラスを作成し、メソッドにこのアトリビュートをつけておくことで呼び出し自体をスキップできます。インターネット上には実装例も紹介されているので、ぜひ参考にしてみてください。

CPU/GPU Levelを上げる

QuestではCPU/GPUの処理能力を制御するオプションが用意されています。レベルを上げると処理能力は向上しますが、一方で消費電力が増えるので注意してください。また、ハードウェアごとの差異もあるので、どのハードウェアでも同様のフレームレートが出るように調整する必要があります。ProcessorPerformanceLevel列挙型で指定することで、範囲内でレベルを自動的に調整してくれるようになるのでオススメです。
https://developers.meta.com/horizon/documentation/unity/os-cpu-gpu-levels/

高いレベルを使うと消費電力が増えるほか、サーマルスロットリングという機能が作動することもあります。これはハードウェアの温度が高くなった時に熱暴走を防ぐため自ら処理性能を下げる機能です。OSレイヤーで実行されることが多く、アプリ開発者が無効化することはできません。当然下がった処理性能で処理しきれない負荷があるとフレームレートは下がるので、発生は避けたいところです。Metaのストア要件にも「45分間実行してサーマルスロットリングが発生しないこと」が記載されています。
https://developers.meta.com/horizon/resources/vrc-quest-performance-2/

11-2-2 GPUパフォーマンスの最適化

CPUと比べると、CPUに関するパフォーマンス最適化にVRならではのものは多くありません。言い換えると、通常の3Dゲーム開発と同様の最適化手法がそのまま有効なケースが多いです。

- シェーダーを見直す、モバイル用、VR用のシェーダーに置き換える
- オクルージョンカリングを適用する
- LODを設定する

- 動的なライトを減らす
- ライトベイクをする

ここからは、VRゲーム特有のGPUパフォーマンスの改善に役立つ手法について紹介していきます。

Foveated Rendering

VRコンテンツならではといえる最適化手法といえば、まず浮かぶのはこれではないでしょうか。視線の中心以外の解像度を意図的に落とすことで描画負荷を軽減するFoveated Rendering（フォービエイテッドレンダリング、日本語訳で中心窩レンダリング）と呼ばれる手法があります。主にアイトラッキング（視線トラッキング）機能とあわせて使われることが多く、Eye Tracked Foveated Renderingと呼ばれます。Eye Tracked Foveated RenderingはPSVR2やApple Vision Proなどでは標準機能として搭載されています。

人間の視覚特性として、中心視野と周辺視野というものがあります（図11_18）。中心視野は左右35度くらいの狭い範囲で見えており、解像度が高く、色や形の知覚ができます。反対に、周辺視野は解像度が低く、色や形をしっかりと知覚することができません。私たちが見えている視界では全体的に色がついているようにみえますが、実際には周辺視野の視覚の色は見えておらず、脳によって補完がされています。この視覚特性に着目したのがFoveated Renderingで、実際にはほとんど見えておらず補完で補っている周辺視野の描画を極端にサボってしまうという発想です。

図11_18 中心視野と周辺視野

https://www.tobii.com/ja/products/integration/xr-headsets/foveation-technology

また、アイトラッキング機能がないデバイスでも Fixed Foveated Rendering(FFR、固定中心窩レンダリング)と呼ばれる機能として実現されている場合があります。VRゲームにおいて視線を動かす場合、大抵の場合目線だけでなく、頭全体を動かして視点を動かすことが多いです。そのため、ディスプレイの中心以外を注視することはほとんどないため、疑似的に中心窩レンダリングを再現することができるのです。この機能は Meta Quest 3でも使うことができます。有効にした状態で頭を動かさずに画面端をみると、描画がぼけていることが確認できると思います。スクリーンショットを撮ってみると、より分かりやすいと思います。

Meta Questでは次のコードで有効にすることができます。数ある最適化手法の中で、コード1行追加するだけで導入できる非常に手軽な項目です。ゲーム全体に適用する場合は、起動直後に呼ばれるどこかの関数内に追加すればOKです。

コード11_4 FFRを有効化するスクリプト

```
01 OVRManager.fixedFoveatedRenderingLevel =
   FixedFoveatedRenderingLevel.High;
```

設定する値は、ぼかしの度合いに応じてレベルを設定することができるようになっています。実際に試してみて、気にならないレベルを探ってみるのがよいでしょう。

表11_3 FFRの設定値

Off :	マルチ解像度が無効
Low	低いFFR設定
Medium	中程度のFFR設定
High	高いFFR設定
HighTop	最も高いFFR設定

Fixed Foveated Renderingを使うときに注意すべきは、周辺視野に固定の表示物(UIなど)がある場合です。頭を動かして視点を移動できる状態であればあまり気になることがないですが、視線を移動させないと確認できない表示はぼやけてしまい視認できなくなります。その場合は Chapter7 で紹介した空間に固定するUIや、遅れて追従してくる視界固定UIを参考にしてみてください。

App Spacewarp

App Spacewarp はMetaが提供するパフォーマンス向上の機能です。フレームを様々な情報から補完してレンダリングすることにより、半分のレートでレンダリングが可能になります。72FPS出すのに32FPSで済むようになるという画期的な技術なのですが、補完はあくまで補完なので、状況によっては描画がおかしくなることがあります。Metaによるとすべてのアプリに有効な技術ではないので、詳細ページを見た上で自分のゲームに適しているかどうかを判断して使ってください。

https://developers.meta.com/horizon/documentation/unity/unity-asw/

App Spacewarpを使うためにはいくつか条件があり、その中の一つがURPというレンダリングパイプラインを使うことです。Unity 6で用意されているVRテンプレートではデフォルトのレンダリングパイプラインがURPになっているので、その設定を使っている人は特に困ることはないでしょう。ただ、App Spacewarp用にカスタマイズされたURPに差し替える必要があるので、導入する人は下記のページを参照してください。なお、執筆時点ではUnity 6では正式にサポートがされていませんが、フォーラムの投稿によるとリリース準備中とのことでした。

https://developers.meta.com/horizon/documentation/unity/os-app-spacewarp?locale=ja_JP

動的解像度（Render scale）の調整

GPU負荷が原因でどうしても目標となるFPSを達成できない場合、Render scaleを調整するという選択肢もあります。これは描画計算する際の解像度を指定できる機能です。通常はデバイスのディスプレイ解像度に合わせて描画をしますが、たとえばRender scaleを0.8に設定すると、通常の80%の解像度で描画を行います。描画解像度を下げるとその分描画負荷は減るので、FPSを達成できる値まで調整する選択肢が取れます。

https://docs.unity3d.com/ja/2021.1/Manual/DynamicResolution.html

一方で、Render scaleの調整はトレードオフであることも念頭に置く必要があります。描画解像度を下げると当然描画はやや不鮮明になるので、一般にゲーム体験低下につながります。また、極端に下げた場合はグラフィック上からユーザーが適切に情報を受け取れなくなる場合もあります。ちなみに、Render scaleは実行中に動的に変更もでき、特定のシーンのみ調整することも可能です。十分に検討した上で調整してみてください。

コード11_5 Render Scaleを調整するスクリプト

```
01 ScalableBufferManager.ResizeBuffers(widthScale,
   heightScale);
```

11-2-3 メモリ最適化

最後はメモリ最適化の話です。安定したFPSとは直接関係ないのですが、ゲームの品質に非常に重要な観点です。

ゲームで使えるメモリは有限です。デバイスに備わっているメモリ容量をすべて使える訳ではなく、OSやUnityエンジン、サードパーティ製のライブラリなど様々なレイヤーで使われたメモリ資源の残りをゲーム内で使用できます。メモリが不足すると例外が出たり、OSによってゲームが強制終了される場合もあります。ゲームプレイとしては間違いなく悪い体験になるので、絶対に避けましょう。

あらかじめ同時に読み込むアセットの総量が決まっているのであれば開発初期段階で、ターゲットとなる最低メモリ容量のデバイスでどのくらいまでメモリを使えるか調査することが可能です。ただプロの現場でもない限りそういったケースは少ないので、開発中にメモリ不足が発生したら調査するという流れでも問題ないと思います。その際に、サポートする最低スペックのデバイスで確認すること、本番同様の負荷で確認することを忘れないようにしましょう。

メモリ調査の方法は、前述したOVR Metricsツールや Profilerでも表示が可能ですし、UnityのMemory Profilerなども活用できます。また、よくある原因としては、3Dモデルの容量やテクスチャサイズが巨大なことが多いです。詳細な調査を行う前に、まずはこのあたりを疑ってみるのもありだと思います。

変わった例として、私が所属する会社で開発しているclusterというVRサービスでは、CPUリソースよりもメモリリソースを優先するケースがあります。clusterはユーザーが作成したコンテンツやゲームをVR空間上で楽しめるプラットフォームなのですが、ユーザーが作成したコンテンツを適切に表示させるためには、一定のメモリが必要になります。そのため、軽微なFPS低下やスパイクを許容してでもメモリリソースを優先する判断をすることがあります。開発しているコンテンツによって何を優先するか柔軟に考えてみてください。

CHAPTER 12

作ったVRゲームを人に見せよう

VRゲームは、作りきったとしても、そこで完成ではありません。ゲームというものは人にプレイしてもらうことで初めて完成するのです。またゲームを広く遊んでもらうためには、トレイラー・PVやスクリーンショットといった、視覚情報や、ゲームイベントへの出店なども必要になります。

CHAPTER 12 1

ゲーム内カメラを実装しよう

VRゲームで用意できる映像というと、基本的にはヘッドセットに映るプレイヤーの視界になります。ただ、トレイラーを撮影したりプレイの様子を第三者に見せたいのであれば、プレイヤーの視界用以外のカメラを用意するのが有効な手段です。たいていの場合、VRの素の映像は見づらいためです。こういったVRコンテンツで非VRユーザーに見せる用のカメラをSpectator Camera（Spectatorは観客の意）と呼びます。この項目ではUnityで短時間でシンプルに実装できるSpectator Cameraを2つ解説します。

12-1-1 一人称視点のSpectator Camera

大前提として、VRの視点をただ平面のディスプレイに変換した映像は見づらいです。人間の頭はつねにぐらぐらと揺れていますが、人間は自分の視界の映像を脳で補間しているので揺れを意識しません。逆に、VRの視点を平面に変換した映像は人間の頭の揺れを補正なく忠実に反映しているがゆえに、かえって不自然なほどに揺れて見えます。そのため、VRゲームの一人称の映像をただ撮影しただけの映像はひどく不格好に見えたり、視聴者に酔いを誘発するリスクもあります。

この問題に対処するためには、VRヘッドセットに映すプレイヤーの目線のカメラとは別に揺れを補正したカメラが必要となります。これが一人称視点のSpectator Cameraです。仕組みはとても簡単です。プレイヤーのカメラとは別のカメラのゲームオブジェクトを用意して、つねにプレイヤーの視界のカメラを追い続けるようにすればいいのです。その追跡にちょっとした補間を入れます。

Spectator Cameraを作成する

まずは、Hierarchy欄で右クリックからCameraを作成（ここでは名前を“SmoothCam”とします）したら、一部パラメータを調整しましょう。まずはProjection欄ですが、Field of View（画角）を75度、Clipping Planes（描画距離）のNear（Nearよりもカメラに近い範囲は描画されない）を0.01mとします。

RenderingではPriority、つまり優先度を高めましょう。Unityでは1つの画面に対してカメラが2個以上あるとき、優先度の高い（数字の大きい）カメラの映像が描画されます。

せっかく平面ディスプレイ用のカメラを作ってもこの設定を怠ると、プレイヤーの視界用の映像が写されてしまい、意味がありません。なお、PriorityはUnityのバージョン（特に古いもの）によってはDepth（深度）という表現になっており、本書で採用しているUnityのバージョンでもエディタ上ではPriorityという表現になっていますが、スクリプト上で呼び出すときは“Camera.depth”と記述する必要があります（これはUnityの仕様がややこしいですね）。

OutputはTarget EyeをNone（なし）にしましょう。TargetEyeはUnityのプロジェクトでVRを有効化しているときにのみ現れるオプション項目で、カメラの映像をVRに映すのか、映さないのかを選択できます。プレイヤーの視界以外の映像をプレイヤーの視界に流してしまうとプレイヤーが混乱してしまいますし、「プレイヤーの視界に本来映らないものを無理やり見せる」ことはMetaのレギュレーションに違反することにもなるので、無効化します（図12_1）。

図12_1 Spectator Cameraの設定

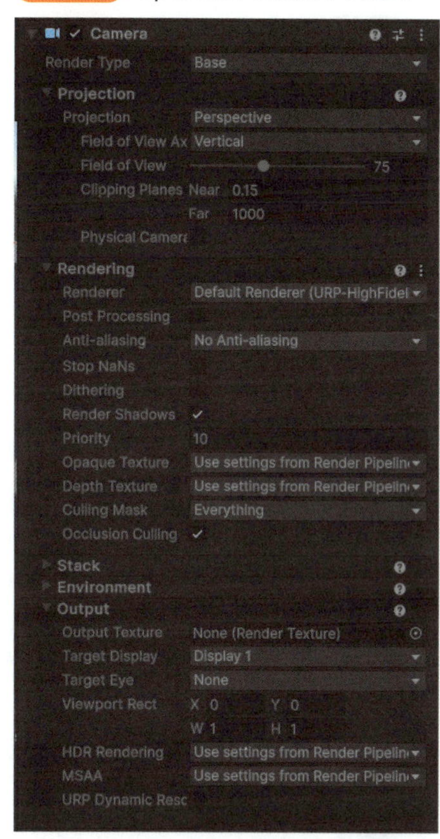

指定したオブジェクトを追跡するスクリプトを追加する

次は追加したカメラに「指定したオブジェクトを追跡するスクリプト」を追加しましょう。任意のフォルダに以下C#のスクリプトを作成します。このスクリプトはFollowTargetに入れたゲームオブジェクトを追従します。視界を追跡させる場合は、XR Origin ＞ Camera Offset ＞ MainCamera（プレイヤーのVRの目線となるカメラ）を入れましょう（図12_2）。また、Pos Dampで位置の補正をかける強さを、Rot Dampで角度の補正をかける強さを調整できるようにすることで、頭の揺れに対して補正をかけられるようにします。

図12_2 FollowTargetにMainCameraを入れる

コード12_1 指定したオブジェクトを追跡するスクリプト

```
01 using UnityEngine;
02 
03 
04 public class SmoothFollowObject : MonoBehaviour
05 {
06     public Transform followTarget;
07 
08 
09     [Range(0, 1)]
10     public float posDamp;
11 
12     [Range(0, 1)]
13     public float rotDamp;
14 
15     // Start is called before the first frame update
16     void OnEnable()
17     {
18         // ゲーム開始時に、追従するオブジェクトと同じ座標に配置する
19         var selfTransform = transform;
20         selfTransform.position = followTarget.position;
21         selfTransform.rotation = followTarget.rotation;
22     }
23 
24 
25     // Update is called once per frame
26     void Update()
27     {
28         // 追従するオブジェクトに近づくと、補間が弱くなる
29         var selfTransform = transform;
           selfTransform.position = Vector3.
30 Lerp(selfTransform.position, followTarget.position,
   posDamp);
```

```
31         selfTransform.rotation = Quaternion.
   Lerp(selfTransform.rotation, followTarget.rotation,
   rotDamp);
32     }
33 }
```


このスクリプトによって、Spectator Cameraがただ遅れてついていくだけでなく、プレイヤーの目線のカメラが急にブレたりしても補正した滑らかな挙動になります。これで、ゲーム実行時にPCのゲームビューに映る一人称視点の映像が滑らかになりました。プロモーションの映像を撮影するだけでなく、PC VRユーザー向けに「録画用のスムーズカメラモード」としてオプションで提供してもよいでしょう。VRヘッドセットをかぶっているプレイヤーには見えないものですが、ゲーム実況や配信を行うユーザーにとっては視聴者に見せる映像をよりよく見せることができます。

一つ注意する点としては、このスクリプトはプレイヤーの頭に追いつけなくなる状況も発生することがあります。あくまでプレイヤーの頭を少し遅れて追従するスクリプトであるため、プレイヤーが離れたA点からB点に10～100mほどテレポート移動するなど断続的な移動をしてしまうと、プレイヤーを後ろから追いかけるようになります。もしプレイヤーの客観的な姿をなんらかの理由で見せたくない場合は暗転処理などを挟むか、カメラの追跡処理になんらかの変更を加える必要があるでしょう。

12-1-2 三人称視点のSpectator Camera

一人称視点の映像は、うまく活用しないと映像を見た人の関心を抱かせづらいです。世の中には映像メディアとしてゲーム以外にも映画やテレビ、動画投稿サービスにSNSといった様々なものがありますが、一人称視点の映像はゲーム以外だとあまり採用されておらず、ゲームをあまりやらない層～カジュアル層には馴染みの薄いものです。そのため、VRの体験を三人称視点の映像で伝えることはまだゲームをプレイしていないユーザーに訴えかける強い手段となります。

では具体的にどうやって三人称のSpectaror Cameraを用意するのかというと、これはプレイヤーの目線以外の場所にカメラを配置すればいいわけです。なお、プレイヤーの目線以外の場所といっても複数パターンが考えられます。ここでは簡単なものを2つ紹介します。

固定配置

一番簡単なのは、定位置にカメラを固定して置いておく方法です。当然、カメラは自動的に動いてくれるわけではないため、プレイヤーがカメラから遠い場所に行ったり、カメラの向きから外れた場所に行ってしまうとプレイヤーのことが見えなくなってしまいます。しかし、カメラの範囲内にプレイヤーがいる保証ができる（プレイヤーが常に狭い場所に固定されて動けないタイプ）なら有効な手段です（図12_3～4）。

図12_3 固定配置カメラの例

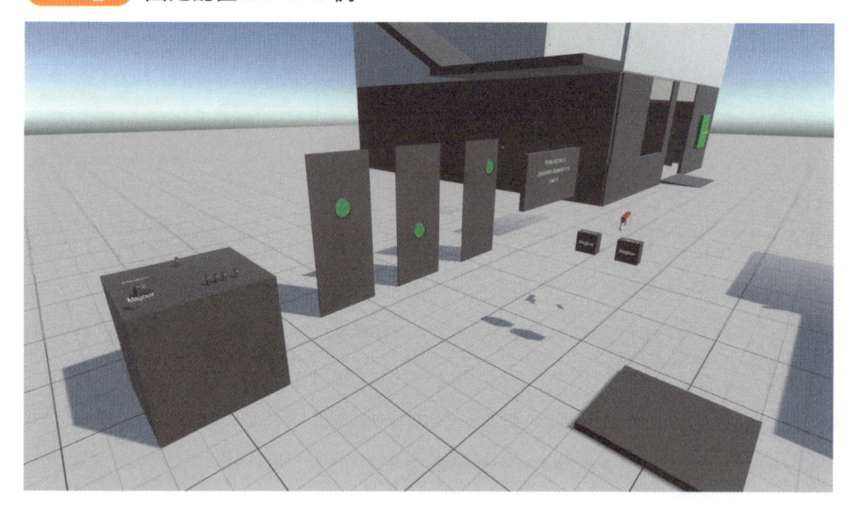

図12_4 プレイヤーが移動してもカメラは動かない

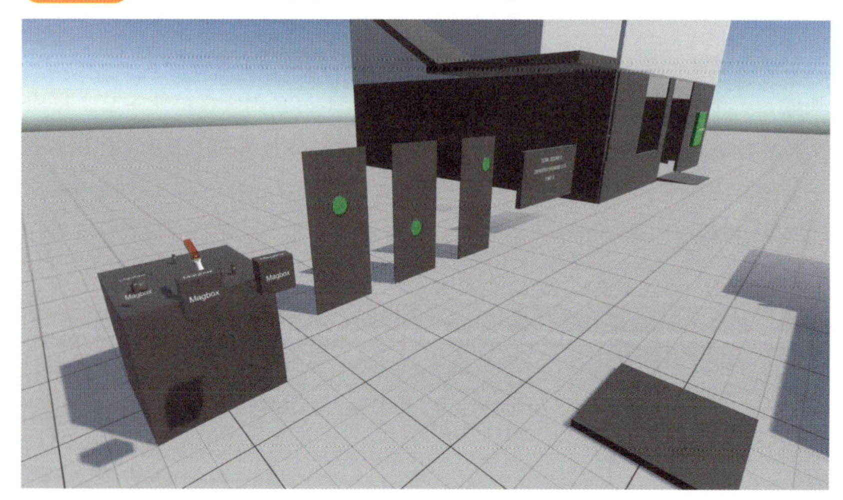

Camera Offset配置

次に簡単なのは、Camera Offsetでプレイヤー後方にカメラを置く手法です。本書でもこれまで何度か出てきていましたが、Camera Offsetとは「プレイヤーの存在する空間」のようなものです。プレイヤーの頭や手は「プレイヤーの存在する空間」の中に独立してそれぞれ存在しており、プレイヤーがスティック移動やテレポート移動、カメラの回転をするときは「プレイヤーの存在する空間(Camera Offset)」をまるごと移動・回転させています(図12_5～6)。

図12_5 Camera Offset配置例

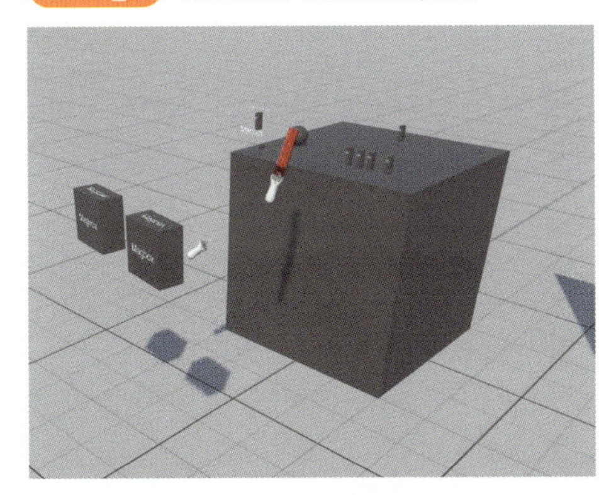

図12_6 プレイヤーに追従する

ただし、Camera Offsetはあくまでコントローラを用いた入力に連動するため、プレイヤーが現実の肉体で頭を回転させてもCamera Offsetは動きません。よって、常にプレイヤーの後ろ姿を録画できるとは限りません。また、プレイヤーが現実空間で徒歩で数メートル、あるいはそれ以上歩き始めてもCamera Offsetは動かないので追従できません。さらにCamera Offsetに配置するだけだと、広い空間から狭い空間に入ることがあり得るようなゲームでは、カメラが壁を貫通してめり込んでしまいます。ただ、十分に広い空間でプレイヤーを俯瞰的に撮影するだけならば、Camera Offsetへのカメラの配置で十分強力な手段となりえます。

もっと凝ったカメラワークを導入してみたい場合はUnity公式のカメラ拡張機能「Cinemachine」という仕組みを導入してみてもいいでしょう。Cinemachineを使えば、複数のカメラを自在に切り替えたり、画面に同時に映したりといったきめ細かな調整が可能となります。Cinemachineの導入によって、複数のカメラの映像(たとえば一人称視点と三人称視点)を同時に流すことも可能です。

非VRのゲームにおいては、カメラのプログラムというのはそれだけでゲームの品質の核を担う重要部分かつ負荷の大きい部分でもあります。しかし、VRゲームにおいてのそれはあくまで「VR用の」カメラであって、「非」VR用のカメラはあくまでPV撮影やゲーム実況・配信で映えるための機能のものなのです。よって、VRゲーム開発がまだ途中なのにSpectator Cameraの実装に過度に時間を使うのは避けるべきです。あくまでVRゲームの中身が伴わないと意味がないことに注意しましょう。

12-1-3 複数のカメラを切り替える

ここまで作ったSpectator Cameraは一人称のものも三人称のものも、せっかくなら両方とも使いたいものです。そこで、2つ以上あるカメラの映像を切り替えるスクリプトを紹介します。

コード12_2 カメラを切り替えるスクリプト

```
01 using UnityEngine;
02 
03 public class SpectatorCameraManager : MonoBehaviour
04 {
05     public bool enableSwitchCam;
06     private float timer;
07     public float switchTime = 8.0f;
08     public Camera[] spectatorCams;
09     public int spectatorCamNum;
10     void Start()
11     {
12         // エディターでSpectatorCamNumに数値を入れると、
13         // それがゲーム開始時のカメラとなる
14 
15         // すべてのスペクテーターカメラの優先度を0にリセット
16         for (int i = 0; i < spectatorCams.Length - 1; i++)
17         {
18             spectatorCams[i].depth = 0;
19         }
20 
```

```
21          // 指定したSpectatorCamNumを、spectatorCamsの大きさに収
    める
22          if (spectatorCamNum > spectatorCams.Length)
23          {
24              spectatorCamNum = spectatorCams.Length - 1;
25          }
26          else if (spectatorCamNum < 0)
27          {
28              spectatorCamNum = 0;
29          }
30
31          // エディターで指定したスペクテーターカメラの優先度を高くする
32          spectatorCams[spectatorCamNum].depth = 1;
33      }
34
35      // Update is called once per frame
36      void Update()
37      {
38          // カメラの切り替え処理を行わないのであれば、以下の処理はすべて無
    視する
39          if (!enableSwitchCam)
40          {
41              return;
42          }
43
44          // timer処理を行う
45          timer += Time.deltaTime;
46
47          // 指定時間を超えた場合
48          if (timer > switchTime)
49          {
50              spectatorCamNum++;
51
52              // 今映していたスペクテーターカメラの優先度を下げる
```

```
53
54                  // spectatorCamNumが配列の大きさを超えた場合、0にリセットする。
55                  if (spectatorCamNum > spectatorCams.Length - 1)
56                  {
57                      spectatorCamNum = 0;
58                      spectatorCams[spectatorCams.Length -1].depth = 0;
59
60                  }
61                  else
62                  {
63                      spectatorCams[spectatorCamNum - 1].depth = 0;
64                  }
65
66                  // 次のスペクテーターカメラの優先度を1にする
67                  spectatorCams[spectatorCamNum].depth = 1;
68
69                  timer = 0;
70              }
71
72      }
73  }
```

ゲームのシーンに空のゲームオブジェクトを作成し、この「SpectatorCameraManager」をコンポーネントとして登録し、シーンに配置したSpectator Cameraを登録しましょう。このプログラムのパラメータの場合は、8秒ごとにカメラが切り替わります(タイマーの長さはお好みで)。なお、カメラの切り替えそのものを無効化したい場合はenableSwitchCamをfalseにして無効化しましょう。

CHAPTER 12

2 撮影・録画をしてみよう

ゲームを実行するとこれらのスクリプトで用意したSpectator Cameraを通した映像が出てくるようになったら、スクリーンショットの撮影や録画の準備を進めましょう。Unityの動画を撮影するにあたっての手段としては、Unity公式の録画ツール「Unity Recorder」を用いるか、一般的なPC向けの録画ツールのいずれかを使うことになるでしょう。

Unity RecorderはUnity公式の拡張機能であり、Window > Package Managerからパッケージマネージャを開いてRecorderと検索すると出てきます(図12_7)。これをインストールすると、Window > GeneralにRecorderが追加されます(図12_8)。

図12_7 Package ManagerからRecorderを追加する

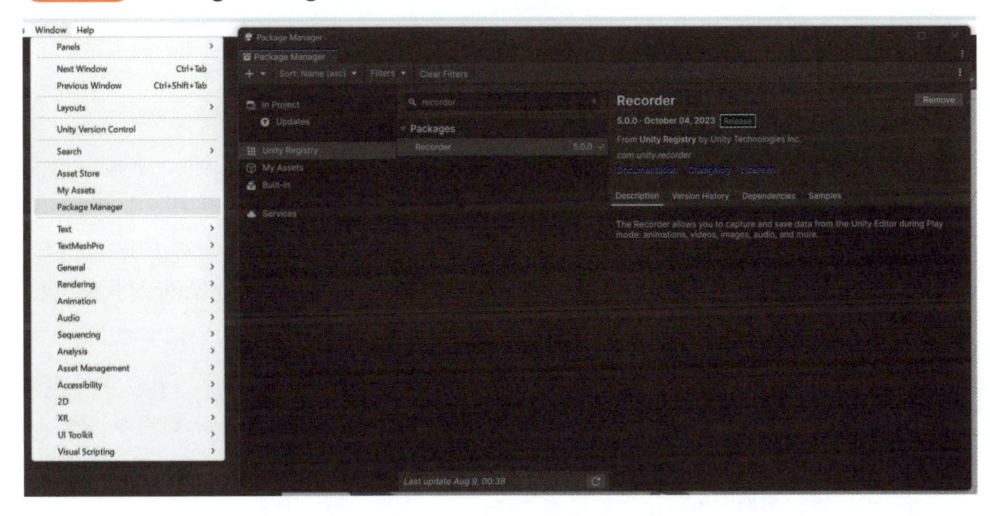

図12_8 GeneralにRecorderが追加される

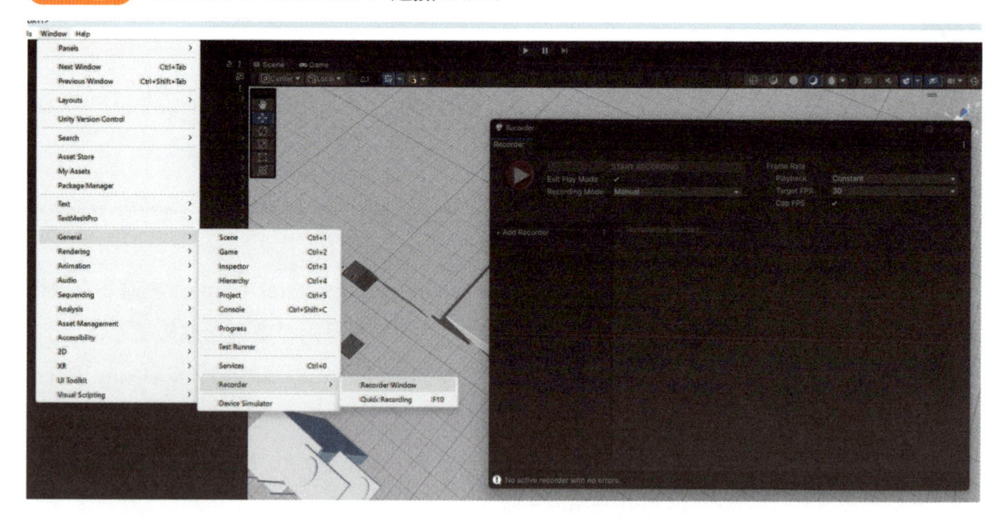

Recorderを開き、左下の欄にある「+Add Recorder」をクリックするとAnimation Clip、Movie、Image Sequences、Audioから録画方式を選ぶことができます。今回は動画が欲しいので、Movieをクリックしてください。すると、動画の録画設定が出てきます。注目すべきは、動画のフレームレート(FPS)、動画の解像度、動画の名前と動画の保存場所です。

フレームレートとは、1秒あたりのコマの数を現す動画のなめらかさのことです。Frame Per Secondを略してFPSということもあります(このためゲームのジャンルとしてのFPSとの勘違いや混同が起きますが、まったくの別物です)。Unity Recorder上ではFrame RateのTarget FPSからフレームレートを設定できますが、筆者としては60FPSをオススメします。一般的なモニターや動画サイトのフレームレートの上限は60FPSであることと、VRを録画した映像は30FPSで見ると不快感を誘発する可能性があるためです。60FPSではダメで30FPSならよい、といったことはほとんど生じないはずです。

解像度は動画のピクセルの数、簡単に言うときめ細やかさのことです。すでに家電売り場のテレビの主役はフルHD(1080p)から4K(2160p)に移っていますが、PCおよびYouTubeなど動画サイトではフルHD(1080p)で十分でしょう。もちろん4Kで動画が撮影されていれば映像がキレイになるので嬉しいですが、なんども4Kで動画を不必要に撮影すると、PCの貴重なストレージ容量を不必要に消耗したり後から整理したりしなければいけません。ストレージ容量に余裕があるなら4Kで撮影しておきましょう。

ファイル名は、何も設定しないとMovie_1といったような「Add Recorderの種類の名前」と「Take Number、撮影回数」となります。こだわりがなければこれでもかまいませんが、Wildcardsをクリックして撮影時間や日付、プロジェクト名や解像度など、あとから整理しやすいよう好きな名前で保存することができます。ファイルの保存場所は初期設定だとUnityのProjectファイルのRecordingsというファイルになっています。必要に応じて任意の場所に変更することもできます。

ここまで設定できたら、Recorder画面上部のStart Recordingをクリックすれば撮影開始です(ゲームのシーンは自動的に再生されます)。止めるときもStop Recordingをクリックするだけです。なお、キーボードのF10キーを押下すると、さきほど設定した条件を引きついですぐに録画開始・終了できます(図12_9)。

図12_9 Unity Recorder の起動画面

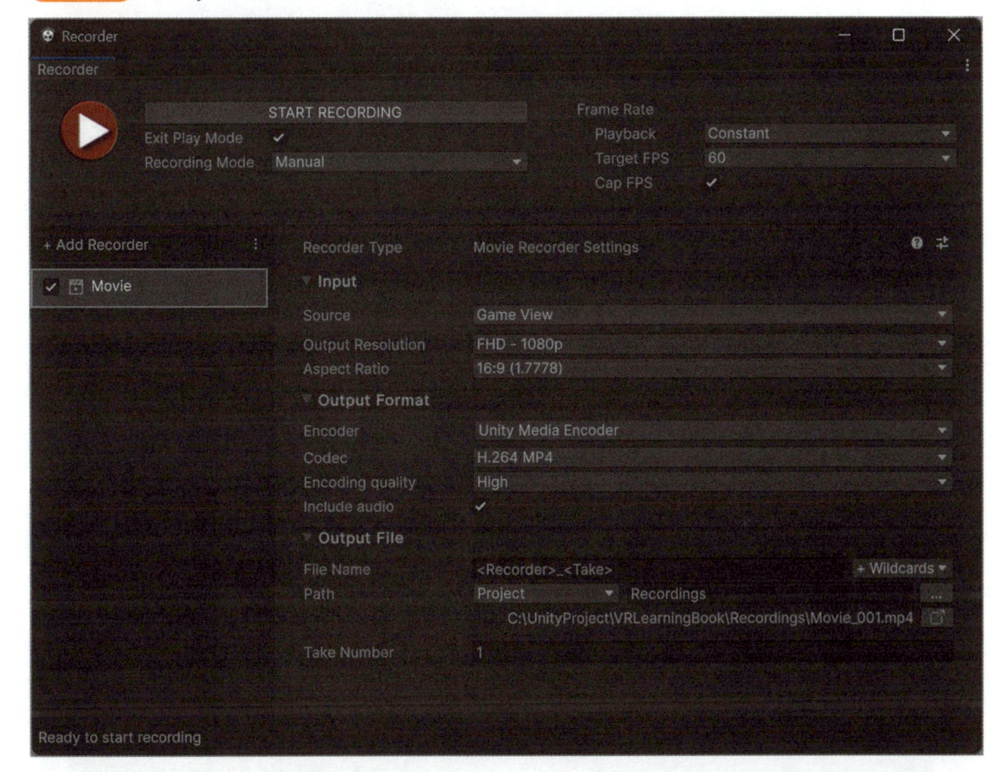

Unity Recorderは大変便利な機能ですが、たとえばプロジェクトを一緒に進めているチームメイトなどに雑に録画、共有したいとか、Unityエディターの画面ごと共有したいといったこともあるかと思います。そういったときは一般的なPC録画ツールを使うのがオススメです。2025年時点のWindows PC向けの録画ツールとしては「Game Bar」「GPUドライバーに付属の録画ツール」「OBS Studio」の3種類が主流です。本書ではGame Barの使い方について簡単にご紹介します。

Game BarはWindowsに標準搭載されているゲーム向けの録画ツールです。キーボードのWindowsキーとGキーを同時に押すとスクリーン上にGame Barがオーバーレイされ、キャプチャの円の録画ボタンを押下することで、特定のウィンドウをまるごと録画可能です(図12_10)。なお、キーボードのプリントスクリーンキー(Print Screen。機種によってはPRTSC表記）を押下すると、画面全体のうち好きな場所を四角形の範囲で囲って録画することも可能です。いずれにしても、Windowsの標準搭載機能で録画した映像はビデオ ＞ キャプチャのフォルダに入っているはずです。

図12_10 Game Barの画面

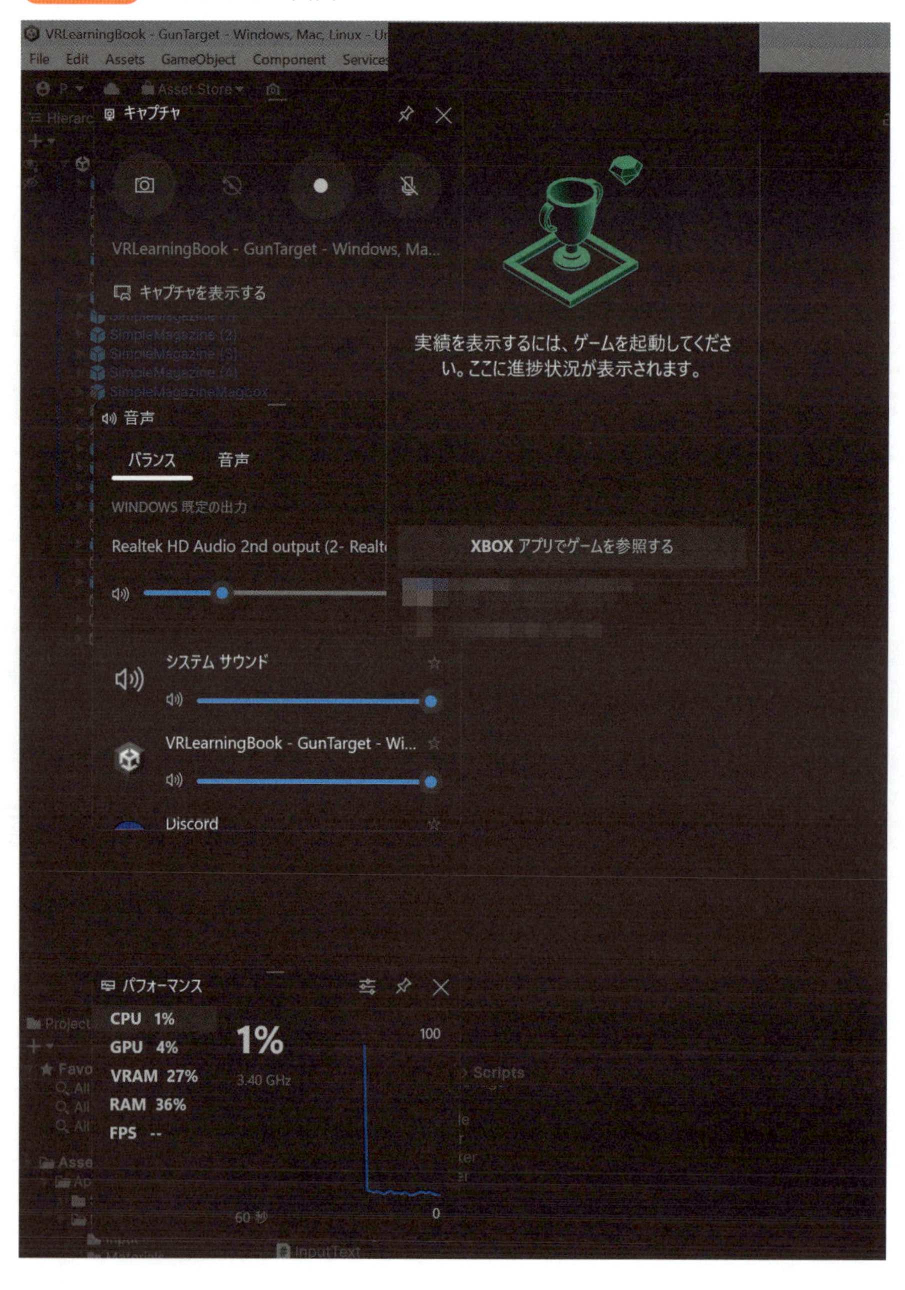

なお、初期設定だと画質が少し低いため、録画画質を上げたい場合はWindows ＞ 設定 ＞ ゲーム ＞ キャプチャから設定を変更する必要があります(図12_11)。Game Barを使う利点としてはWindowsに最初から入っているので他ソフトの追加インストールが不要であることと、ウィンドウ単位で録画できることがあります。

図12_11 設定から録画画質を変更する

CHAPTER 12 3 どうやって人に見せる・共有するか

さて、VRゲームを完成させた、もしくは人に触らせられるだけの部分はできたとて、どのように人に触ってもらえればいいのでしょうか。VRでは「そもそも相手がVRデバイスを持っていない」ことが多いわけです。様々なシチュエーションに合わせて例を説明していきます。

12-3-1 限定公開をしたい場合

ひとり～数人を相手に対面で共有

あなたの家族や友人に、学校や職場そのほかの場所に行って知り合い数人に見せるときは、Meta QuestとMeta Quest用アプリ（2025年時点では“Meta Horizon”）が入ったスマートフォンがあれば十分です。Meta Questをかぶせてあらかじめインストールしておいたビルドを起動してもらい、そのあとはただプレイしてもらいましょう。プレイさせる相手が一人ではなく複数人いる場合は、スマートフォンのアプリからMeta Questの映像をミラーリングしましょう。VRの映像がスマートフォンにその場で転送されて、プレイヤーが見ているものをリアルタイムに共有できます。なお、スマートフォンのほかにPCブラウザでもミラーリングを視聴可能です。用途に応じて使い分けましょう。

オンラインで不特定多数に共有

ただ、直に会いに行ける知り合いだけでなく、オンライン上の付き合いのある人や学校や職場で不特定多数の人に共有する必要もあるかもしれません。そういったときに真っ先に採用される手段は「クラウドストレージへのアップロード」か「Meta Quest Hubのリリースチャンネル」の二択です。

クラウドストレージへのアップロード

クラウドストレージは、任意もしくはURLを共有する相手とファイルを同時に管理するサービスのことです。筆者はVRゲームを開発する職場に勤務した経験がありますが、とあるプロジェクトで一番回数の多かった共有方法はGoogle Driveによる共有でした。ただし、これはビルドを体験する人が各々Meta Questを持っていて、ダウンロードしたビルドをMeta Quest本体にインストールする方法を知っている必要があります。また、相手がビルド/APKを流出させたり、クラウドストレージのリンクを漏らす可能性も否定できません。つまるところ、リテラシーが高くて信用のある環境なら問題ないでしょう。

Meta Quest Developer Hubのリリースチャンネル

Meta公式は開発者向けサービス『Meta Quest Developer Hub』をPC/Mac向けにリリースしており、ここからリリースチャンネルという機能を利用するという手段もあります。これは、Meta Questのプラットフォームに自分が開発しているVRゲームを登録し、ストアページの管理機能の一貫として任意のプレイヤーを招待できるようになります。つまり、リリースチャンネルを使えるよう用意すること自体が開発中のゲームをリリースするための前準備となるのです（登録しただけではストアページは公開されないので、ご安心ください）。

Meta Quest Developer Hubに登録する手続きはそれなりにややこしいですが、Meta Horizon Storeでのリリースを目指すのであればいずれは登録しなければいけないので、仮に開発中のVRゲームをリリースするつもりではなかったとしても一度登録する過程を経験するとよいでしょう。

リリースチャンネルにVRゲームを登録したら、共有したい相手がMeta Questで用いているMetaアカウント（連携先によってはFacebookアカウント）を入力することで相手をリリースチャンネルへ招待できます。相手に招待が承認されると、相手のMeta Questのライブラリにあなたの作ったVRゲームが登録されて、いつでもプレイできるようになります。また、こちらがビルドをアップデートしてリリースチャンネルに登録すると、リリースチャンネルに登録しているユーザーにも自動的にアップデートの更新がかかります。わりとありがたい機能です。

12-3-2 イベント・施設に出展しよう

開発中のVRゲームを家族や友人、知り合いに見てもらったあと「さらに多くの人に見せてフィードバックをもらいたい」とか「イベントに出展してプロモーションしたい」、「直に人と交流したり、思い出を作ったりしたい」と思うことはあるかと思います。特に昨今はインディーゲームの展示イベントが増える一方ですが、ただでさえイベントの出展にはノウハウや事前準備が欠かせないですし、インディーゲームの展示イベントでもVRサークルは数が少ないので目立ったノウハウもあまり共有されません。そこで、筆者が実際にインディーゲーム展示会でVRゲームを展示した経験を元に解説します。

必要な道具

まず、イベントの出展で必要になるものは以下の通りです。基本的にはビルドの入っているMeta Questを用意したら、充電や電池など電源回りをよくよく備えておきましょう。

- Meta Quest本体
- PC(および必要なPCの周辺機器)
- コントローラ用の予備の電池
- Meta QuestのACアダプタ
- Meta Questの充電ケーブル
- マルチタップのコンセント
- 外部モニター(会場貸出の場合もある)
- 消毒用のウェットティッシュ(非アルコールが望ましいが、必須ではない)
- VR用アイマスク

もしイベントへの出展を前提に開発を進めるなら、ゲーミングノートPCを持っておくと便利です。大抵のイベントは事前に宅配便を用いた機材持ち込みを受け付けていますが、それでもやはりデスクトップPCを外出先(イベント会場)に持ち出すのはたいへんな作業です(家の中でさえむやみやたらに動かしたいものではありません)。

また、PC VRでの出展をする場合は、出展者と参加者が同時に画面を見るための外付けモニターがあると便利です。なぜなら、VRヘッドセット単体ではVRゲームをしている本人しか様子が分からないし、外付けモニターがあれば今VRに何が映っているのかを今VRゲームをプレイしていない人に伝えることができます(ここでこそ三人称視点カメラを活用しましょう!)。幸いにも、昨今のインディーゲーム展示イベントでは申し込み時に外付けモニターを一台貸してくれることがあります(有料か無料かはイベントによります)。

飾りと装飾

また、インディーゲーム展示会では現場でポスターを貼りだすと効果的です。インディーゲーム展示会は多種多様なサークルが気合を入れて展示をしており、机に特性の布をかけたり、机にポスターを貼ったり、ポスター掲示用のポールを持ち込んで少しでも遠くの場所から自分たちの開発したゲームが見えるように様々なアピールしています。

「出展はしたいけどプロモーションに力を入れたいわけではない」という人もいることでしょう。確かに趣味の範囲ならプロモーションへと過剰に力を入れる必要はありませんが、そうはいっても最低限の装飾は必要です。なぜなら、あなたのゲームをプレイしてくれるかもしれないイベントの来場者が「このサークルは最低限の装飾もしていないから、やる気がないぞ」と警戒して、試遊してくれない可能性があるためです。仮にあなたがイベントの試遊に来た参加者だったとして、展示の机にまったく装飾がなく内容も分からず、VRヘッドセットだけがポツンと置いてあるサークルがあったらどうでしょうか？　自分だったら、近づいて試遊するのに勇気が必要だなと思います。また、ポスターが飾ってあることで来場者も「どうやらちゃんとした展示をしているサークルだぞ」と安心してプレイしてくれます。

ポスターは「何をするゲームなのか？」を伝えるのが大事です。イラストを描いたりスクリーンショットを貼ったりキャッチコピーを書いたりと使えるものはなんでも使いましょう。ただ、なんとなく手描きイラストを描いたり、適当なスクリーンショットをただ貼り付けただけだと「何をするゲームなのか？」が伝わらず逆効果となります。ポスターのサイズはA4でもかまいません。むしろA4サイズのポスターでも遠くから内容が伝わるようにしましょう。

会場はインターネットが使えない前提で考えよう

基本的にインディーゲームの展示イベントではインターネットが自由に使えないものだという前提で準備しましょう。仮に会場のフリーWi-Fiが使えたとしても、間違いなくネット回線が貧弱です。なにせ数十から百近くのサークルが同時に使いますし、場合によっては数百人から数千人の来場者も使います。そのため、個人の家であれば問題なく使えるMeta Questの無線機能（Meta Quest Air Link、無線ミラーリング）は使えず、有線の機材で対応しなければいけません。

Meta Quest本体で作動しているVRゲームの映像を有線でミラーリングするには、Meta QuestとPCをケーブルでつないでMeta Quest Developer Hubのミラーリング機能を使用する必要があります。なお、映像のミラーリングだけであればWindowsだけでなくMacでも対応可能です。

Meta Quest本体の充電対策

一般的にMeta Questがフル充電から充電切れまでになるまでの時間は2~3時間だといわれています（負荷の高いVRゲームだと2時間を切ってもおかしくありません）。しかし、こういったイベントは大抵午前から夕方までのぶっ通し5時間はあるわけです。つまり、Meta Questを素のまま出展すると途中で必ず充電が切れます。しかも、イベントに出展して幸運なことに注目されて人がまったく途切れない場合は、充電する暇もない状況が起こりうるわけです。

そういった状況では、Meta Quest本体を充電しながらプレイさせましょう。どうしても体験者の安全のためにMeta Quest本体を無線にする必要があるかもしれませんが、その場合はあらかじめ長めの充電ケーブルを買っておきましょう。PC VRに接続しながら出展する場合は、充電対応のMeta Quest Linkケーブルがオススメです。特にケーブルの両端がUSB Type-Cになっていて、Meta Quest本体に差し込んでヘタれないように片側の端子がL字型になっているとベストです。両端がまっすぐなケーブルは、Meta Questにケーブルを差し込んだ時にケーブルの重みで重心が偏って使いづらいです。

また、サードパーティの製品にMeta Quest Linkケーブルに充電用の追加ケーブルを差し込むことでMeta QuestをPCに接続しながら充電することができる機種があります。筆者はこれを便利に思って普段使いしていたのですが、購入から数か月後にケーブルの挙動が不安定になってしまいました。こういったケーブルを同時挿しする充電対応Meta Quest Linkケーブルはあくまでイベント用と割り切って使うとよいでしょう。

コントローラの電池対策

Meta Questには公式やサードパーティがMeta Quest本体とMeta Questコントローラを無線で充電できるドックを販売していることがあります。しかし、複数人でデバイスを共有していると誰かが無線充電用のピンをなくしてしまう事態がしばしば発生します。これを会場で持っていくと、使い方をよくわからない試遊者が誤って無線充電用のパーツを紛失してしまうかもしれません。

そのため、展示イベントのためにあらかじめ電池を買っておくのが無難でしょう。少なくとも新品の電池ならばぜったいに1日は持ちます。しかし、筆者は現場でMeta Quest 2とあらかじめ買っておいた電池の相性が悪く、コントローラが反応しなくなる事態が発生しました。その場ではMeta Quest 2とQuest 3の二台体制だったため難を逃れましたが、もしもMeta Quest単体で出展してそれが起きていたら試遊がまるごとなくなっていたと思うとぞっとします。電池を含めた本番と同じ環境をあらかじめイベント前日にくれぐれも確認しておきましょう。

繰り返し再生できるゲームプレイ映像やトレイラーを用意しよう

会場で展示中に誰もプレイしていないときが生じたら、机のモニターにループ再生のゲームプレイ映像を流しておくとよいです。これは古くはアーケードゲームでも使われた手法でもあり、常に映像を流して「どんなゲームがプレイできるのか？」という情報を発信しつづけましょう。インディーゲーム展示イベントによっては、出展の申し込み時にゲームプレイの映像やトレイラーの提出も要求されます。その場合は、そのときに作った映像をイベント当日の空き時間に流してもよいでしょう。

フィードバックは必ずもらおう

イベントに参加するならば「自分のゲームを多くの人にプレイしてもらえてよかった」以上の成果を得たいところです。ゲームの評価を貰うにあたっては、いくつかのポイントを抑えておきましょう。

ひとつめは、何が目的で展示をするのかという基準を決めることです。大笑いしてほしいのか、高難易度に対してムキになってのめりこんでほしいのか、ホラーな演出を怖がってほしいのかなど、自分のVRゲームをプレイすることでプレイヤーがどうなっていたら成功なのかを考えておきましょう。要はゲームをコンセプト通りに作れているかをチェックするわけですね。

ふたつめは、その場でプレイした人にインタビューやアンケートを書いてもらうよりも、プレイヤーがゲームをプレイしているときのリアクションを見るべきということです。もしあなたのVRゲームをプレイした人が本心では「面白くなかったな……」と感じていても、開発者に面と向かって「面白くありませんでした」と言える人はなかなかいません(いないわけではないですが)。そのため、ゲームのプレイテストは「相手の語る言葉、書く言葉よりも相手のプレイと表情を見ろ」というのが鉄則です。VRゲームはプレイしている人の目が直接見えないのが欠点ですが、そのぶん身振り手振りはふつうのゲームの何倍も大げさに動いてくれるので、相手の心情がかなり分かりやすいです。プレイヤーのゲームプレイ画面とプレイヤーの身体の動きを同時に見るように心がけましょう。

ただ、プレイした人の様子で気になる点があれば、相手に合意のうえでインタビューやアンケートをその場でしてもよいでしょう。筆者は事前にGoogleフォームでアンケート調査ページを作成し、アンケート調査ページURLに対応したQRコード(を印刷した用紙)を展示会場の机に貼り、VRゲームをプレイしたユーザーにスマートフォンでQRコードをスキャンしてもらって、その場でアンケートを記入してもらいました。ユーザーにも口頭で意見を伝えるのが得意な人や、テキストで頭を整理しながら伝えるのを好む人もいます。上手に使い分けましょう。

出展するVRゲームについて自分の中で基準が定まっていて、試遊してくれるユーザーをよく観察することで、自分の作っているVRゲームが想定通りに実現できていること、残念ながら実現できていないこと、思ってもいなかった場所が評価されていることが明らかになるはずです。

最後に一番重要なことですが、ぶっつけ本番での出展は避けましょう。イベントで展示する前に、家族や友人、知人にプレイをしてもらい、最低限イベントに出展して問題がない品質になっているかを確認してください。これをせずにイベントに出展すると、最悪のケースとして「試遊しにきた人が誰もクリアできなかった」「ゲームのルールがなにも伝わらなかった」「最初の30秒でみんな諦めたり飽きたりしてやめてしまった」という事態が発生します。これではイベントに出展したのに有意義な結果が得られず、試遊した人も時間を無駄にしてしまうのでもったいないです。

また、もし試遊中のプレイヤーの様子がおかしければすぐにプレイを中止させ、プレイヤーの体調を確認してください。VRへの適正や慣れは個人差がありますし、人生で初めて触れたVRゲームがあなたの作ったVRゲームだった、ということが珍しくありません。試遊してくれたプレイヤーのフォローは丁重に行ってください。

12-3-3 オンラインプラットフォームで公開しよう

友人や家族に体験させて意見をもらい、イベントでの展示を経て十分にフィードバックを経てリリースの準備ができたら、オンラインのプラットフォームへの公開を進めましょう(もちろん、自分一人の判断で公開することも手段のひとつです)。

なお、オンラインのプラットフォームへの公開手順については、時期によってプラットフォームの仕様が大幅に変わる可能性があります。そのため、本書籍の執筆時点での詳細な手続きを書いてもあなたがこれを読んでいるときにはすでに仕様が変わっていることが十分に考えられます。そのため、時期が異なってもある程度は共通していたり変わらなかったりするであろう情報についてだけ、簡単に解説します。

まず、VRゲームを公開するオンラインの公式なプラットフォームは「Meta Horizon Store」「Steam」の二つが主流です。それぞれMetaとValveといったハードウェアのプラットフォーマーが用意しているもので、ほとんどはこの2つ(もしくはどちらか)でVRゲームをリリースすることになるでしょう。これらの登録にはドル取引が可能な銀行口座や、税金処理のためのマイナンバーカードとその番号の申請などが必要となります。

しかし、公式なプラットフォームだけが公開手段ではありません。Side Questやitch.ioといった非ハードウェアのプラットフォーマーでVRゲームを公開、販売することもできます。Side QuestはMeta Questのサイドローディング(公式のストアにないアプリをインストールする)アプリで、ゲームのベータ版や体験版の配布に使われることがあります。itch.ioはインディーゲームを専門としたプラットフォームで、誰でも自由に開発中のデモを公開したり、VRゲームを販売したりすることができます。なお、これらのプラットフォームを使う場合はデモの配布を目的とした無料公開が中心となることが多いですが、有償での公開も可能です。

いずれのプラットフォームで公開するにしろ、プラットフォームにゲームを公開をする際はストアやライブラリに表示するためのサムネイルとアイコン、プロモーション動画、スクリーンショットといった素材が必要です。忘れずに用意しておきましょう。

プラットフォームによってはIARCという自己申告のレーティング情報が求められます。日本のゲーマーの間ではCEROというゲームの対象年齢を決める審査機関が有名ですが、IARCはゲーム開発者の自己申告で対象年齢を決めることができます。IARCが用意したアンケートに答えることで、対象年齢が決まります。

CHAPTER 13

歴史から学ぶ、愛されるVRゲームのヒント

技術書としてはやや特異かもしれませんが、本章ではVRゲームのこれまでの歴史や文脈を紹介します。「ゲームを作りたい」と思う人がゲーマーである必要はありませんが、先人が何に挑んできたのか、どういった成功と失敗が生まれたのか、どういった流行があったのかを知ることで、重要な教訓と示唆が得られるでしょう。

CHAPTER 13 1

2016年から2018年のVRゲーム設計

13-1-1 VR元年と幻の「見るVR」

2016年は旧Facebook傘下のOculus、ソニー子会社のSony Interactive Entertainment、HTCの3社がVRデバイスをリリースしたことで「VR元年」と呼ばれました。今に続くVRゲーム市場の始まりです。着目すべきは、この年にリリースされたOculus RiftやPlayStation VR（以下、PS VR初代と表記）に、VR専用のモーションコントローラが付属していなかったことでしょう。唯一HTC VIVEにはモーションコントローラが付属していましたが、この時期は価格がもっとも安価だったPS VR初代がもっとも支持を得ていました（図13_1）。そのため、モーションコントローラはVRにおいて優先度は高いものではありませんでした。（多数派ではないインプット端末というものはゲームへの実装優先度が下がるものです）。

図13_1 PS VR初代

https://www.playstation.com/ja-jp/ps-vr/

そのため、この時期のVRゲームはプレイヤーが視界を動かすこと＋ワンボタン（マウスの左クリックやゲームパッドのボタンなど、モーションコントローラを使用しない操作）だけでプレイできる仕様のものが多く作られました。つまり、海底から魚群やサメを見るとか、特定の人物や景色を見るとか、そういった「"自分がその場にいる"ような、"その場にモノがある"ような臨場感を味わう」ことに特化したものです。こういったものはVR未体験ユーザーのためのサンプルとしてVR元年ではもてはやされましたが、今となっては真新しいものではありません。今でも初めてVRを体験する人にとっては新鮮かもしれませんが、ヘッドセットを被って3分も経つと飽きてしまうようなものです。そのため、「見るVR」は一部の動画ジャンルを除いてこの時期以降、ほとんど作られなくなりました。

「見るVR」からの派生として、日本では「マンガやアニメなどのフィクションのキャラクターとの交流」がVRゲームの至上命題となりました。このブームの代表作はバンダイナムコスタジオ開発、バンダイナムコエンターテインメント販売の『サマーレッスン』シリーズ三部作でしょう。『サマーレッスン』においてプレイヤーは塾講師となり、女子高生の部屋へと訪れて至近距離でのコミュニケーションを図ることになります。「今までモニター越しにしか触れ合えなかった3DCGのキャラクターと至近距離で接したり、好きな角度から眺めたり振れたりすることができる」ということが新しい価値だったわけです（図13_2）。

図13_2 サマーレッスン　プレイ画面

https://blog.ja.playstation.com/2018/02/22/20180222-summerlesson/

『サマーレッスン』をはじめとしたVR元年時代の日本企業のVRゲームは、プラットフォームがPS VR初代に集中していたため、2025年の今プレイする環境を用意することは困難を極めます（貴重なVRゲームが後世でめったにプレイされないことを思うと筆者としては残念でなりません）。

「3DCGキャラクターと直接触れ合うことができる」という価値の追求は、現代のVRゲームにおいても活かすことができる知見の一つです。実際に『サマーレッスン』は東アジア圏のVRゲーム観に大きな影響を与え、日本や中国、韓国で『サマーレッスン』を参考にしたVRゲームがいくつか開発されSteamVRなどでリリースされていますし、漫画・アニメの版権とコラボしたもの、個人製作でのフォロワー作品もあります。VRゲームの開発中、キャラクターと接するようなシチュエーションを作る際には「プレイヤーとの距離感」や「キャラクターのどこをプレイヤーに見せるか」といった演出の参考になります。

しかし、「3DCGキャラクターと直接触れ合うことができる」という価値の追求は理想と現実のギャップに悩まされる永遠のテーマでもあります。「キャラクターとのインタラクティブな交流」に惹かれたとて、今の技術範囲でできる「決められた会話、セリフの再生」や「キャラクターを眺める」といった体験では物足りなくなってしまうことでしょう。よりよい体験を追求するとなると、おおよそ技術書では言及しづらい手段も含めて探ることになります。

進む道がそれでなかったとしても、そもそも3DCGキャラクターのアニメーションやAIを、プレイヤーからのインタラクションに対して破綻なく機能するよう実装することは困難を極めます。さらに言うと、わざわざゲームでせずとも、VR対応のメタバースであれば「フィクションのようなアバターをまとった人間同士の交流」で相当な体験はできてしまうわけです。生身の人間が演じてリアクションするものに対して匹敵しうる価値のある「完全に自律的に動く3DCGキャラクター」を作ることは、相当なチャレンジであり、言い換えれば挑戦し甲斐のある課題とも言えます。もしこれらの課題を納得のいく形で解決できたとしたら、おそらくVRの歴史に名前を残す偉業になることでしょう。

13-1-2 モーションコントロールの定着と人気ジャンル

2017年からはOculus Rift向けのコントローラ「Oculus Touch」が別売りで販売されはじめ、2019年からは本体同梱にされることで、2017年から2018年はVRゲームが「見るVR」や「ワンボタンVR」から「VR専用のモーションコントロールを使った遊び」への移行が進みました。この時期にリリースされたVRゲームのうち、今でもヒットしつづけているロングセラーなタイトルとして筆者は『SUPERHOT VR』『Beat Saber』『I Expect You to Die』『Job Simulator』を挙げます。

『SUPERHOT VR』は本書でも何度か取り上げていますが、プレイヤーが体を動かしただけ時間が進む、スローモーションアクションです。『Beat Saber』は、両手に持ったライトセーバーで色に対応したブロックを切り刻む音楽ゲームです（図13_3）。『I Expect You to Die』はスパイとして様々な極限状態から脱出するパズルゲームです。この三作は「だれでもすぐに理解できる、直感的かつ非現実的なルールであること」と「映画など馴染みのあるモチーフがある」という点が共通しており、いずれも参考になる知見といえます。（『SUPERHOT VR』は映画『マトリックス』のバレットタイム、『Beat Saber』は映画「スター・ウォーズ」シリーズのライトセーバー、『I Expect You to Die』は「007」シリーズや「ミッション・インポッシブル」シリーズなどのスパイ映画の影響を受けています)。またたんに既存のイメージを拝借するに留まらず、それぞれ「VRならでは」の新しい体感の遊びを実現できている点もポイントです。たとえば『Job Simulator』はロボットの客を相手にシェフや車の掃除、オフィスの事務職など様々な職種を体験するもので、ロボット相手に真面目に仕事をしてもよいし、思いっきりふざけてもよい「ごっこ遊び」と「現実ではできないバカげたふるまい(ふざけた接客)」の両方を楽しめます。

図13_3 『Beat Saber』プレイ画面

https://store.steampowered.com/app/620980/Beat_Saber/?l=japanese

また、ミリタリー要素の強いシューターもVR元年の時期にリリースされ、今もなお人気を誇るタイトルがいくつかあります。現在でも残っているものとして筆者は『ONWARD』『Pavlov VR』『Hot Dogs, Horseshoes & Hand Grenades(通称、H3VR)』の3つを挙げます。『ONWARD』と『Pavlov VR』はいわゆるミリタリー色の強い、プレイヤー同士が対戦するVRシューターです。「モーションコントロールにより、銃器を精密に操作して射撃するリアルさを体感する」遊びと「VRで全身を使い、軍隊のごっこ遊びをする」という点は、ゲームパッドなどで操作する通常のFPSでは叶えられない部分です。また、『H3VR』は銃のシミュレーターで、2016年に発売されてから8年にわたって100回以上のアップデートが実施され、シミュレーション可能な武器が累計で500種類以上に及ぶという、ちょっと恐ろしいタイトルです(図13_4)。『H3VR』はSteamVR専用ではありますが、その唯一無二のマニアックさと物量のため、今日でも熱い支持を得続けるVRシューターです。VRの銃の扱いについて知りたければ、まずはH3VRを触ってみるとよいでしょう。

銃に関心のない人からは「VRのシューターはただただ面倒で苦痛」と評されることも少なくありませんが、逆にいえば銃に関心のある人であればドップリとハマるジャンルです。このように、「こだわりのあるシミュレーション」と「常にオブジェクトにさわりつづける手遊び（銃のリロードなど）」もまた、VR開発において活かすべき知見の一つといえます。

図13_4 『H3VR』プレイ画面

https://store.steampowered.com/app/450540/Hot_Dogs_Horseshoes__Hand_Grenades/

なお、余談ではありますが主要なVR対応メタバース「VRChat」に「cluster」、「Rec Room」などはだいたい2017年ごろから始まっています。これらVR対応メタバースはVRデバイスで常にユーザーを惹きつけつづけており、日本ではVRといえばVRChatを示すことも少なくなりません。一方で、当初はVRに特化していたVR対応メタバースもプレイヤーの人数を確保するために平面の環境への移行が進められるため、VR専用のコンテンツを作ったり遊んだりすることには苦労します。

CHAPTER 13 2 2019年から2021年のVRゲーム設計

13-2-1 2019-20年のVRゲーム

この時期になると、Oculus RiftとHTC VIVEのモーションコントロールが普及したことと、Oculus Riftのマイナーチェンジ「Oculus Rift S」や「VALVE INDEX」といった機種がPC向けに出てきたことでPC VRが成長し、PC VR向けの「物理演算に特化したVRゲーム」が爆発的に流行します。一方、PC VRでのモーションコントロールを用いた物理演算を重視する設計とPS VRの「モーションコントローラが本体同梱ではない」デバイスの問題がすり合わず、PS VR初代向けのVRゲームは減っていきました。この時期はPlayStationプラットフォーム全体がPS4からPS5へと移行する時期だったことも要因といえるでしょう。

この時期に流行った物理演算重視型のVRゲームの例としては『Blade and Sorcery』『Blood Trail』『Boneworks』『Hard Bullet』『The Walking Dead: Saints and Sinners』などがあります。

これらのうち『Blade and Sorcery』『Boneworks』『The Walking Dead: Saints and Sinners』の3本はそのあとのVRゲームに大きな影響を与えました。『Blade and Sorcery』は剣戟サンドボックスシミュレーターです。プレイヤーは古代の闘技場や中世の市街地に場所に放り込まれ、次々と襲い掛かる敵に対抗すべく剣や槍でグッサグッサと肉を貫き、火や電気の魔法で相手にダメージを与えつつ重力操作で相手を手玉に取ります。敵キャラクターの人間を物理演算で動かしつつ、プレイヤーがダメージを与えたときに物理の面からもそれに反応するアリティィが高い評価を受けました。『Boneworks』は一人プレイのVRシューターですが、ゲーム内世界とゲームシステムをすべて物理演算で動かすことで「物理演算が許す限り、プレイヤーが思いのまま自由にプレイできるVRゲーム」という境地を切り開きました（図13_5）。『The Walking Dead: Saints and Sinners』は原作コミックおよび著名なドラマ「The Walking Dead」の通りゾンビあふれるサバイバルホラーゲームですが、ゾンビと戦うときの肉感あふれる残虐な戦闘とプレイヤーがまっとうにサバイバルするためのリュックサックをはじめとしたUIが高い評価を得ました。

また、2020年3月には『Half-Life: Alyx』が発売されました。PCゲームプラットフォームのSteamの運営であるValveが開発し、自社プラットフォームSteamVRおよび自社VRハードウェアVALVE INDEXを活かすフラッグシップとして開発された、VRゲームきってのAAA(巨額の予算がかかった)タイトルであり、その品質と面白さは現在でも引けを取らない(というか、現在でもなかなか肩を並べるのが難しい)ほどのトップクラスです。「一番いいVRゲームとは何か?」と聞かれたら、筆者を含めた少なくない人が「Half-Life: Alyx」と答えるでしょう。大企業が大資本をかけて長期スケジュールで開発したVRゲームをそっくりそのまま真似ることは現実的ではありませんが、本作の手触りやUI、アニメーションやサウンド、ゲーム全体の進行や空間設計まで、ゲーム全体のあらゆる部分がVRゲームを作る際の指標になる一本です。VRゲームを開発するときに本作を思い出して何かと参考になるため、ぜひ触れておいてください(図13_6)。

図13_5 『Boneworks』プレイ画面

https://store.steampowered.com/app/823500/BONEWORKS/

図13_6 『Half-Life: Alyx』プレイ画面

https://store.steampowered.com/app/546560/HalfLife_Alyx/

13-2-2 2021年以降のVRゲーム設計

それまで最大勢力だったPlayStation VRが鳴りを潜め、PC VRが徐々に盛り上がりつつあったVR業界の勢力図をひっくり返したのが、2020年12月に販売された「Oculus Quest 2」です。発売開始時に300ドル（当時の日本では税込37180円）という低価格で、解像度もそこそこよく、ハードウェア単体でVRゲームを楽しむことができ、PCにも接続してPC VRもできるという優れモノでした。これにより、Oculus QuestもといMeta QuestがVRゲーム市場の事実上の標準規格となりました。

図13_7 Oculus Quest2

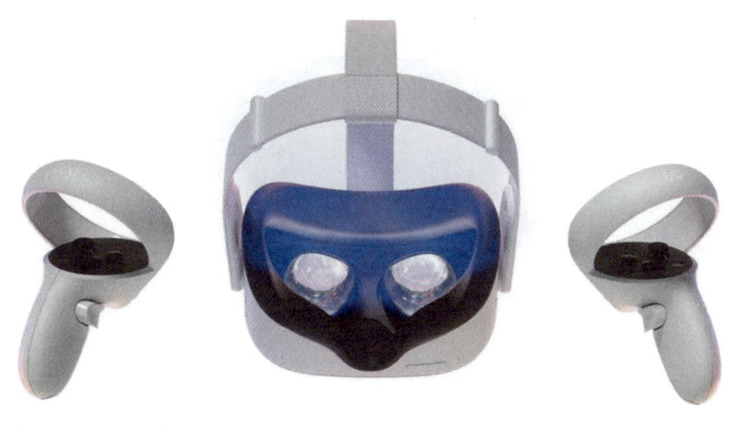

https://www.meta.com/jp/quest/products/quest-2/

VRゲームのメイン市場がOculus Quest 2に移ったことで起きた明確な変化が2つあります。一つ目は、VRの市場がPCからモバイル(VRデバイス単体で動作可能)に移ったことで、VRゲーム開発者がより低い性能のコンピュータの環境で勝負しなければならなくなったことです。例えるなら、それまでゲーミングPCと据置ゲーム機をターゲットに開発していたゲームを、途中からスマートフォン向けのモバイルゲームとして開発しなければならなくなったようなものです。当然、高い品質のグラフィックで勝負することが難しくなりましたし、実際フォトリアル志向なVRタイトルはこの時期以降はめっきり減りました。逆にいえば、スペックに依存しないアイディア勝負が求められるようになったとも言えます。

二つ目は、VRゲームの主要な客層が変わったことです。Steamで普段からハードコアなゲームをやりこんでいる人から、Meta Quest単体でゲームをカジュアルに楽しむ人々に変わりました。何より大きかったのは、特にアメリカのティーン層がユーザー層として急激に増えたことです。そのため、それまでSteamやPlayStationのハードコアゲーマーにはあまりウケなかったような低年齢層向けVRゲームが出てきて、それが大ヒットを飛ばすようになりました。この状況は2025年時点でも変わっておらず、もしVRゲームでヒットを目指すのであれば、大なり小なりアメリカのティーン層と向き合う必要があります。

日本で創作するにあたってターゲットユーザーの中心が日本のユーザーでないというのは慣れない環境かもしれませんが、「年齢や国籍を問わず、話題にされたり共感されたりするにはどうすればいいか？」ということを考えると、光明が開けるかもしれません。

まずカジュアルなユーザーに受けたVRゲームのジャンルはスポーツでした。Meta Quest 2登場以前から卓球やボクシングはSteamVRで人気はあったものの、Meta Quest 2の登場を機にゴルフやテニスや卓球、アメフトにバスケットボールなどスポーツゲームの需要が爆増しました(図13_8)。アメリカではもともと日本よりもスポーツゲームの需要が大きいので、スポーツゲームの普及がVRでも起きたのは必然です。

図13_8 『Eleven Table Tennis』プレイ画面

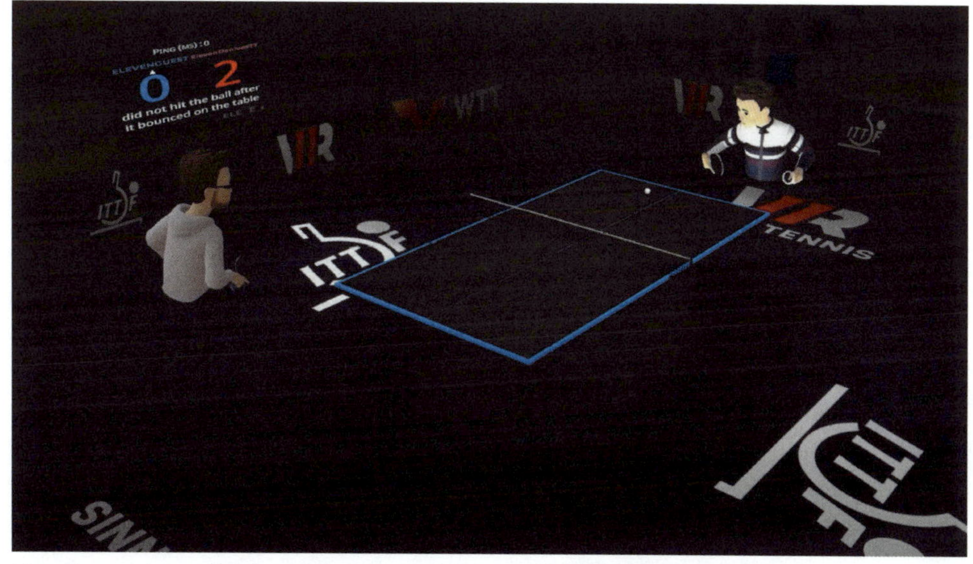

https://www.meta.com/ja-jp/experiences/eleven-table-tennis/1995434190525828/

次に起きたのは、『Gorilla Tag』を発端としたVRゲームの新しい潮流でした。2021年に発売された『Gorilla Tag』は、「プレイヤーは上半身だけになったゴリラとして、両腕を使ってジャングルやアスレチックを駆け回る」という、なんとも形容しがたいVRゲームです。しかし、これが爆発的流行となり、VRゲーム界の新たなスタンダードとなって「Gorilla Tagフォロワー」が雨後の筍のごとく出現しました。そういったGorilla Tagフォロワーでもヒットを飛ばすVRゲームがいくつも出てきているのですから、このブームは本物です。Gorilla TagはMeta Quest版が基本無料でプレイできることと、両腕をフルに活用してアスレチックを飛び回るのが楽しいこと、マルチプレイヤーではあるものの明確な勝ち負けがないのでプレイヤーがその場で即興で遊びを考えたりトークに興じて緩いつながりを楽しんだりするなど、「全身を動かして緩いつながりを楽しむ(ことができるだけのプレイヤー人数がいる)」ということにすべてがつながっています(図13_9)。

図13_9 『Gorilla Tag』プレイ画面

https://www.meta.com/ja-jp/experiences/gorilla-tag/4979055762136823/

ただ、『Gorilla Tag』を一人プレイのサンドボックスアクションにアレンジした『I AM CAT』がVRゲームとして記録的なヒットを遂げました（図13_10）。大ヒット作の登場でプレイヤーのアクションに対する認識が共通化、普遍化すれば、それを取り入れてより広いユーザーになじみ深いものとして提供することも可能なわけです。また、お仕事シミュレーションのVRゲームの人気も再燃しています。今VRをプレイしているアメリカのティーンが成長に伴って流行がどう変遷するのか、あるいはさらなるティーン層の拡大によってこのムーブメントが続くのか、VRゲームの歴史を見てきた筆者としては目が離せない熱い状況です。

図13_10 『I AM CAT』プレイ画面

https://www.meta.com/ja-jp/experiences/i-am-cat/6061406827268889

CHAPTER 13-3 VRゲームのこれから

13-4-1 これからのVRゲームを予想する

前節ではVRゲームのこれまでのトレンドと、開発者として気になるポイントを解説しました。では、これからのVRゲームは具体的に何が変わる可能性があるのでしょうか？筆者も完全な未来予測ができるわけではありませんが、以下のようなことが起こる可能性が高いと見積もっています。

アメリカ以外の地域での普及によるジャンルの多様化

さきほどまで述べたように、今現在のVRゲームはほとんどアメリカのゲーマー、もっといえば低年齢層に支えられています。そのため、本書の読者の方のうち「自分の作りたい題材とターゲット層があまりにも違うのではないか」と感じた方も少なくないかもしれません。

筆者としては創作というものは基本的に（時間や金銭など費やしたコストに自分自身が納得できるのであれば）自由だと考えています。そのため、商業でVRに携わるならばともかく、個人開発なら「ターゲットのことは気にせず、作りたいものを作る」と割り切ってしまってもいいと思います。大ヒットしたインディーゲームの開発者も「自分以外にウケると思っていなかった」と語る人は多いので、「自分のために作る」気持ちで取り組んでいきましょう。

また、一般的にゲームを完成させるのは年単位の時間がかかります。そうなると、あなたがゲームを制作している間にアメリカ以外の地域でVRデバイスが普及したり、ユーザーの年齢層が高まることで「自分たちの作りたいコンテンツ（たとえば、アニメっぽいVRを作りたいと考えている方は多いのではないでしょうか）」への関心が、今のアメリカのティーン層とはまた別のところから高まっていることは十分に考えられます。

ハードウェアの進歩による需要の変化

今のVRデバイスが取得できる情報はほぼ両手と頭の座標だけですが、将来的には新しい技術の登場によって「ユーザーの視線入力」や「顔表情の認識」、「両腕以外の身体の部位の認識」が普及する可能性があります(今現在ですでにこれらの機能が搭載されているデバイスもありますが、値段が高く、普及はしていません)。

とくに視線入力と顔表情の認識が普及すると、よりコミュニケーションを重視したVRゲームが増えるかもしれません。これら以外の新機能が搭載されても、それを活用したVRゲームも出てくるはずですし、それを作るのはあなたが一番乗りになるかもしれません。

MRコンテンツの普及と発明

本書ではこれまで触れていませんでしたが、Meta Questを始めとしたVRデバイスはMR、Mixed Reality(複合現実)も体験可能です。簡単にいえば、現実の視界にCG映像を重ねて、まるでCGのオブジェクトが現実世界にあるように見せる技術のことです。

メジャーなVRデバイスの中で一早くMRに対応してあMeta Quest 3が発売されてから一部の開発者が実験的にMRゲームをリリースしつづけてきましたが、「これがMRゲームのマスターピースだ！」と呼べるような傑作はまだありません。どうしても「家の壁にCGの穴が開いて、そこからエイリアンやモンスター(アイドルや動物でもよい)が出てくる」以上のMRコンテンツを作れていない現状があります。

だれかが思わず手に取りたくなるようなMRゲームの雛型を生み出すか、あるいはVRデバイスが屋外で使っても問題ないほど進歩するかすれば、MRゲームにもブレイクスルーが起きるかもしれません(そのブレイクスルーを起こすのは、あなたかもしれない！)。

■ お問い合わせについて

本書に関するご質問については、本書に記載されている内容に関するもののみ受付をいたします。本書の内容と関係のないご質問につきましては一切お答えできませんので、あらかじめご承知おきください。また、電話でのご質問は受け付けておりませんので、ファックスか封書などの書面かWebにて、右記までお送りください。
なおご質問の際には、書名と該当ページ、返信先を明記してくださいますよう、お願いいたします。特に電子メールのアドレスが間違っていますと回答をお送りすることができなくなりますので、十分にお気をつけください。
お送りいただいたご質問には、できる限り迅速にお答えできるよう努力いたしておりますが、場合によってはお答えするまでに時間がかかることがあります。また、回答の期日をご指定なさっても、ご希望にお応えできるとは限りません。あらかじめご了承くださいますよう、お願いいたします。ご質問の際に記載された個人情報は、ご質問の回答以外の目的には使用しません。また、回答後は速やかに破棄いたします。

■ 問い合わせ先

- ファックスの場合
  03-3513-6181
- 封書の場合
  〒162-0846
  東京都新宿区市谷左内町21-13
  株式会社 技術評論社　書籍編集部
  『「VRならでは」の体験を作る
  Unity＋VRゲーム開発ガイド』係
- Webの場合
  https://book.gihyo.jp/116

デザイン ● はんぺんデザイン
DTP ● SeaGrape、はんぺんデザイン
企画・編集 ● 村瀬光

「VRならでは」の体験を作る
Unity+VRゲーム開発ガイド

2025年04月26日　初版　第1刷発行

著　　者　渋谷宣亮、中地功貴
発 行 者　片岡　巌
発 行 所　株式会社技術評論社
　　　　　東京都新宿区市谷左内町21-13
電　　話　03-3513-6150（販売促進部）
　　　　　03-3513-6185（書籍編集部）
印刷／製本　株式会社シナノ

ISBN978-4-297-14804-1 C3055
Printed in Japan